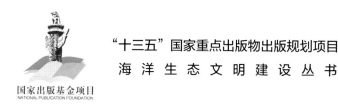

"十三五"国家重点出版物出版规划项目

海洋生态文明建设丛书

国家出版基金项目
NATIONAL PUBLICATION FOUNDATION

海岸修复评价体系研究
——以渤海湾为例

张秋丰　屠建波　马玉艳　王　彬 ● 编著

海洋出版社

2017年·北京

图书在版编目（CIP）数据

海岸修复评价体系研究：以渤海湾为例/张秋丰等编著. —北京：海洋出版社，2016.12

ISBN 978-7-5027-9536-8

Ⅰ.①海… Ⅱ.①张… Ⅲ.①海岸带-生态恢复-评价-研究 Ⅳ.①P748

中国版本图书馆 CIP 数据核字（2018）第 044865 号

策划编辑：苏　勤

责任编辑：苏　勤　沈婷婷

特约编辑：孟显丽

封面设计：何　瑛

责任印制：赵麟苏

海洋出版社　出版发行

http：//www.oceanpress.com.cn

北京市海淀区大慧寺路 8 号　邮编：100081

北京朝阳印刷厂有限责任公司印刷　新华书店发行所经销

2017 年 12 月第 1 版　2017 年 12 月北京第 1 次印刷

开本：889 mm×1194 mm　1/16　印张：14.25

字数：350 千字　定价：138.00 元

发行部：62132549　邮购部：68038093　总编室：62114335

前　言

　　天津市海岸线长 153 km，潮间带面积 336 km²，传统海域面积 3 000 km²，是环渤海经济区的中心城市，在京津冀区域发展中占有重要地位，以天津滨海新区为龙头的区域经济是继"珠三角""长三角"之后，中国经济发展的又一个高速增长点。海洋经济快速发展，总体规模稳步扩大，海洋经济在天津市国民经济中占有重要地位。天津市对海洋的依赖越来越大，海洋环境直接影响到未来天津的发展环境。近半个世纪，特别是改革开放以来，各产业用海强度骤增，随着海岸带区域人口的急剧聚焦和高强度的经济开发利用活动，围填海、海洋海岸工程建设、污染物排放等不合理的开发利用等人类活动，直接或间接地导致了海岸带生态系统的退化、受损，甚至完全损坏。随着城市发展以及人们对城市滨水地带价值认识的提高，在我国许多沿海城市，开展了一系列尝试性的海洋生态修复与建设工程，以期通过利用人工措施对已受到破坏和退化的海岸带进行生态修复。

　　由于缺乏对受损或退化生态系统修复效果的评价方法和标准的研究，目前多数城市海岸带建设或生态修复工程，或许有着生态修复的良好愿望，但建成后人们关注的重点往往是如何大幅度提升城市滨水带土地的利用价值，以获取更大的经济利益，对生态系统的基本特征和服务功能的恢复关注较少。如何科学评估生态修复工程的生态效果，分析生态工程建设的社会、经济与环境效益，是当前恢复生态学理论研究的热点和难点问题。

　　本书以天津市海洋生态环境现状调查为基础，从人类对海岸带生态系统服务功能需求的角度出发，研究天津滨海旅游区海岸带生态修复的目标定位，探索生态修复效果的评估，对天津滨海旅游区的生态修复工作具有指导作用，同时对类似海岸带生态修复效果评估具有示范和借鉴作用。

　　本书的完成离不开国家海洋局天津海洋环境监测中心站广大职工所做的大量艰苦的内业和外业调查资料，主要参加内业和外业分析调查的工作人员有牛福新、石海明、屠建波、王彬、陈玉斌、徐玉山、江洪友、刘洋、高文胜、李希彬、李杰、王鲁宁、马玉艳、尹翠玲、崔健、何荣、薄文杰、于丹、阚文静、巩瑶、张亚楠、宗燕平、姜旭娟、徐冠球、叶风娟、王鲁宁、张琪、王嘉琦、李玉杰、高海泉、孙家伟、高胜利、靳昭成、靳卫华、李玲等，同时天津市海洋局环境处张敬国、王晓芳、李佳恒、王立平等同志都对本书稿所涉及各项资料的查阅分析和顺利完成做了大量艰苦有效的工作，没有这些同志的大力配合就不会有本书稿的顺利完成，在此，对国家海洋局天津海洋环境监测中心站和天津市海洋局这些同志的无私奉献和艰苦劳动表示诚挚的谢意。成书过程中得到了中国海洋大学白洁教授的悉心指导和大力支持，表示衷心感谢！

在编写过程中，编者虽然已尽心竭力，精益求精，但限于水平与经验，再加上时间所限，错误与不当之处在所难免，不足之处敬希斧正。

最后，本书能够及时出版，除了作者等努力工作外，也得益于海洋出版社各级领导的大力支持以及编辑耐心、细致的工作，不仅避免了不少错误、遗漏等，而且为本书增色甚多，谨表诚挚谢意。

编　者

2017 年 7 月

目　次

第1章　概　述

1.1　项目由来

随着天津滨海新区的开发开放，天津滨海新区的人口与社会经济均处于快速发展阶段，以天津滨海新区为龙头的"环渤海"区域经济是继"珠三角""长三角"之后，中国经济发展的又一个高速增长点。与此同时，随着各产业用海强度骤增，海岸带区域人口急剧聚焦和高强度的经济开发利用活动，围填海、海洋海岸工程建设、污染物排放等人类开发利用活动，直接或间接地导致了海岸带生态系统的退化、受损，甚至完全损坏。为了进一步提高城市滨水地带价值，可持续开发利用海岸带，在我国许多沿海城市，开展了一系列海洋生态修复与建设工程，以期通过利用人工措施对已受到破坏和退化的海岸带进行生态修复。

"天津滨海旅游区海岸生态修复生态保护项目"是通过生态潜堤鱼礁工程、海藻（草）移植和附礁生物保育繁殖等技术手段，对选定的天津滨海旅游区部分海岸带生态功能进行修复与生态建设，一方面体现生态护岸功能，为区域海洋经济的健康可持续发展提供平台；另一方面还可以为保护海洋、保障公众健康、减轻海洋灾害、维持海洋生态平衡提供数据和信息产品服务。从长远来看，对类似海岸带生态修复效果评估具有示范和借鉴作用。

本书内容主要来源于"天津滨海旅游区海岸生态修复生态保护项目"的子课题——"海洋生态环境本底补充调查和修复工程影响海域跟踪监测以及评价指标体系构建"的研究成果。

1.2　海岸带的基本概念及特征

1.2.1　海岸带的定义

海岸带是海陆之间的过渡地带，又可称为海陆交界带或水陆交界带，它以海岸线为基线，向海陆两侧扩展，具有一定的宽度。关于海岸带，并没有单一而精确的定义，地貌学家所提出的海岸带是狭义的海岸带，是指位于低潮位和高潮位的潮间带；一些资源管理机构将海岸带范围定义为从平均低潮线延伸至大陆大约 804 m，向海到最外侧的领海界限；亦有一些规划者认为海岸带"向海具有不同宽度延伸到大陆架，而向陆不需要确定界限"，因为在这一范围人类活动能干扰或破坏自然生态系和生物、化学和物理等自然过程。1995 年，国际地圈生物圈计划（IGBP）提出了海岸带的新含义，其大陆侧的上限是 200 m 等高线，海洋侧的下限是大陆架的边缘，大致与 20 m 等深线相当。

世界各国政府从海岸带管理的角度对海岸带的管理范围，在自然条件和现实需要的基础上，采用了不同的界限规定。美国海岸带管理法规中规定，海岸带的陆侧边界为受海洋直接影响的沿海陆地，海岸带的海侧边界为美国领海的外界。我国对海岸带范围的认识起源于全国海岸带调查，认为海岸带是指海水运动对于海岸作用的最上界限及其邻近陆地、潮间带以及海水运动对于潮下带岸坡冲淤变化影响的范围。中国海岸带和海涂资源综合调查规定，海岸带陆界位自岸线向陆延伸 10 km 处，海岸带的海界位自岸线向海延伸至水深−15 m 处。依照每个沿海国家地质地貌特征、法律和行政区划管理差异又衍生出了狭义和广义两种海岸带的定义：狭义的海岸带仅限于海岸线附近狭长的沿岸陆地和近岸水域；广义海岸带向海扩展到 200 n mile 专属经济区的外界，向陆离海岸线约 10 km。

我们通常指的海岸带是陆地与海洋的交接、过渡地带，是水圈、岩石圈、大气圈和生物圈的交界处，是陆地生态系统和海洋生态系统的接触带。海岸带涉及的区域应包括海陆交界的水域和陆域、白盔岛屿、珊瑚礁、河流、三角洲、海岸平原、湿地海滩沙丘、红树林、潟湖及其他地理单元。实际上是指海岸线向海陆两侧扩展一定距离的带状域，兼有海、岸两个生态特征，不仅具有自然属性，而且具有社会属性。

1.2.2　海岸带的内涵

（1）海岸带是海洋与陆地相互接触、交叉和衔接的地带

从海岸带所处的地理位置看，海岸带处在海陆结合部，一边是广阔的海域，一边是人类居住的大陆，海岸带正是海洋系统与陆地系统的交叉和接触带。这种接触、交叉和衔接产生的边缘效应，使这里不仅有一般意义的海洋特征与大陆特征，还具有特殊意义的海陆过渡带特征。

（2）海岸带是海洋和陆地相互作用、相互影响的地带

从地球动力学和海岸带成因的角度看，海岸带处在地球的水圈、岩石圈、大气圈和生物圈相互作用最频繁、最活跃的地带。自然要素处在不断地变化之中，水循环、沉积循环和生物循环（能量循环）过程在这里加快。海岸带具有不同属性的海、陆环境特征，是海、陆共同影响的地方；是能量互相转换的地方；是地球多种动力（营力）共同作用的地方；是海、陆相互作用过程最强烈的地方。海洋通过波浪、潮汐、潮流、海流和海面变化等作用于陆地；陆地又通过河流带入的淡水、泥沙、污染物影响海洋。

（3）海岸带是以海岸为基线向海、陆两侧各扩展一定宽度的地带

海岸带是一个带状的区域，这个区域以海岸线为中心向两侧扩展、辐射，既包括一定宽度的海域，又包括一定宽度的陆域。这个区域的宽度依每个沿海国家地质地貌特征、法律和行政区划的差异而不同。

综上所述，海岸带是以海岸为基线向海、陆两侧各扩展一定宽度的带状地域，既包括一定的海域，又包括一定的陆域，海域和陆域既相互接触、交叉和衔接，也相互作用和影响，海岸带的宽度依照各个沿海国家或地区的地质地貌特征、法律和行政区划等要素确定。

1.2.3　海岸带的基本特征

海岸带是世界上资源最丰富、经济最发达、城市最集中、人口最稠密、污染最严重、灾害最频发的地区，这些特点无不与海岸带的基本特征有关。

海岸带处在地球的水圈、岩石圈、大气圈和生物圈的交汇处，是海洋物质能量与陆地物质能量的转换中心，自然过程活跃，自然环境条件优越，自然资源丰富：河流带入丰富的淡水和营养盐，为生物繁衍提供了得天独厚的条件，造就了数量丰富、种类繁多的生物资源；这里处在板块构造运动的结合部，地质构造活跃，矿产资源丰富；这里能流密度大、能量集中、数量巨大，不仅有丰富的海洋能资源，而且还造就了优美的旅游景观。所以，这里不仅有纯海洋、纯陆地的资源，而且还有海陆过渡带的特殊资源。因此，这里资源种类丰富、储量巨大，为开发利用海洋资源，为社会经济的发展创造了优越的条件。

1.3　研究背景与研究意义

1.3.1　研究背景

海岸带作为海洋和陆地相互作用的地带，拥有非常丰富的自然资源，如湿地、滩涂、渔业、盐业、砂矿、港口、旅游等。由于海岸带生态系统的高价值服务功能以及便利的交通条件，使得海岸带地区成为人类活动的中心。世界一半以上的人口、生产和消费活动集中在占全球面积不到 10% 的海岸带地区。我国沿海地区是经济发展最迅速的区域，其面积占全国面积的 14%，而人口则占全国人口的 40%，GDP 总产值占全国的 60% 以上。

随着海岸带区域人口的急剧聚焦和高强度的经济开发利用活动，围填海、海洋海岸工程建设、污染物排放等不合理的开发利用等人类活动，直接或间接地导致了海岸带生态系统的退化、受损，甚至完全损坏。随着城市发展以及人们对城市滨水地带价值认识的提高，在我国许多沿海城市，开展了一系列海洋生态修复与建设工程，以期通过利用人工措施对已受到破坏和退化的海岸带进行生态修复。

天津市海岸线全长约 153 km，海岸系数（即海岸线长度与国土面积之比）高于全国海岸线的平均数。天津市海岸带现有大量荒地及已围垦用地。天津市滩涂位于陆地堆积平原与水下岸坡的交接部位。上界抵人工海堤，下界在零米深线附近，高潮时被水淹没，低潮时露出。天津市海岸带约有 1 000 km² 的草地、海涂和水域尚待开发利用，在这片土地上生长着大面积的芦苇、大米草群落等，在这一区域中生活着相当数量的底栖生物及野禽。滨海湿地的野生动植物物种丰富，是渤海鱼类饵料供应地之一，也是许多珍稀和濒危野生动物迁徙、栖息、繁衍的基地；同时，还具有泄洪、滞洪、抵御旱涝、调节小区域气候等作用。但是近年来天津市海岸一直在实施大量围填海工程，从海岸线利用情况来看，用海类型以渔业用海、交通运输用海、工业用海、旅游娱乐用海、造地工程用海、排污倾倒用海、特殊用海等为主，其中渔业用海、交通运输用海和造地工程用海占用岸线比重较大，对海域自然属性改变程度较大。在天津市海洋经济快速发展的同时，天津市近岸滩涂区域受到了不同程度的人为干扰，海洋生物生存栖息环境被人工填造海岸所替代，制约了滨海新区经济社会的持续健康发展。因此天津市海洋局以"天津滨海旅游区"部分人工岸线为试点，研究天津市海岸带生态修复和生态保护的主要问题，开展海岸带生态修复工程，为区域生态环境提升改造提供示范。

1.3.2　研究意义

由于缺乏对受损或退化生态系统修复效果的评价方法和标准的研究，目前多数城市海岸带建设或生态修复工程，或许有着生态修复的良好愿望，但建成后人们关注的重点往往是如何大幅度提升城市滨水带土地的利用价值，以获取更大的经济利益，对生态系统的基本特征和服务功能的恢复关注较少。如何科学评估生态修复工程的生态效果，分析生态工程建设的社会、经济与环境效益，是当前恢复生态学理论研究的热点和难点问题。

本书从人类对海岸带生态系统服务功能需求的角度出发，研究天津滨海旅游区海岸带生态修复的目标定位，探索生态修复效果的评估，对天津滨海旅游区的生态修复工作具有指导作用，同时对类似海岸带生态修复效果评估具有示范和借鉴作用。

1.4　海岸带生态修复效果评估研究进展

1.4.1　生态恢复的概念及形成发展

退化生态系统指生态系统结构和功能在自然和人为的干扰作用下发生位移，位移结果打破原来生态系统的平衡，使系统固有的功能发生障碍，稳定性和生产力降低，抗逆能力减弱，形成破坏性或恶性循环，这样的生态系统也称为受损生态系统。恢复生态学是以退化生态系统为研究目标，主要研究内容包括退化生态系统的类型与分布，退化的过程与原因，恢复的步骤、技术方法与途径、结构与功能机制，恢复的效应及其评价等方面内容。生态恢复作为恢复生态学的基本研究内容，因研究角度和着眼点的差异而有多种定义和说法。Cairns（1977）认为生态恢复是使受损生态系统的结构和功能恢复到受干扰前的自然状态的过程；Jordan（1987）认为生态恢复是使生态系统恢复到先前或历史上（自然或非自然）的状态；章家恩等（1999）认为生态恢复与重建是指根据生态学原理，通过一定的生物、生态以及工程的技术与方法，人为地改变和切断生态系统退化的主导因子或过程，调整、配置和优化系统内部及其与外界的物质、能量和信息的流动过程及其时空秩序，使生态系统的结构、功能和生态学潜力尽快成功地恢复到一定的或原有的乃至更高的水平。国际恢复生态学会提出生态恢复的三个定义：生态恢复是修复被人类损坏的原生生态系统的多样性的动态过程；是维持生态系统健康及更新的过程；是帮助生态整合性的恢复和管理过程的科学，生态整合性包括生物多样性、生态过程和结构、区域及历史情况、可持续的社会实践等广泛的范围。美国生态学会对生态恢复的定义较具有代表性：生态恢复就是人们有目的地把一个地方改建成定义明确的、固有的、历史上的生态系统的过程，这一过程的目的是竭力仿效那种特定生态系统的结构、功能、生物多样性及其变迁过程。

综上所述，生态恢复主要研究以下内容：在系统研究退化生态系统的原因与过程的基础上，人为选择相应的生物、生态工程技术对导致生态系统退化的因子进行遏制和改变，并对整个生态系统内部结构进行合理优化配置，使其恢复到受损以前具有自我调节和恢复能力的自然状态，在自然界中发挥其应有作用，并为人类社会可持续发展提供服务。

与生态恢复相近的概念还有生态修复，两者有交叉点但又不尽相同。恢复是指恢复到原先的状态，或自然的未受损状态；修复指对退化生态系统所进行的任何改善活动。修复更注重利用大自然的力量来恢复受损生态系统，而恢复则更注重于人的力量，通过人为措施改善受损生态系统。从目标上看，恢复的目标要高于修复。

最早开展生态恢复研究实验的是美国。早在 1935 年，Leopold 及其助手一起在美国威斯康星州麦迪逊边缘一块 24 hm² 的废弃农场上着手进行牧草恢复，如今这块草地已成为威斯康星大学具有美学和生态学双重意义的植物园，这被认为是恢复生态学的一个最早的经典范例。

1975 年 3 月，美国弗吉尼亚工学院召开了"受损生态系统恢复"国际会议，主要讨论了受损生态系统的恢复和重建等重要生态学问题，深入讨论了生态恢复的原理、概念和特点，提出了对加速生态恢复和重建的初步设想与展望，号召学者们对受损生态系统的数据、资料进行搜集并开展研究。这次会议使生态恢复实践的开展更为广泛，为生态恢复学的产生奠定了基础。1980 年，Cairns 主编了《受害生态系统的恢复过程》一书，从不同角度探讨了受害生态系统恢复过程中的重要生态学理论和应用问题。1984 年 10 月在美国麦迪逊举行的恢复生态学学术研讨会上，来自美国和加拿大的多位生态学家向会议提交了 14 篇生态恢复的正式报告。1985 年国际生态恢复会成立，Aber 和 Jordan 提出生态恢复学术语，1987 年 Jordan、Gilpin 和 Aber 主编出版《恢复生态学——生态学研究的一种合成方法》一书，标志着生态恢复研究作为一门学科的产生。1987 年 Jordan 等主编了第一本生态恢复研究的专著《Restoration Ecology》。1989 年 9 月在意大利 Siena 举行的第 5 次欧洲生态学研讨会上，生态系统恢复被列为该次会议讨论的主题之一。1992 年《恢复生态学》杂志在美国创刊发行。1993 年，英国学者 Bradshaw 发表了《Restoration Ecology as Science》一文，确立了恢复生态学的学科地位及其在退化生态系统恢复中的理论意义。1997 年，著名刊物《Science》上连续刊载了 7 篇关于生态恢复的论文，1998 年美国生态学会年会会议主题发言均涉及恢复生态学研究的核心内容。

2000 年 9 月"恢复生态学"国际大会在英国利物浦举行，共有来自 30 多个国家和地区的 300 多名代表出席大会，大会通过对恢复生态学的理论和实践进行研讨，促进了对生态环境各方面的认识和对生态系统恢复了解的深入性及实践的完善性。2001 年 10 月第 13 届国际恢复生态学大会在加拿大尼亚加拉瀑布城召开。会议的科学主题是"跨越边界的生态恢复"，焦点集中在世界著名"大湖"（Great Lake）区域生态恢复的实例研究。2003 年第 15 届国际恢复生态学大会在美国得克萨斯州的州府奥斯汀召开。大会的科学主题是"生态恢复、设计与景观生态学"，强调了生态恢复的实践是以生态系统作为研究对象，从景观尺度进行设计与表达。2004 年第 16 届国际恢复生态学大会在加拿大的维多利亚召开，科学主题为"边缘的生态恢复"（Restoration on the edge）。生态系统的边缘在生态系统的恢复中有明显的意义，边缘效应对生态系统的动态具有重要影响。

与生态恢复有关的还有许多科学术语，如生态修复、生态重建、生态更新、生态改良等。这些术语的含义既相互重叠又略有差异，但却从不同角度反映了恢复与重建的基本意图。目前，在学术讨论中用得较多的是"生态恢复"和"生态修复"，其中，欧美国家主要采用"生态恢复"，日本和我国主要采用"生态修复"，本书沿用我国常采用的"生态修复"术语。

1.4.2　国外生态修复效果评估研究进展

国外学者对生态修复效果的评估已陆续提出一些生态恢复评价的指标体系和方法，从不同角度来衡量生态恢复情况，大致可分为以下几种类型或方向。

（1）生态恢复评价的指标体系

Cairns（1977）提出，生态恢复就是要恢复到其初始的结构和功能条件，这种恢复尽管在组成元素上都可能与初始状态有明显不同，但至少能被公众社会感觉到，并被确认恢复到可用程度。Bradshaw（1987）提出了判断生态恢复的五个标准：可持续性（可自然更新）、不可入侵性（像自然群落一样能抵制入侵）、生产力（与自然群落一样高）、营养保持力和具有生物间的相互作用。Land（1994）从造林指标、生态指标和社会经济指标三方面提取了幼苗成活率、期望出现物种的出现情况、植物动物多样性、自然更新情况、生态修复的经济收支平衡等 20 个指标来评估森林生态系统的恢复情况。DaviS（1996）和 Margaret（1997）等认为，生态恢复就是要恢复到接近其受干扰以前的结构与功能，并提出乡土种的丰富度、初级生产力和次级生产力、食物网结构、物种丰富度等指标来评价群落结构与功能间的联结是否已经形成。

2004 年国际生态恢复协会（SER）提出了从生态系统的结构与功能的自然维持、抗干扰能力及与相邻生态系统有物质能量的交流三个方面评价生态恢复完成与否的 9 个特征指标：①与参考地点具有类似的物种多样性和群落多样性；②本地物种的出现；③对于生态系统长期稳定起重要作用的功能群体的出现；④生态系统能够为种群繁殖提供生境的能力；⑤生态系统功能维持能力；⑥生态系统景观的整体性；⑦生态系统潜在威胁的消除；⑧生态系统对于自然干扰的恢复力；⑨与参考地点具有同程度的生态系统自我支持能力。

（2）借鉴生态系统健康及其他概念，从多角度、多途径判断和分析生态系统恢复状况的方法

Costanza 等（1992）提出用活力、组织、恢复力等指标来评价生态系统健康状况；Caraher 和 Knapp（1995）采用记分卡的方法，假设生态系统有 5 个重要参数（例如种类、空间层次、生产力、传粉或播种者、种子产量及种子库的时空动态），每个参数有一定波动幅度，比较退化生态系统恢复过程中相应的 5 个参数，看每个参数是否已达到正常波动范围或与该范围还有多大差距，以此来评价生态系统是否已恢复到健康状态。Vilchek（1998）认为可根据系统稳定性、弹性和脆弱性来综合评估生态系统健康。Bertollo（1998）提出生态系统健康应根据其自我保持和更新能力来评判。澳大利亚联邦科学与工业研究组织提出了澳洲小流域生态环境质量"健康"诊断指标体系，包括环境背景指标、环境变化趋势指标和流域经济变化指标，涉及了生物、环境、经济等各方面，然后综合这些指标对流域形成整体判断，最终形成或好或坏的等级诊断结论。还可应用景观生态学中的预测模型为成功恢复提供参考。除此之外，有学者还认为判断生态是否成功恢复还要在一定的尺度下，用动态的观点分阶段检验。

1.4.3　国内生态修复效果评估研究进展

国内学者对生态修复效果评估研究大致可从以下几方面来阐述。

（1）理论方面的研究

高彦华等（2003）在理论上对生态恢复评价做了比较系统和深入的研究，认为生态恢复评价应该多借鉴生态系统健康诊断、生态安全评价与生态系统服务功能评价等其他学科的研究方法，以期从多角度、多途径判断和分析生态系统恢复状况。吴丹丹等（2009）在回顾中国生态恢复效果评价研究的基础上，系统地归纳了中国生态恢复效果评价的主要内容、评价思路及相应的方法与技术，指出现有研究中存在的问题，并对今后中国生态恢复效果评价研究进行了展望，提出了今后该领域的研究重点。

（2）运用综合效益评价方法来评价生态系统恢复

黎锁平（1994）选用 9 个因子构成评价指标体系，并采用专家咨询法确定指标权重，通过灰色关联分析法对黄土高原 5 条小流域进行评价，评价结果与各小流域的实际情况基本相符；李智广等（1998）从经济效益、社会效益和生态效益三方面选取了人均纯收入、资金产投比、人均粮食、治理程度、林草覆盖率等 11 项指标建立流域治理综合效益评价指标体系，对黄河中游多沙粗沙区的 4 条小流域进行治理综合效益评价。张忠学等（2000）应用层次分析模糊综合评价法对黑龙江省海伦市光荣小流域水土流失综合治理发展生态经济的效果进行了分析评价。袁爱萍（2001）从自然环境、生态环境和社会环境三方面提出了评价小流域综合治理的环境效益指标、计算方法和环境效益评价方法，以怀柔县庄户沟小流域为例进行了环境效益分析，提出的指标、计算方法和评价方法均具有简明性和可操作性；康玲玲等（2002）在分析总结已有水土保持综合治理效益评价指标与方法的基础，结合黄土高原沟壑区自然、经济、社会条件及治理特点遴选了 9 个评价指标，采用层次分析法对

两个典型小流域的效益进行评价。林运东等（2002）根据各评价指标特征值之间的变异程度，利用嫡权系数确定其权重，并将该方法应用于浑江水库的营养类型评价中，结果与模糊综合评价法相同。魏强和柴春山（2007）结合当地实际情况，在对水土流失治理综合效益评价指标体系方法深入研究的基础之上，利用层次分析与比较分析法（灰色系统理论）相结合对安家沟流域水土流失治理综合效益进行分析评价的方法。

（3）运用生态服务价值理论进行生态恢复效果评价

赵平等（2005）综合运用市场价值法、造林成本法和生态价值法等研究方法，通过对生态恢复工程实施前后研究区生态功能价值的对比分析来评价上海市崇明东滩湿地生态恢复与生态重建工程中的一期工程崇明东旺沙 B01 号样地的恢复与重建效果，其中对未来恢复和重建后的功能价值是预估的价值。该方法是应用生态系统服务价值进行生态恢复效果评价的有益尝试。但文中的功能价值只是生态系统服务价值中的一部分，不能反映整个系统在恢复工程实施前后的生态系统服务价值整体变化。

（4）评价生态系统恢复的其他方法

喻理飞等（2000）在分析群落组成、结构、功能变化的基础上，提出潜力度、恢复度、恢复速度 3 个评价指标，评价退化喀斯特群落恢复情况。丁成（2003）用微型生物群落监测方法（PFU 法）对草浆工业废水的水质作原生动物群落监测，根据原生动物结构参数和功能参数及平衡期评价废水生态治理工程的运行效果。研究表明原生动物可以作为废水湿地生态处理状况的指示生物。李巧等（2006）概述了节肢动物作为生物指示对生态恢复评价的可行性以及指示种选取、抽样、鉴定和分析等具体研究方法。宫渊波（2006）深入研究了几种典型植被恢复模式的水源涵养、水土保持效果、生物多样性变化、土壤养分动态、土壤微生物动态的变化来评估不同植被恢复模式对广元市严重退化生态系统修复的生态效益影响。李娜等（2007）采用植物光谱效应对尾矿生态恢复效果进行评价，研究结果表明，与传统方法相比，高光谱数据能去除干扰信息的影响，提高计算精度。卓莉等（2007）通过建立像元尺度上的气候-植被生长基准响应模型结合相对残差趋势法识别处于恢复阶段的草原区域，并初步证明该方法在较短时间序列的情况下监测和评价草原生态恢复效果的有效性。

1.5 城市海岸带生态系统服务功能研究进展

生态系统是生物圈的基本组织单元，它不仅为人类提供各种商品，同时在维持生命的支系统和环境的动态平衡方面起着不可取代的重要作用。但是在相当长的历史时期内，人类错误地认为生态系统是大自然的赠予，是取之不尽、用之不竭的。人与自然的关系被理解为利用贡献和索取的关系。然而，随着人口的急剧增加、资源的过度消耗和环境污染的日益加剧，自然生态系统遭到了人类活动的巨大冲击与破坏，全球性和区域性的生态危机日益显现，自然生态系统的服务功能迅速衰退。而生态系统服务功能的退化反过来又影响人类的生活和社会发展，并促使人类从科学的角度重新审视自身与生态系统的关系以及生态系统的保育和恢复问题。在这种背景下，全面了解并恰当评估生态系统服务成为生态学研究的热点之一。

基于 Daily 关于海洋生态系统服务的定义，海洋生态系统服务指海洋生态系统及其生态过程所提供的、人类赖以生存的自然环境条件及其效用。海洋生态系统的服务效用称为服务价值，通常以货币单位来度量。由于生态系统的服务是基于人的需求，要求满足人的需要。因此，计算海洋生态系统服务价值的大小时，只计算对人有正效益的部分。

海洋生态系统的服务与许多环境资源经济学者所说的海洋的服务概念不同。海洋生态系统提供的某些服务，如提供油气、海砂、航运、海洋向大气输送水汽等，与海洋生物过程没有直接关系。假如没有生物，海砂照样有、船舶同样航行，生物的出现没有增加其服务功能。因此，尽管它们可以认为这部分服务内容属于海洋的服务，但是却不属于海洋生态系统的服务。这就是生态系统服务科学与环境资源经济学的不同之处。

1.5.1 国外城市海岸带生态系统服务及其价值的研究进展

国际上对海岸带生态系统服务功能与资源价值评估的研究已有 20 多年的历史。对海岸带生态系统服务和资源价值的研究已成为全球生态系统服务和功能价值研究的一个重要方面，在估算的生态系统服务和功能价值上，除娱乐价值外，早期对渔业捕捞等具有直接市场价格的产品和服务的研究比较集中，进入 20 世纪 90 年代后，价值估算的方向逐步向水质净化、生境/物种多样性以及多种功能价值研究扩散和转移，体现了与对海岸带生态系统服务和资源价值认识转变一致的变化趋势，并取得了一定的进展。其中以 Daily 和 Costanza 等的工作最具代表性。Daily（1997）系统介绍了生态系统服务的概念、服务价值评估、不同生态系统的服务功能等内容。Costanza 等（1997）综合各种方法首次对全球生态系统服务功能价值进行了评估，最先完成了对全球海岸带生态系统服务功能价值的估算。该研究评估了河口、海藻/海藻床、珊瑚礁、大陆架和潮滩沼泽、红树林湿地等各海岸带生态系统提供的扰动调节、营养物循环、废物处理、生物控制、物种生境、食物生产、原材料、娱乐、文化共 9 项服务和功能价值，结果表明，全球生态系统服务的年度平均价值为 33×10^{12} 美元，其中海岸带生态系统服务的年度价值为 14.216×10^{12} 美元，占全球生态系统服务价值的 43.08%。

从研究区域范围来看，目前评估研究内容主要集中在海滩、红树林、潮滩沼泽、珊瑚礁等的海岸带具体生境方面，如 Pendleton（1995）通过估算如果不实施保护计划所损失的珊瑚礁的价值对珊瑚礁保护计划的效益进行了评估；Spurgcon（1998）对海岸带生境修复和再造的成本和效益进行了分析。

从海岸带生态系统提供的各项服务或各种资源利用价值方面来看，在娱乐、灾害防御、水质净化、生境和物种保护、渔业等方面研究较多，如 Bell（1990）、Green（1990）、Oneill（1991）、Silberman（1992）等分别针对海滩区域的旅游、娱乐与海岸保护、钓鱼、海滩护养与娱乐的价值。

在价值评估方法方面，海岸带生态系统具有高生产力和高生物量的特点，对其生态经济价值的评估，主要是用生产函数法，例如 Barbier（1998）利用生产函数的动态模型模拟估算了墨西哥坎佩切湾红树林减少对捕虾业的动态经济影响过程。对海岸带非利用价值的评估，国外主要采用条件价值法（CV），即利用问卷调查方式直接考察受访者在假设性市场里的经济行为，以得到消费者支付意愿来对商品或服务的价值进行计量的一种方法。虽然WTP（支付愿意原则，用于分析社会成员为项目所产出的效益愿意支付的价值）或WTA（受偿愿意原则，用于分析社会成员为不得不接受的某种影响所得到补偿的价值）量值的可信度远不如市场价格，但由于它们出自价值受益人自己，所以仍具有相当的客观性。

1.5.2　国内城市海岸带生态系统服务及其价值的研究进展

近年来，国内学者对海岸带生态系统服务的研究逐渐增多。但是，对海岸带生态系统的综合服务价值方面的研究还是相对较少，而与之相关的海洋生态系统服务价值及海岸带具体生境的服务价值等方面的研究则相对较多。

在海岸带综合生态服务价值评估方面，国内较早开展对海岸带资源价值进行系统评估的研究，许启望等（1994）开展的"海洋资源核算的初步研究"，对海洋水产、海岸土地、盐田、港址、旅游等海洋海岸资源价值的计价和核算作了初步探索，为建立海岸带资源价值量核算理论体系走出了开创性的一步。洪华生等（1998）对厦门海域马銮湾海堤开口的收益和成本进行了分析；陈翠雪等（2009）对厦门筼筜湖综合整治的环境效益进行了初步分析。张灵杰和金建君（2002）从理论上探讨我国海岸带资源价值评估的理论与方法；杨清伟等（2003）采用Costanza等的分类系统和相关服务的单位价值，初步估算出广东—海南海岸带的生态系统服务的总价值。彭本荣等（2004）利用支付意愿法研究了厦门海岸带环境资源的价值。欧维新等（2005）从资源价值观、评估方法和应用研究等方面，评述了国内外近20年来对海岸带生态系统服务和资源价值评估研究现状，分析了目前研究存在的难点和不足以及主要研究趋向。彭本荣和洪华生（2006）系统研究了海岸带生态系统、生态系统服务及其服务价值评估方法，并对生态系统服务价值的评估在海岸带管理中的应用进行了分析与探讨，建立了同时包含多个海洋产业部门和资源环境部门的、研究海岸带综合管理社会经济总效益的系统框架，海岸带综合管理受损部门补偿标准的估算方法以及受益部门成本分摊份额的估算方法及一系列生态-经济模型，包括海域空间资源价值评估模型、海域环境容量价值评估模型、填海造地生态损害价值评估模型以及被填海域作为生产要素的价值评估模型。用所建立的模型评估了厦门海岸带生态系统服务的价值，为厦门海岸带管理经济刺激手段的制定提供了科学依据。谭映宇等（2009）运用非线性关系理论对海岸带互花米草盐沼这一典型生态系统的价值进行评估，为海洋生态系统管理方法在海岸带资源开发与保护中实现从"是或否"的管理到"多或少"的管理提供了有力支持。陈伟琪等（2009）将海岸带生态系统服务划分为提供物质性产品和条件的供给服务与提供包括调节、文化和支持的非物质性服务两大类，并对其各自包含的具体子服务加以识别，运用直接市场法、替代市场法、调查评价法和成果参照法，提出了围填海造成的海岸带生态系统服务损害的货币化评估技术选择的基本框架，并构建了四类服务的子服务损耗货币化的相应评估模型。

在海洋生态服务价值评估方面，陈伟琪等（1999）对厦门海域环境容量价值进行了估算；陈仲新等（2000）按照 Costanza 的方法按面积比例折算后，得到海洋生态系统效益价值为 21 700 亿元/a。徐丛春等（2003）探讨了海洋生态系统服务恢复的价值，当地居民的最大支付意愿为 56.87 元/人，恢复该区域生态系统服服务价值的估算框架体系。汪永华等（2005）采用问卷方式研究海南新村海湾生态系统服务恢复的价值，当地居民的最大支付意愿为 56.87 元/人，恢复该区域生态系统服务的经济效益每年至少 325 万元。程娜（2005）系统分析生态系统服务功能的内涵和分类体系，并对海洋生态系统服务价值评估的理论基础、评估方法、评估体系等进行了进一步的探索，建立了一套合理可行的海洋生态系统服务功能及价值评估量化指标体系，该指标体系分为 3 大类 14 个指标。石洪华等（2008）以桑沟湾为例，对该生态系统的渔业生产、气体调节、污水处理、空气净化、滨海旅游、文化价值等服务功能的价值，以 2004 年为评价基准年进行了评价。

2002 年国家海洋局资助了我国第一个海洋生态系统服务研究课题，陈尚等（2006）率先对胶州湾生态系统服务功能进行了探索性研究，建立了我国海湾生态系统服务功能分类体系。2003 年科技部资助朱明远等（2006）研究两种不同性质的海洋生态系统服务功能和价值，包括养殖开发型海湾——桑沟湾、保护型生态系统——南麂列岛，明确评价了两种不同性质的海洋生态系统服务功能和价值，并提出了相应的应用建议。后阶段研究工作是建立不同海洋生态类型的服务功能定量和价值计算的方法，并开发生态系统服务价值评估软件，应用于评估四大海区（渤海、黄海、东海、南海）和 11 个沿海省区的近海生态系统服务价值。

在海岸带某种具体生境的生态系统服务价值评估方面，刘容子（1994）对我国滩涂资源的价值量进行了核算，研究将滩涂作为一种特殊的"土地"采用收益还原法、收益倍数法和产值法，分别估算了我国滩涂和盐田的价值量。黄贤金（1993）则从土地估价的角度提出了两种适宜海涂资源经济评价的方法。韩维栋（2000）从生态系统角度，使用市场价值法、影子工程法、机会成本法和替代花费法等对中国现存自然分布的 136.46 km^2 红树林生态系统的功能价值进行经济评估。辛琨等（2002）运用环境经济学、资源经济学、模糊数学等研究方法，对辽河三角洲的盘锦湿地生态系统的物质生产、气体调节、水调节、净化、栖息地、文化、休闲七大服务功能进行了价值评估。徐忆红和宋莹（2000）应用支付意愿法对大连一个受污染沙滩的价值进行了评估。

1.6　研究内容、方法和技术路线

1.6.1　研究内容

本书在综合国内外海岸带生态系统服务及生态修复效果评估研究的基础上，从人类对城市海岸带生态系统服务功能需求的角度，对天津滨海旅游区海岸生态修复效果评估模型进行研究。主要研究内容如下。

（1）文献收集和基础资料分析

收集整理国内外相关生态修复效果评价的文献资料。对天津市自然环境及社会经济概况进行分析，并对研究区域海洋水动力及生态环境状况进行分析评价。

（2）城市海岸带生态修复及效果评估的基础理论研究

根据国内外生态修复及效果评价的研究动态，分析海岸带生态修复效果评估理论与方法研究存在的难点与不足。然后从生态修复与生态恢复的联系与区别、生态修复的目标入手，明确城市海岸带生态修复的目标。通过分析城市海岸带生态系统的生态环境特征，识别城市海岸带生态系统为人类提供的各种生态服务功能，进行海岸带生态系统服务功能价值评估技术的研究，为构建城市海岸带生态修复及效果评估奠定理论基础。

（3）天津滨海旅游区海岸生态修复效果评估方法研究

根据天津滨海旅游区海岸生态环境特征，在城市海岸带生态系统服务功能识别的基础上，坚持科学合理、可操作性和数据可获取性的原则，分别从供给功能、调节功能、文化功能及支持功能四个方面选取天津滨海旅游区海岸生态修复效果评估的指标，建立评价指标体系，综合应用层次分析法、专家调查法等综合指标评价方法，确定各指标的权重，构建天津滨海旅游区海岸生态修复评估模型。

（4）开展天津滨海旅游区海岸生态修复效果评估

结合天津滨海旅游区海岸修复工程建设的实际案例，应用本项目建立的天津滨海旅游区海岸生态修复评估模型，对天津滨海旅游区海岸生态修复效果进行综合评价。将评估结果与天津滨海旅游区海岸修复实施后实际监测数据进行对比，分析天津滨海旅游区海岸生态修复评估模型的评估效果和适用范围。最后得出天津滨海旅游区海岸生态修复规划存在的不足，提出天津滨海旅游区海岸生态修复调控对策措施。

1.6.2 研究方法和技术路线

针对研究内容，综合运用恢复生态学、生态系统服务价值评估、层次分析法等理论和方法，实现研究目标。

探索从城市海岸带的生态环境特征及居住在城市中的人们获取的海岸带生态服务功能相结合的角度，运用综合指标评价法、层次分析方法，模糊评价等方法，提取具有城市特色的海岸带生态修复效果评价指标，建立天津滨海旅游区海岸带生态修复效果评价体系，该方法既可用于生态修复工程实施前后的环境现状评价，又可应用于生态修复工程规划实施效果的评估，有助于为项目批准单位、建设业主单位、设计单位对项目的有效评估及方案改进提供良好的帮助。研究技术路线如图1-1所示。

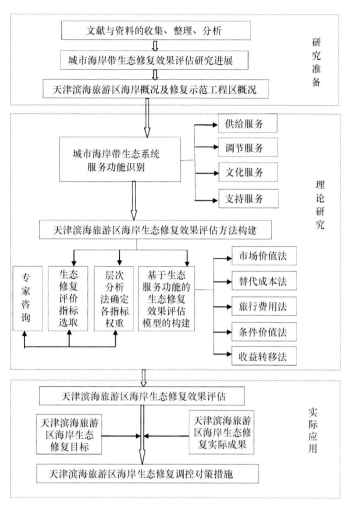

图 1-1　研究技术路线

第 2 章　研究区域背景

2.1　自然环境

天津市地处华北平原北部，海河流域的下游，东临渤海湾，其自然环境概况主要包括区域地理位置、地质、气象、水文、灾害及资源状况等。

2.1.1　地理位置

2.1.1.1　天津市概况

天津市是我国四大直辖市之一和北方最大的沿海开放城市，素有"渤海明珠"之称。天津市北起蓟县古长城脚下黄崖关附近，南至大港翟庄子以南的沧浪渠，南北长约 189 km；东起汉沽盐场洒金坨之东陡河西排干大渠，西至静海县子牙河畔的王进庄以西滩德干渠，地理坐标为 38°34′—40°15′N、116°43′—118°04′E。天津市东西宽约 117 km，陆域总面积约 11 919 km²，共辖 16 个行政区，分别是和平区、河东区、河西区、南开区、河北区、红桥区、滨海新区、东丽区、西青区、津南区、北辰区、武清区、宝坻区、宁河县、静海县和蓟县。海域面积约 3 000 km²，其中水深 -5~0 m 的海域面积约为 847 km²，水深 -15~-5 m 的海域面积约为 746 km²，潮间带面积约为 336 km²。天津市海岸线北起天津河北行政区域北界线与海岸线交点（涧河口以西约 2.4 km 处），南至歧口，全长 153.2 km。天津市唯一海岛——三河岛，位于永定新河河口，岛屿面积 0.015 km²，岛屿岸线长 0.469 km。

2.1.1.2　滨海新区概况

天津滨海新区是天津市下辖的副省级区、国家级新区和国家综合配套改革试验区，国务院批准的第一个国家综合改革创新区，地处天津市中心区的东面，位于华北平原北部，海河流域下游、濒临渤海，北与河北省丰南县为邻，南与河北省黄骅市为界，地理坐标为 38°40′—39°00′ N，117°20′—118°00′ E。天津滨海新区陆域面积 2 270 km²，拥有天津市全部海岸线 153.2 km。作为环渤海经济圈的中心地带，是亚欧大陆桥最近的东部起点，也是中国邻近内陆国家的重要出海口。

天津滨海新区拥有中国北方最大的对外贸易口岸——天津港。滨海新区居于环渤海经济圈的中心地带，包括：三个功能区（天津港、开发区、保税区全部）；三个原行政区（塘沽区、汉沽区、大港区）；海河下游冶金工业区：东丽区无瑕街、津南区葛沽镇。从大的功能分类上，主要由 9 个功能区（中心商务区、临空产业区、滨海高新区、先进制造业产业区、中新生态城、海滨旅游区、海港物流区、临港工业区、南港工业区）组成。

2.1.1.3　天津滨海旅游区海岸修复生态保护项目概况

天津滨海旅游区海岸修复生态保护项目位于天津滨海旅游区东南部（图 2-1），南部与天津港东疆港区隔河相望，北部临近中心渔港，西邻天津中新生态城，东临渤海湾，是天津滨海新区建设的重要区域。

图 2-1　天津滨海旅游区海岸修复生态保护项目实施区域位置示意图

天津滨海旅游区海岸修复生态保护项目实施区域位于天津滨海旅游区以东海域，选取 820 m 人工岸线，实施生态潜堤鱼礁建设，开展海藻（草）移植试验、附礁生物保育繁殖，进行项目跟踪监测，并对生态修复效果进行评价。通过项目实施起到增加海洋生物数量，恢复自然生态净化能力，提升人工岸线生态环境质量，并为滨海新区生态景观提供新亮点。天津滨海旅游区海岸修复生态保护项目实施后，生态环境会得到极大改善，将直接提升中新生态城和滨海旅游区的整体生态环境，促进天津滨海新区海洋经济的健康、协调、可持续发展，具有重大的经济与社会效益。

2.1.2　地质

2.1.2.1　地质构造特征

滨海新区属于中、新生代断陷与坳陷盆地，区内沉积了巨厚的新生界地层，总体由西向东加深，且有加厚的趋势，最大沉积厚度达 5 000 m 左右。滨海新区大地构造单元除西部边缘属沧县隆起，大部分属三级构造单元的黄骅坳陷，其中含 5 个四级构造单元，有宁河凸起、北塘凹陷、板桥凹陷、港西凸起和歧口凹陷。滨海新区内发育的主要断裂有 NNE 向的沧东断裂带和 ENE 向的北大港断裂带及 WNW 向的海河断裂、汉沽断裂、增福台断裂等。

2.1.2.2　基岩地质特征

沧东断裂以西基岩顶板埋深 1 000~1 600 m，揭露的基岩地层有古生界石炭-二叠系、奥陶系、寒武系，中新元古界青白口系、蓟县系。沧东断裂以西为黄骅坳陷，基岩以中生界为主，埋深 1 600~5 000 m，港西凸起揭露古生界石炭-二叠系、奥陶系、寒武系，中新元古界地层，埋深 2 400~3 400 m。

2.1.2.3　第四纪地质特征

滨海新区地表主要为第四纪冲积、海积沉积，岩性主要为黏土、亚黏土、淤泥等细粒沉积物，第四纪地层从下到上划分为杨柳青组、佟楼组、塘沽组和天津组。第四纪沉积相主要有三大类，陆相、海相及海陆过渡相，全新世上部地层以冲积层（Qhal）为主，此外还有冲积湖沼积（Qhal+fl）、潟湖积（Qhlag）、湖沼积（Qhfl）、海积（Qhm）等成因类型。

2.1.2.4　地震地质特征

滨海新区地基结构松软，固结程度低，压缩变形大，稳定性差，地震造成的灾害尤为明显。历史上天津遭受里氏 6 级以上地震达 6 次之多，1976 年的唐山大地震给滨海新区造成重大损失。为了提高滨海新区防震减灾能力，促进滨海新区的经济建设长期、持续、稳定的发展，实现防震减灾的目标，先后在滨海新区开展了工程场地地震烈度评定、场地地震效应、活动性断裂调查及评价、重点建设地区地震小区划。这些工作对防震减灾，具有典型的指导意义和实用价值。

（1）构造稳定性

在空间上，区内较大的断裂如沧东断裂、海河断裂、蓟运河断裂、汉沽断裂等第四纪以来均有活动，但全新世以来活动不太明显。从滨海新区地表稳定性分区评价可以看出，本区较稳定区占 44%，较不稳定区占 56%，根据区域地震地质研究，本区发震断裂主要是 NNE—NE 向断裂，其次是 NW—WNW 向断裂。

（2）场地地震效应

滨海新区 20 m 以浅土层等效剪切波速值小于 250 m/s。其中滨海新区核心区河北路以东，北至泰达大街，南至新港路，东至天津港保税区一带，等效剪切波速小于 140 m/s，属软弱场地土。其他地段大于 140 m/s，属中软场地土。滨海新区覆盖层厚度总体为 70~92 m，场地类别主要由Ⅲ类和Ⅳ类场地组成，其中Ⅳ类场地分布在汉沽营城—蔡家堡、茶淀—中新生态城、洒金沱，塘沽胡家园以东大部分区域，大港中塘、工农村以东区域。其他地区为Ⅲ类场地。滨海新区汉沽地区砂土液化主要分布于蓟运河以东沿海地区；塘沽地区主要分布于黄港二库以南区域及散货物流中心西侧一带；大港地区主要分布大港城区及中旺镇一带。

2.1.3 气象

天津滨海新区属于北温带季风气候区内，具有明显的暖温带半湿润季风气候特点，气候四季分明，又因在半封闭浅海——渤海西岸，而其某些海洋性特点，属于海洋型海陆过渡性气候。冬冷少雪，夏热多雨，春秋气候温和，多风少雨，日照充足、蒸发量大，属暖温带半湿润大陆与海洋过渡型季风气候区。由于海岸带地处海陆交界的两种截然不同的下垫面，在接受同样的太阳辐射条件下，温度变化不仅具有明显的季节差异，而且存在着明显的日变化。这种温度日变化形成了海陆风，海陆两侧风向日夜交错地变化着。由于海陆两侧风和空气层结稳定度变化的不同，又使海上降水量明显偏少，光照增多。所以，海岸带宽度虽然不足 50 km，但是温度、风、湿度、降水、光照等在时空分布上，却有着明显的差异。这种差异构成了这一地区独特的气候特征。冬季盛行偏北风，夏季盛行东南风，影响本海域的主波向为 NNE—E 向。春季干旱、多风；冬季寒冷、少雪；夏季气温高、湿度大、降水集中；秋季秋高气爽、风和日丽。全年平均气温 13.0℃，高温极值 40.9℃，低温极值为 -18.3 ℃。年平均降水量 566.0 mm，降水随季节变化显著，冬、春季少，夏季集中。全年大风日数较多，8 级以上大风日数 57 d。全年平均雾日为 14.6 d，多见于秋、冬季。

2.1.3.1 光照

天津滨海新区太阳总辐射年总量为 5 149.76~5 652.18 MJ/m²，在华北地区属于高值区，在全国属中值区。月总辐射量最大值出现在 5 月，月总辐射最小值出现在太阳高度角最小的 12 月。

天津滨海新区位于中纬度地区，若以春分、秋分和夏至、冬至分别表征四季的光照，可见天文日照时数有明显的季节变化。其中以夏至最长为 14.9 h，冬至最短为 9.4 h，春分、秋分居中，各为 12.1 h。日照时数和日照百分率的地理分布是近海多，内陆少，全年实际可照时数为 2 669~3 090 h，年平均日照率为 59%~68%。

2.1.3.2 气温

据国家海洋局塘沽海洋环境监测站多年统计结果，天津滨海新区年平均气温为 11.7~12.3 ℃。

1月最冷，月平均气温-4.9~-3.6℃；7月最热，为25.8~26.4℃。春季11.9~12.1℃，夏季24.8~25.3℃，秋季12.8~13.9℃，冬季-3.0~-2.0℃。最冷月和最热月的温差27.5~28.1℃。

陆上的极端气温6月、7月、8月都在37℃以上，海上只有8月出现过34.1℃。高温都出现在内陆。由于海洋的调节作用，海上极端最高气温明显低于内陆。冬季的极端最低气温陆上低于海上，海上七号平台为-15.4℃，陆上最低为-22.1℃。

2.1.3.3　降水

天津滨海新区的塘沽、汉沽和大港地区的年平均降水量分别为617.2mm、616.5 mm和579.7mm，全市降水量等值线大致呈NE—SW向分布。

春、夏、秋、冬的降水量各占年降水量的10.3%、75.1%、12.3%、2.3%。夏季雨量集中，虽易发生水涝灾害，但因夏季正是高温季节，光照充足，雨水充沛，对农业生产非常有利。

2.1.3.4　蒸发

天津滨海新区蒸发量（指20 cm口径的小型蒸发器，下同）的分布，以塘沽最大，年平均达1 954.4 mm，汉沽最小，为1 665.7 mm，一般在1 750~1 840 mm。这种分布特征与海岸带云、风、日照等要素有密切关系，是海陆地形影响的综合结果。

从全年各月蒸发量的分布来看，冬季12月或1月最小，为40~50 mm，以后逐月上升，4月达到200 mm以上，至5月达到最大，为250~300 mm，持续到6月仍在230 mm以上，特别是沿海一带的塘沽、汉沽盐场，4—6月既为整个海岸带蒸发量的高值区，又无大雨，加上春季风大、日照强，此时正是海盐生产的黄金季节。

春季蒸发量大，降雨少，因而常常形成干旱，尤其在4月，是早春农作物生长、大秋农作物播种的重要时期，干旱的气候对农作物的危害颇大。

2.1.3.5　风

天津滨海新区的风向，1月由于强大的冷高压位于蒙古，多N—NW风，最多风向频率为11%~18%；7月受副热带高压影响，盛行E—SE风，最多风向频率为10%~17%；4月多为E—SE风，最多风向频率为9%~12%，10月多W—SW风，最多风向频率为10%~20%，自11月开始为NW风所控制，最多风向频率为11%~16%。

区域月平均风速的季节变化是：月最大值出现在4月，为4~7 m/s；月最小值都出现在8月，为2~5 m/s。月平均风速的绝对值海上明显大于陆上。

陆地风速的日变化，最大值出现在15：00，为4.9 m/s，最小值出现：05：00，为3.8 m/s；海上最大风速出现在06：00，为6.8 m/s，最小值出现在14：00，为5.3 m/s。

2.1.4　陆地水文

天津市是海河水系汇集入海之地，有"九河下梢"之称，也是 5 000 年来海退成陆之地，地势低平，河流、渠沟发达，坑塘洼淀广布。

2.1.4.1　河流

天津地区水系发达，海河水系和蓟运河水系均由本区入海。由北向南从天津海域入海的河流主要有蓟运河，潮白新河、永定新河、海河（汇集大清河、南运河、北运河、子牙河和永定河），独流减河、子牙新河和捷地减河等。这些河流为天津海域输送了大量的地表水和泥沙，表 2-1 列出了天津海域入海河流水文要素。

表 2-1　天津入海河流水文要素统计

河流名称	长度/km	年入海水量/ ×10^8 m^3				入海泥沙量/ ×10^4 t	
		年份	平均	最大	最小	平均	最多
蓟运河	3.6（至海口）	1971—1981 年	7.51	20.64	0	6.23（1974—1983 年）	25.90
潮白新河	467（至防潮闸）	1972—1983 年	8.31	18.65	0	16.52（1973—1983 年）	38.23
永定新河	681（至海口）	1973—1983 年	1.46	4.92	0	3.98（1973—1983 年）	15.93
海河干流	72（至海口）		14.14	82.63	0	1.80（1974—1983 年）	11.97
独流减河	70（至海口）		3.26	23.26	0		
子牙新河	747（至海口）		3.23	20.20	0		

资料来源：《天津市海岸带区域地质普查报告》（天津市海岸带地质地貌协调组，1985）。

除上述主要河流外，在天津市海岸带入海的河流还有青静黄排水渠、北排河、沧浪渠等，这些河渠均是下泄运河以东地区雨季洪水的沟渠。

2.1.4.2　洼淀、水库

天津是退海之地，湖泊、洼淀星罗棋布。滨海地区洼淀有杨家泊、七里海、宁车沽、黄港、大黄堡、北大港、沙井子、钱圈、鸭淀等。为解决天津滨海新区城镇供水、消洪减涝，自 20 世纪 60 年代以来，修建了许多洼淀水库。区内的大、中、小型水库有高庄水库、七里海水库、营城水库、北塘水库、黄港水库、邓善沽水库、官港水库、北大港水库和沙井子水库等，面积达 188×10^4 hm^2，总库容量达 3.66×10^8 m^3。

自 20 世纪 50—60 年代开始，为防止水患、充分利用地表水资源，在注入渤海湾的诸河流的上、中、下游大兴水利，使入海河流水量骤减，甚至出现了多年零入海量，从而导致海岸带河流作用与海洋作用失去平衡。由于河流作用的削弱，使海洋作用相对加强，造成海岸带普遍受到冲刷、侵蚀，改变了海岸带泥沙运移方向。这对海岸带，尤其潮间带沉积物粒度组分、碎屑矿物的组分有很大影响。但秋季洪水减少后，潮间带特别是河口区的淤积，同样是入海河流因人类干扰流量减少的结果。

2.1.5　海洋水文

海洋水文环境是直接影响海岸带沉积物组成、生物种群组合、滨海海水化学环境及滨岸沉积地球化学环境的重要因素，也是岸线变化的主要水动力。

海洋水文特征包括水温、水色、透明度、含砂量、水化学、潮汐、波浪、海流、风向、风力等。天津市岸段位于渤海湾西岸湾顶处，水深一般小于 20 m，局部可达 25 m。天津市海岸带主要受潮流、波浪和海流影响。

2.1.5.1　潮汐与潮流

渤海潮流受黄海潮汐影响，该潮流进入渤海湾后受地形、地球偏转力、摩擦效应影响，产生反射波、干涉波，在渤海湾内产生两个驻波点 M2、K1（具体如图 2-2 所示）。其中驻波点 M2 位于渤海湾南部，天津海岸带受其影响较大。天津市海岸带潮汐为不正规半日潮，其特点是：①半日潮波周期 12.42 h；②同潮时间是反时针方向绕节点（无潮点）旋转，也就是说驻波点起潮后 3~4 h 到达天津岸段，潮流先到涧河口，后到塘沽，最后才到歧口；③平均潮差为 2.31~2.51 m，是渤海湾内潮差最大的岸段，最大潮差往往出现在 8 月，平均大潮潮差可达 2.64 m，最小潮差出现在 1 月，平均最小潮差 2.31 m。

由于 M2 驻波点位于老黄河口东北海域，所以天津近岸海域涨潮流是 SE—NW 方向，落潮流受同潮时线控制为 SW—NE 方向。

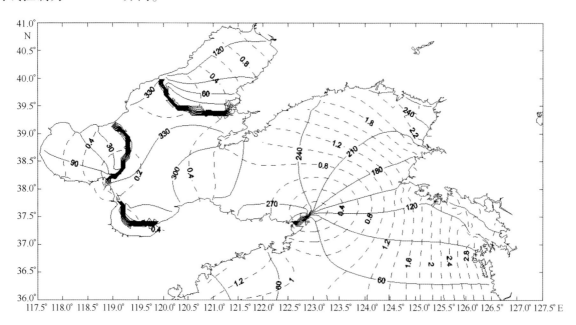

图 2-2　渤海 M2 同潮时线及同振幅图

实线为迟角（°），虚线为振幅（m）

2.1.5.2　海流

我国东部海域，受大洋系统影响，产生黄海暖流和东海寒流。

夏季，黄海暖流受东南季风推动迅速北上，经黄海流入渤海，沿辽东湾东岸到达湾顶处，折向 SW，按逆时针方向绕过辽东湾西岸、渤海湾、莱州湾，从渤海海峡回归黄海。

冬季，西伯利亚干冷季风从 NW 方向压黄海暖流退出渤海，与此同时，北黄海低温海水形成寒冷的海流流入东海，形成我国主要"东海寒流"的沿岸流。"东海寒流"北上进入渤海，分为两支，北支沿辽东湾西岸按顺时针方向流至辽东半岛南端；南支进入渤海湾后，按逆时针方向经滦河口、塘沽、歧口、莱州湾，在渤海海峡与北支沿岸流汇合流出渤海。

综上所述，天津近岸海域无论是黄海暖流还是"东海寒流"，在此岸段均形成逆时针的沿岸流。值得关注的是在渤海湾西岸入海的河流夏季带来大量泥沙，入海后又被逆时针运动的沿岸流反向搬运到湾顶的西侧，形成宽平的淤泥质海岸。

近年来，由于渤海石油的开采，在渤海湾内修建了十几个石油平台，积累了大量海流资料。赵保仁等通过分析这些资料后认为，在黄河三角洲外存在一支 N—NE 向海流与黄海暖流相接。同时在渤海湾北部海域还存在另一支海流，伸入渤海后在辽东湾海域呈逆时针运动，在渤海湾、莱州湾呈顺时针运动。这股余流与主沿岸流呈反向运动，它对天津市海岸带的影响，有待进一步研究。

2.1.5.3　波浪

天津近岸海域所在的渤海湾海浪以风浪为主，涌浪、混合浪次之。风浪的波向、波高等要素均受季风影响。

（1）风向

渤海海域具有明显的季风特征，辽东湾和渤海中部、东部海域比较明显，渤海湾西岸整体上显示季风性，但因地形原因也有所改变。如冬季塘沽地区以 NW 风、W 风为主，岔尖堡以北以 N 风为主；夏季塘沽以 S 风为主，岔尖堡以北以偏 E 风为主，有时也有 SW 风。表 2-2 统计了近几年渤海湾西岸各风向频率。

表 2-2　渤海湾西岸风向频率统计　　　　　　　　　　　　　　单位：d

风向	N	NNE	NE	NEE	E	ESE	SE	SSE	S	SSW	SW	WSW	W	WNW	NW	NNW
秦皇岛	13	10	14	18	14	10	10	5	8	12	8	7	7	7	7	12
塘沽	14	13	14	18	19	15	14	10	15	13	12	11	10	12	15	16
岔尖堡	24	40	28	24	24	20	18	12	16	20	20	20	14	20	24	24

（2）风速

风速受季风、天气系统的强弱、地理环境等因素的影响，渤海湾西岸各地同月份的平均风速也不相同（见表2-3）。

表2-3　渤海湾西岸平均风速　　　　　　　　　单位：m/s

月份	1	2	3	4	5	6	7	8	9	10	11	12	全年
秦皇岛	3.5	4.0	4.3	4.4	4.2	3.5	3.5	3.2	3.5	3.5	3.9	3.6	3.8
塘沽	4.5	4.8	5.5	5.8	5.5	5.1	4.5	3.8	3.9	4.6	4.3	4.4	4.7
岔尖堡	5.2	5.5	6.3	6.7	6.1	5.8	4.8	4.4	4.4	4.7	5.5	5.3	5.4

全年以春季4月风速最大，夏季8月风速最小。

瞬间风速大于17 m/s（8级以上）为灾害性天气，多与寒流、台风、高低压气旋、龙卷风等天气过程有关，其天数因地而异。

（3）海浪

海浪是由风等动力引起的海面波动，分为风浪、涌浪、混合浪。渤海以风浪为主，混合浪次之，涌浪较少。波浪的形成、发展、衰减过程与风的大小、风向有关。

渤海湾以风浪为主，具有季节性，天津海域以偏南风浪为主，占30%，南东向风浪占11%。一般浪高0.3~0.7 m，最大波高大于2 m的大浪，平均每月2~3 d，冬季较多，每月达3~5 d，大于4 m大浪每月最多2 d。4—8月为多浪期，浪高3~4 m。全年风浪方向多为偏东、南东向，大浪多为北东方向。

波浪是塑造海岸带地貌、泥沙运移的动力。有研究表明，波浪在渤海湾中水深10 m以内，对底质具有较强的侵蚀力。波浪对海上活动、滨岸水工建筑也有很大的危害。

根据渤海海域波浪高度分级，渤海湾西岸为中等级别，属于低能海岸，波浪年输沙量约15 ×10⁴ m³。

2.1.5.4　水温、盐度、含砂量

渤海湾水温以1—2月最低，平均0℃左右，3—6月升温到6℃左右，7—8月可达27℃，9—12月又降至7℃左右。

海水盐度，河口地区较低，为26；湾内地区可达30。冬季含盐量偏高，雨季受河水注入影响，含盐量偏低。

海水含砂量一般近岸高于浅海。以渤海湾海河口-曹妃甸一线和海河口-歧口距岸10~15 km为例，该线以内海水表层含砂量均大于1.0 kg/m³，该线以外处于浅海区，海水含砂量均小于0.1 kg/m³。这主要是受潮流、沿岸流、向岸风浪、河流输沙量和海洋水动力改造的影响。

海洋水文环境和海洋水动力具有能量大、时间持久的特点，尤其在目前渤海湾河流作用削弱的情况下，海洋作用相对增加必将成为塑造海岸地貌、岸线变迁的主要动力。

2.1.6　海洋灾害

根据主要致灾因子，天津市沿海地区海洋灾害分为海洋地质灾害（相对海平面上升、海域地震、海岸侵蚀、沉降引起的海水内侵、海湾淤积等）、海洋气象灾害（风暴潮、海冰、台风、海浪、海雾等）和海洋生物灾害（赤潮、外来物种入侵等）三大类型。

天津市沿海海洋灾害发生的特点主要有以下两个。

（1）灾害发生频繁，损失严重

天津市沿海地区致灾因子十分活跃，并且随着天津市滨海地区和海洋经济的发展，海洋灾害造成的损失也越来越大。如风暴潮灾害在 1950 年以前，平均 7~8 a 发生一次；1950—2003 年共发生 10 次较大风暴潮，平均 5~6 a 发生一次。2003 年 10 月 11 日和 11 月 25 日，天津市沿海地区出现两次风暴潮灾害，共造成直接经济损失约 1.2 亿元。

（2）灾害成因复杂

本区由于受海洋致灾因子和陆源致灾因子的双重作用及相互影响，海洋灾害的形成及各灾害的相互关系比较复杂。一种海洋灾害常常是由多种致灾因素相互叠加而引起；同时由于区域独特的地理环境，灾害链的延续性比较强，一个灾害事件又常伴随一系列次生灾害发生。如相对海平面上升灾害就是在全球海平面上升、局部构造沉降和沉积层压实以及人类活动引起的地面沉降等因素共同作用下形成的，而相对海平面上升则又会导致风暴潮灾害加重、滨海湿地损失、海水入侵、土壤次生盐渍化等灾害发生。

2.1.6.1　地质灾害

（1）地面沉降

根据天津滨海新区 1959—2000 年的资料分析得出以下结果。

塘沽地区：累计最大地面沉降值为 3.14 m，位于塘沽区上海道和河北路交界处周围已有 8 km² 的面积低于平均海水面。

汉沽地区：累计最大地面沉降值为 2.89 m，寨上及河西居住区已有 9 km² 的面积低于平均海水面。

大港地区：累计最大地面沉降值为 1.25 m，位于中塘镇附近；大港油田三号院自 1964—2000 年累计地面沉降 1.18 m。

（2）海平面上升

长期监测结果表明，我国沿海海平面在最近 50 a 时间里呈现不断上升趋势，天津市在全国 11 个沿海省（区、市）当中的升幅相对较小，为 1.5 mm/a 左右。

（3）海水入侵

2008 年，国家海洋局天津海洋环境监测中心站在天津滨海新区布设了包括大神堂断面、蔡家堡断面等从北到南全覆盖的 6 条断面的 18 个海水入侵监测普查站位（图 2-3）。依据《海水入侵监测技术规程（试行）》的技术要求，对调查区域内 18 个居民饮用水井监测普查结果显示，因具体历史成因，天津市沿海地区大面积土地均为退海所形成，不少村庄都存在大面积的盐碱地，因而当地日常饮用水井井深通常都超过百米以上，井水甘甜，说明深层地下水尚未受到海水入侵的影响。由于受实际监测客观难度（需要沿不同区域打不同水深的水井）限制海水入侵对地下水具体影响深度及陆域广度如何尚不能掌握，有待于监测技术和调查方法的进一步提高和完善。

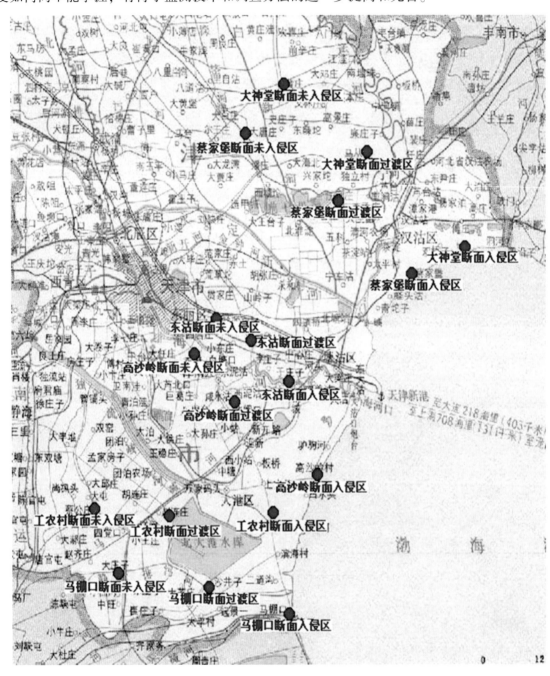

图 2-3　海水入侵监测普查站位（2008 年）

（4）土壤盐渍化

天津市 95.5% 的土地属于海积冲积平原，海退时间短，地下水位高，矿化度大，成土母质中含有大量盐分，且海拔均在 20 m 以下，其中 2/3 为低于 4 m 的洼地，因而盐碱地分布广泛。

天津市为退海之地，加之气候原因，历史上盐渍化土壤较多。除自然因素外，农业灌溉不当及排灌不配套等，抬高了部分地区的地下水位，致使土壤产生次生盐渍化。天津地区盐渍土据其成因分类有滨海盐渍土、内陆盐渍土和次生盐渍土三种类型。张征云等（2006 年）对天津区域土壤盐渍化调查结果（图 2-4）表明，天津市全区土壤盐渍化土壤 7 830 km²，其中耕地 2 854.52 km²；轻度盐渍化 3 148 km²，其中耕地 1 274.23 km²；土壤中度、重度盐渍化共计 3 432 km²，其中耕地 625.94 km²；盐土共计 1 250 km²。

陶维藩等（1990）通过对比较全面、翔实的第 2 次土壤普查（1979—1982 年）资料统计分析认为，天津市拥有盐碱地总面积 49.3×10⁴ hm²，占全市土地总面积的 42.3%，广泛分布于各区县。其中滨海新区盐碱地面积最大。

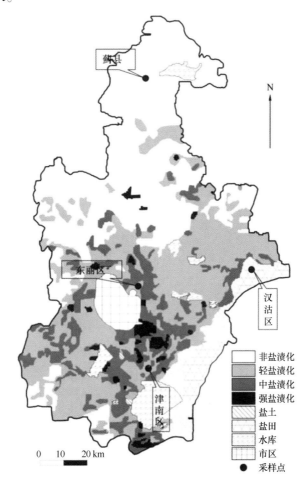

图 2-4　天津区域土壤盐渍化现状（张征云等，2006；王美丽等，2009）

廉晓娟等（2012）的研究结果表明（图 2-5），滨海新区土壤全盐含量空间变异较大，空间分布除部分区域呈斑块状外，其余大部分以大块状分布为主。从西到东，呈现出条带状分布规律，土壤全盐含量逐渐升高。

　　滨海新区 0~20 cm 土壤全盐平均含量为 0.818%，变化范围为 0.044%~6.884%，变异情况较大。这与滨海新区地貌特征复杂、土地利用类型多样有关。在 2009 年调查结果的基础上，对滨海新区各类盐渍化土壤面积进行了统计。滨海新区盐渍化土壤分布面积很大，为 1 641.1 km²，占滨海新区陆地总面积的 96.82%；非盐渍化土壤分布面积仅为 53.9 km²。轻、中、重度盐渍化土壤面积分别为 107.43 km²、173.51 km²、217.36 km²，分别占滨海新区陆地总面积的 6.34%、10.24% 和 12.82%，盐土面积为 1 142.8 km²，占滨海新区陆地总面积的 67.42%。

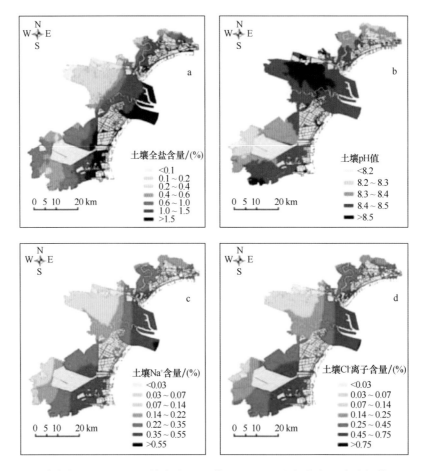

图 2-5　滨海新区 0~20 cm 土壤全盐、pH 值、Na⁺、Cl⁻空间分布（廉晓娟等，2012）

　　国家海洋局天津海洋环境监测中心站的长期监测结果表明天津滨海新区蔡家堡盐渍化区（图 2-6）和大神堂断面盐渍化区（图 2-7）土壤均为盐土，枯水期时盐渍化程度相对较重，盐渍化类型主要为硫酸盐型，2010 年 8 月丰水期监测结果显示盐渍化类型有向硫酸盐-氯化物型转变的趋势；盐土区耐盐碱植物的大量生长，对盐渍荒漠化有一定的缓解作用；过渡区（图 2-8 和图 2-9）土壤盐渍化类型为硫酸盐型，程度为非盐渍土，土壤适合农作物和植物生长；非盐渍化区（图 2-10 和图 2-11）土壤盐渍化类型为硫酸盐型，程度为非盐渍化。

图 2-6　蔡家堡断面盐渍化区（2010 年 8 月）

图 2-7　大神堂断面盐渍化区（2010 年 8 月）

图 2-8　蔡家堡断面过渡区（2010 年 8 月）

图 2-9　大神堂断面过渡区（2010 年 8 月）

图 2-10　蔡家堡断面非盐渍化区（2010 年 8 月）

图 2-11　大神堂断面非盐渍化区（2010 年 8 月）

2.1.6.2　海洋气象灾害

（1）台风

天津滨海新区历史上很少有台风直接登陆，但受低纬度北上台风的影响，夏季常出现暴雨、大风等强烈的天气现象。据 30 多年的台风资料，本区仅有一次强台风登陆，即 1972 年 3 号强台风。

（2）灾害性海浪

天津海岸带地区年平均大风日数为 48 d，海上年平均大风日达到 91.2 d。形成大风的原因主要有台风、气旋和寒潮。据统计，1966—1993 年间，渤海共发生波高不小于 6 m 的灾害性海浪 24 次，发生频次为 0.86 a，其中台风浪 2 次、寒潮浪 10 次、气旋浪 12 次。

（3）风暴潮

1965—2010 年，天津近海共发生超 490 cm（85 高程 223 cm）的风暴潮 34 次，超 500 cm（85 高程 233 cm）的风暴潮 21 次，最高潮位出现在 1992 年 9 月 1 日 17：37，最高潮位值为 593 cm（85 高程 326 cm），主要是由天文大潮和 1992 年第 16 号强热带风暴共同作用引起。进入 21 世纪以来，最高潮位出现在 2003 年 10 月 10—11 日，受东北 9~11 级大风和天文大潮的共同影响，天津沿海分别在 11 日 04：00、17：00 出现两次超过地区警戒水位的风暴潮，最高潮位为 533 cm（85 高程 266 cm）。天津沿海风暴潮灾害情况见表 2-4。

表 2-4　近几十年来天津沿海风暴潮灾害发生情况

风暴潮发生年份	日期	潮位值 （括号内为 85 高程）／cm	损失
1965	11 月 7 日	548（281）	不详
1966	8 月 20 日	492（225）	不详
	8 月 22 日	506（239）	不详
	8 月 31 日	516（249）	不详
1967	11 月 19 日	494（227）	不详
1968	10 月 6 日	492（225）	不详
	11 月 7 日	500（233）	不详
1969	8 月 1 日	491（224）	不详
	9 月 25 日	501（234）	不详
	11 月 14 日	497（230）	不详
1970	10 月 12 日	493（226）	不详
1972	7 月 28 日	540（273）	不详
	8 月 5 日	508（241）	不详
1976	3 月 18 日	500（233）	不详
1981	9 月 27 日	492（225）	不详
1985	8 月 19 日	540（273）	7 000 多万元
1987	11 月 25 日	496（229）	不详
1989	6 月 8 日	493（226）	不详

风暴潮发生年份	日期	潮位值 （括号内为 85 高程）/ cm	损失
1992	9 月 1 日	593（326）	天津市遭到了 1949 年以来最严重的一次强海潮袭击，有近 100 km 海挡漫水，被海潮冲毁 40 处，大量的水利工程被毁坏，沿海的塘沽、大港、汉沽三区和大型企业均遭受严重损失。天津新港的库场、码头、客运站全部被淹，港区内水深达 1.0 m，有 1 219 个集装箱进水。新港船厂、北塘修船厂、天津海滨浴场遭浸泡，北塘镇、塘沽盐场、大港石油管理局等十多个单位的部分海挡被潮水冲毁。天津防洪重点工程之一的海河闸受到较严重损坏。港口和盐场的逾 30×10⁴ t 原盐被冲走。大港油田的 69 眼油井被海水浸泡，其中 31 眼停产。沿海三个区 3 400 户居民家进水。有 12 000 公顷养虾池被冲毁。大港石油管理局滩海工程公司正在修建的人工岛，其钢板外壳被风暴潮和大风、大浪撕开超过 60 m 长的口子
	10 月 2 日	521（254）	塘沽港局部低洼地区受潮水浸泡
1994	8 月 15—16 日	517（250）	不详
	7 月 30 日	493（226）	不详
1996	10 月 30 日	510（243）	不详
	11 月 11 日	495（228）	塘沽区部分低洼地区堤埝少量上水，没有造成明显灾害
1997	8 月 20 日	559（292）	近 2 亿元
	10 月 10—11 日	533（266）	约为 1.2 亿元
2003	11 月 25 日	505（238）	塘沽区一号路南侧及天津港客运码头积水比较严重，附近部分地区被水浸泡。河口路街、东沽及北塘水较少，新港船厂被水浸泡。船闸附近的机厂街和马路上有积水，低洼地方的积水没到脚踝
1965	11 月 7 日	548（281）	不详
2004	9 月 15 日	492（225）	汉沽区沿海三处海堤决口，约 150 户民房被淹，损毁堤防 100 m，损毁房间 500 间，受灾人口 5000 人，塘沽区部分码头被淹
2005	8 月 8 日 17	520（253）	直接经济损失 2.2 亿元，受灾人口 32.2 万人，农作物受灾面积 6.67×10⁴ hm²，损毁房屋 2 000 间
	10 月 21 日	492（225）	
2007	8 月 12 日	483（216）	未造成大的损失
	2 月 13 日	513（246）	未造成较大财产损失
2009	4 月 15 日	504（237）	3 人遇难，直接经济损失约 2.47 亿元
	5 月 9 日	505（238）	经济损失 5 万元
2010	9 月 07 日	500（233）	未造成大的损失

天津沿海风暴潮灾害特征如下。

1）潮位高于警戒潮位 490 cm（85 高程 223.2 cm）的高潮平均每年会出现 0.75 次，而潮位高于 500 cm 的高潮平均每年会出现 0.58 次。

2）在所有潮位大于 490 cm（85 高程 223.2 cm）的风暴潮中，有 11% 是由于台风北上或由台风减弱的热带风暴所引起，89% 是由于温带气旋或冷空气南下所引起。历次造成重大损失的风暴潮灾害，其最高潮位都超过了 500 cm。

3）强冷空气影响，主要是春、秋季节（2—4 月、10—11 月），冬季较少。就其发生的时间看，季节性很明显。东到东北风达到 8 级以上时易出现风暴潮。天津沿岸影响风暴潮的主要气象因素是温带气旋或北方冷空气过程，少部分由台风或热带气旋引起：温带风暴潮一般由冷空气、温带气旋引起，一年四季中每天均可发生，但多发生在春秋季节。一般特点是：水位变化较平缓，潮位高度低于台风风暴潮，几乎每年都有发生。台风风暴潮多见于夏秋季节，其特点是来势猛，速度快，强度大，破坏力强。其造成的危害巨大，一直受到各方面的关注。天津海域地处北方，位于渤海的西侧，受台风或热带气旋影响形成风暴潮的次数不多，据上述统计，1999 年之后，天津沿海共发生台风风暴潮 2 次，分别为 2000 年和 2005 年，但由于热带气旋影响主要是 7—9 月，尤其是农历八月十五前后，正值天文大潮时期，台风北上或由台风减弱的热带风暴所引起的风暴潮危害性更明显，其造成的经济损失更大，也同样要注意。

4）风暴潮灾害是潮位与海浪联合作用的结果。风暴潮能否成灾，不仅要看风暴潮的强弱，还要看风暴潮导致的实际潮位的高低及其岸边的浪向、浪高。当风暴潮潮位超过 500 cm，同时又有向岸风配合及大浪叠加时，就会出现严重的风暴潮灾害。

（4）海冰灾害

根据国家海洋局塘沽海洋环境监测站的观测资料，截至 2008 年，统计 1964—2008 年渤海湾海冰情况列于表 2-5 和表 2-6。天津近海一般于 12 月下旬至翌年 1 月上旬开始结冰，2 月下旬至 3 月上旬终冰，冰期为 40~60 d。其中，严重冰期为 10~20 d，一般出现在 1 月下旬至 2 月上旬。其中，1968—1969 年度海冰冰期最长，为 110 d，2006—2007 年度海冰冰期最短，未观测到海冰；初冰日最早出现在 1968 年 12 月 8 日，最晚出现在 2008 年 1 月 25 日；终冰日最早出现在 2003 年 1 月 23 日，最晚出现在 1969 年 4 月 4 日。总体来说，近年来，随着气候变暖、海洋工程开发等因素影响，天津近海海冰灾害呈逐渐减轻的趋势。

表 2-5　天津近岸海域冰期（1964—2007 年）

	年度范围	1964—1970 年	1971—1980 年	1981—1990 年	1991—2000 年	2001—2007 年	平均值
	初冰日	12 月 21 日	12 月 28 日	12 月 22 日	12 月 24 日	12 月 26 日	12 月 24 日
塘沽	终冰日	2 月 13 日	2 月 22 日	2 月 25 日	2 月 12 日	2 月 17 日	2 月 17 日
	冰期/d	54	56	65	50	53	56

表 2-6　天津近岸海域海冰统计

统计	塘沽	备注
冰期最长	1968—1969 年 110 d	
冰期最短	2006—2007 年 0 d	2006—2007 年度塘沽海洋站未能观测到海冰，故此处统计是排除该年度以外的年份而得到的初冰最晚与终冰最早日期
初冰最早	1968 年 12 月 8 日	
初冰最晚	2008 年 1 月 25 日	
终冰最早	2003 年 1 月 23 日	
终冰最晚	1969 年 4 月 4 日	

2.1.6.3　海洋生物灾害（赤潮）

　　天津近岸海域发生的主要海洋生物灾害是赤潮。由于赤潮研究在我国相对比较滞后，1990 年以前发生的赤潮缺乏完整的记录与统计。现根据可查证的相关历史记录资料，对天津近岸海域发生的赤潮统计见表 2-7。由表 2-7 可知，1977—2012 年，天津近岸海域有记载的赤潮发生次数为 29 次。天津近岸海域的赤潮多发生在每年的 5—10 月；赤潮生物主要为夜光藻、微型原甲藻、叉状角藻、中肋骨条藻等，以甲藻居多。2004 年、2006 年和 2007 年还分别出现了有害赤潮生物种米氏凯伦藻和球形棕囊藻。2000 年以前赤潮的发生特点是频率低，但规模较大；2000 年以后，赤潮的发生几乎覆盖整个天津近岸海域，呈现小面积、高频率、广分布的特点，并且赤潮也由单一型赤潮向复合型赤潮转变。

表 2-7　渤海湾赤潮统计

时间	发生海域	发生面积/km²	赤潮生物优势种	年度次数/次
1977 年 8 月	天津大沽口附近海域	560	微型原甲藻	1
1989 年 7—9 月	天津附近海域	1300	甲藻类	1
1996 年 9 月	天津新港、大沽锚地		不详	1
1998 年 9—10 月	天津大沽锚地	1500	膝沟藻、叉状角藻	1
1999 年 7 月	大沽锚地	25	叉状角藻	2
2001 年 5 月 31 日	天津防波堤附近海域	50	圆筛藻-多甲藻-曲舟藻	
2001 年 5 月	河北曹妃甸附近海域	5	夜光藻	3
2001 年 6 月	河北歧口以东海域	200	不详	
2002 年 6 月	河北昌黎附近海域	0.5	夜光藻	
2002 年 7 月	天津海河河口附近海域	2	微小原甲藻	3
2002 年 7 月	天津港港池	0.5	裸甲藻	
2003 年 7 月	天津港大沽锚地以东	100	夜光藻	2
2003 年 8 月	黄骅南排河镇近岸海域	2	夜光藻	

时间	发生海域	发生面积/km²	赤潮生物优势种	年度次数/次
2004 年 5—6 月	天津附近海域	700	米氏凯伦藻	2
2004 年 7 月	天津附近海域	20	海洋卡盾藻	
2005 年 6 月	天津近岸海域	750	棕囊藻	1
2006 年 6 月	天津近岸海域		赤潮异弯藻的孢囊	
2006 年 6 月	天津近岸海域	60	圆筛藻–赤潮异弯藻–海洋卡盾藻	4
2006 年 8 月	天津近岸海域	600	夜光藻	
2006 年 9—11 月	天津近岸海域		球形棕囊藻	
2007 年 5 月	天津近岸海域	218	中肋骨条藻	
2007 年 10 月	天津近岸海域	30	球形棕囊藻	3
2007 年 11 月	天津近岸海域	300	浮动弯角藻	
2008 年 7 月	天津近岸海域	30	叉状角藻–小新月菱形藻	1
2009 年 4 月	天津近岸海域	30	中肋骨条藻	
2009 年 6 月	天津近岸海域	30	夜光藻	3
2009 年 8 月	天津近岸海域	300	中肋骨条藻	
2010 年 5 月 24 日至 6 月 12 日	天津港航道以北至 汉沽海域	237	夜光藻	2
2010 年 9 月 19 日至 11 月 3 日	天津汉沽附近海域	470	威氏圆筛藻–尖刺菱形藻	
2012 年 7 月 16 日至 8 月 2 日	天津近岸海域	44	丹麦细柱藻、柔弱伪菱形藻、短角弯角藻、诺氏海链藻和旋链角毛藻	2
2012 年 8 月 8 日至 8 月 16 日	天津近岸海域	490	诺氏海链藻和旋链角毛藻、中肋骨条藻	

2.1.7　海洋资源状况

2.1.7.1　海洋生物资源

天津沿海面向渤海湾渔场，南有莱州湾，北连滦河口、辽东湾渔场，天津浅海位于渤海三大渔场之一的渤海湾渔场的中心部位，是渤海湾产卵场主体水域，是中国对虾、小黄鱼、鱿鱼、鲫鱼、黄姑鱼、鲳鱼等主要经济鱼虾产卵繁殖、索饵、育肥、生长的重要场所。据相关资料统计，天津市各种水产动物共有 150 多种，目前已构成资源并得以开发利用的经济种类共有 60 多种，主要有毛虾、梭子蟹、梭鱼、口虾姑、半滑舌鳎、青鳞鱼、鲻鱼、黄鲫、斑鰶、梅童鱼等，同时潮间带蕴藏着毛蚶、扇贝、牡蛎等丰富的贝类资源。

根据游泳生物调查结果，以总生物量和种群生物学资料来评价天津市浅海鱼类资源量，总生物量 2.774 46 t/km²，资源蕴藏量为 6 214.79 t。渔获物主要由小型鱼类组成，另外还有大量的幼鱼及低龄鱼，所以资源量不高，质量也很低。过去产量高的小黄鱼、带鱼、蓝点马蛟等重要经济鱼类的鱼卵及仔稚鱼数量均很少，说明这些鱼类资源已明显衰退，不能形成产量，有的物种已濒于绝迹的边缘。

2.1.7.2　海洋油气资源

天津市海岸带地区地处歧口、板桥、北塘三大生油凹陷中心部位，油气资源丰富，据三次资源评价的结果，滩海地区的油气总资源量分别为 75 559×10⁴ t 和 208.5 km³，而天津市管辖的范围内油气总资源量分别为 16 200×10⁴ t 和 103.14 km³，加上海岸带的陆地部分油气总资源量分别为 42 400×10⁴ t 和 206.81 km³。其中大港油田和渤海油田是我国重要的沿海平原潮间带和海上油气开发区。大港油田原油和天然气资源比较丰富，在国内居第六位。大港油田目前已探明石油储量 7.7×10⁸ t，天然气储量 380×10⁸ m³，开采价值很高。1999 年新发现大港千米桥亿吨油气田，油层厚度达 100 m，含油区面积 60 km²，是一个优质高产的油气田，据估算可使大港油田的生命再延长 20 年。

2.1.7.3　港口、航运资源

海洋交通运输业历来是支撑天津市国民经济的重要支柱产业。天津市有我国最大的人工海港——天津港，是我国重要的对外贸易口岸，被誉为"渤海湾里的明珠"。

（1）港区

天津港位于渤海湾西岸海河入海口处大沽沙浅滩北翼，海河口两侧及以北属缓慢淤涨型岸滩，海河口以南属相对稳定型岸滩。港区一带为粉砂淤泥质平原海岸，滨岸平原高程 1~2.5 m，潮间带浅滩宽 4.2~7.3 km，坡降 0.41×10⁻³ ~ 1.41×10⁻³，低潮线至 -25 m 范围为水下岸坡，坡降 0.1×10⁻³ ~ 0.6× 10⁻³，目前，天津港已形成以北疆港区、南疆港区为主，海河港区为辅，临港工业港区、东疆港区起步发展，北塘港区为补充的发展格局。全港共拥有各类泊位约 140 个，其中生产性泊位 94 个。天津港务局所属生产性泊位 64 个，岸线长约 12 km，其中深水泊位 49 个，最大靠泊能力 20 万吨级。年货物吞吐量超过 3×10⁸ t。天津港集装箱码头运输能力达到 700 万标准箱。天津港港口吞吐量的主要特点是：以件杂货运输为主，且外贸货比例高。北疆港区规划形成通用泊位区、集装箱作业区、汽车滚装泊位区和件杂货作业区。东疆港区规划形成码头区、物流加工区和生活配套区。

（2）航道、锚地

天津市目前拥有主航道、大沽沙航道 2 条，正在建设中或规划建设的自北向南分别有中心渔港航道、北塘航道、临港产业区航道和南港工业区航道。新港航道全长约 33.8 km，可满足 10 万吨级船舶进出港口。大沽口锚地水域面积 130 km²，平均底高程 -12 m，锚泊能力 120 艘。

2.1.7.4 滨海旅游资源

天津市共有旅游景点 80 多处；其中自然景观旅游资源景点 19 处，滨海地区 7 处；人文景观旅游资源景点 61 处，滨海地区 18 处（见表2-8）。

表 2-8 天津市主要旅游资源分类

类别	区域	景点	主要旅游景点
自然景观 旅游资源	滨海地区	7	滨海、海河口（自然）、贝壳堤遗址、北大港水库风景区、官港森林公园、营城水库风景区、黄港生态风景区
	全市	19	滨海、海河口（自然）、贝壳堤遗址、北大港水库风景区、官港森林公园、营城水库风景区、黄港生态风景区、盘山、蓟县中上元古界标准地层、七里海湿地等
人文景观 旅游资源	滨海地区	18	大沽口炮台、大沽船坞遗址、南大营炮台、潮音寺、航母主题公园、海河外滩公园、渤海儿童世界、滨海世纪广场、中心渔港、渔人码头、出海观光、洋货市场、天津港、天津经济开发区、保税区、石油化工盐田景观
	全市	61	大沽口炮台、大沽船坞遗址、南大营炮台、潮音寺、航母主题公园、海河外滩公园、渤海儿童世界、滨海世纪广场、中心渔港、渔人码头、出海观光、洋货市场、天津港、天津经济开发区、保税区、石油化工盐田景观、大都市风貌等
合　计		105	其中：滨海地区 25 个

2.2 社会经济

2.2.1 人口发展状况

人口数量是指人口规模，是不断变化的，引起其变化的原因主要包括人口自然变动和迁移变动。制约人口数量变化的因素受经济、政治、文化、心理等社会、自然因素影响，自 1978 年改革开放以后，天津市和滨海新区人口数量的变化经历了不同阶段，呈现出不同的特点。

1978—2013 年 36 年间天津市和滨海新区户籍人口和常住人口数量变化趋势（表 2-9 和图 2-12）呈现出如下特征。

（1）户籍人口增速平稳

天津市户籍人口数量在 1978—1990 年间由 724.27 万人增至 866.25 万人，年均人口增速为 1.50%；1991—2000 年间由 872.63 万人增至 912.00 万人，年均人口增速为 0.52%；2001—2010 年间由 913.98 万人增至 984.85 万人，年均人口增速为 0.77%；2011—2013 年间由 996.44 万人增至 1 003.97 万人，年均人口增速为 0.64%；2013 年，天津市户籍人口总数突破 1 000 万。

滨海新区户籍人口数量 1980—1990 年间由 73.70 万人增至 88.47 万人，年均人口增速为 1.85%；

1991—2000 年间由 89.44 万人增至 104.58 万人，年均人口增速为 0.82%；2001—2010 年间由 105.35 万人增至 111.20 万人，年均人口增速为 1.31%；2011—2013 年间由 113.80 万人增至 118.21 万人，年均人口增速为 2.06%。

滨海新区户籍人口增速高于同期天津市整体人口增速，特别是 2010 年以后滨海新区户籍人口增速几乎是天津市整体的 2 倍。

（2）外来常住人口增加迅猛

天津市自 1987 年开始将常住人口与户籍人口分开统计。1987 年，天津市仅有外来常住人口 3.03 万人，只占到常住人口的 0.36%；1990 年，天津市的外来常住人口突破 1%，达到 2.01%；到 2006 年，外来常住人口突破 10%，达到 11.7%；到了 2013 年，外来常住人口已增长到了 468.24 万人，占到常住人口的 31.80%；此后，外来常住人口增长迅猛，至 2013 年已超过 30%。2005—2013 年，天津市外来常住人口年均增长率保持在 20% 的高位。

1990 年，滨海新区有外来常住人口 3.47 万人，占常住人口的 3.77%；2000 年为 14.32 万人，占常住人口的 12.04%；2005 年为 23.55 万人，占常住人口的 17.71%；此后，滨海新区外来常住人口增加迅猛，至 2013 年外来常住人口已经占到常住人口总数的 57.56%。

滨海新区由于大规模围填海海洋工程的展开以及开发开放力度的进一步加大，对外来人口的吸引力一直在不断增加。与天津市整体相比，滨海新区外来人口的占比较高，2009 年以后就一直超过了总人口的 50%。

（3）天津市整体人口密度较高，滨海新区密度较低

滨海新区陆域面积约占天津市全市的 19.0%。2013 年，滨海新区户籍人口占天津市整体户籍人口的 11.77%，滨海新区常住人口占天津市整体常住人口的 18.93%。当年天津市常住人口密度为 1 252 人/km²，户籍人口密度为 854 人/km²；滨海新区常住人口密度为 1 228 人/km²，户籍人口密度为 521 人/km²。

（4）天津市人口未出现向滨海新区迁移的趋势

尽管滨海新区户籍人口数量呈现不断增加的趋势，且其增加速度高于天津市整体增速，但在天津市整体人口中所占比重的增加并不明显。1982 年滨海新区人口就已经占天津市整体人口的 10.06%，而到了 2013 年占比也只增加到 11.77%。31 年间只增加了 1.71%，说明天津市没有发生人口向滨海新区大规模迁移的现象。

（5）人口规模持续增大，资源环境承载压力凸显

根据《天津市城市总体规划（2005—2020 年）》的规划，到 2020 年，天津市常住人口控制在 1 350 万人，滨海新区常住人口控制在 350 万人。而在 2011 年天津市常住人口已经突破 1 350 万人，根据目前的增速在 2020 年天津市常住人口规模预计为 1 770 万~2 060 万人，远超规划预测；2013 年，滨海新区常住人口为 278.72 万人，根据目前的增速在 2020 年滨海新区常住人口规模预计在 470 万~610 万人。

由于天津市特别是滨海新区位于北方滨海带的河海交汇处，淡水资源匮乏，土地盐碱化较重，既要承接来自海河上游的水污染，临海石化工业发展也将对人居环境产生负面影响。因此滨海新区的资源环境承载压力将进一步加大。

表 2-9　天津市及滨海新区人口数量变化情况一览表（1978—2013 年）　　　　　单位：万人

年份	天津市		滨海新区	
	户籍人口	常住人口	户籍人口	常住人口
1978	724.27	—	46.72	—
1979	739.42	—	—	—
1980	748.91	—	73.70	—
1981	760.32	—	74.92	—
1982	774.92	—	77.97	—
1983	785.28	—	79.46	—
1984	795.52	—	80.61	—
1985	804.80	—	81.59	—
1986	814.97	—	82.76	—
1987	828.73	831.76	84.55	—
1988	839.21	843.44	85.94	—
1989	852.35	858.95	87.27	—
1990	866.25	884.03	88.47	91.94
1991	872.63	908.89	89.44	—
1992	878.97	920.41	90.33	—
1993	885.89	928.02	99.18	—
1994	890.55	935.28	99.82	—
1995	894.67	941.83	100.24	—
1996	898.45	948.19	100.79	—
1997	899.80	952.59	101.08	—
1998	905.09	956.64	102.70	—
1999	910.17	959.48	103.86	—
2000	912.00	1 001.14	104.58	118.90
2001	913.98	1 004.06	105.35	—
2002	919.05	1 007.18	106.38	—
2003	926.00	1 011.30	107.05	—
2004	932.55	1 023.67	108.13	—
2005	939.31	1 043.00	109.39	132.94
2006	948.89	1 075.00	112.39	—
2007	959.10	1 115.00	114.41	—
2008	968.87	1 176.00	116.24	202.88
2009	979.84	1 228.16	109.93	230.17
2010	984.85	1 299.29	111.20	248.25
2011	996.44	1 354.58	113.80	253.66
2012	993.20	1 413.15	115.88	263.52
2013	1 003.97	1 472.21	118.21	278.72

　　注：1978 年滨海新区调查人口仅包含塘沽和汉沽人口，未包含大港人口（因为大港 1980 年才从南郊区划分出来）。1992 年以前滨海新区人口统计为汉沽、塘沽、大港三区人口加和。1992 年以后人口统计包含目前滨海新区管辖范围所有区域的人口总数。

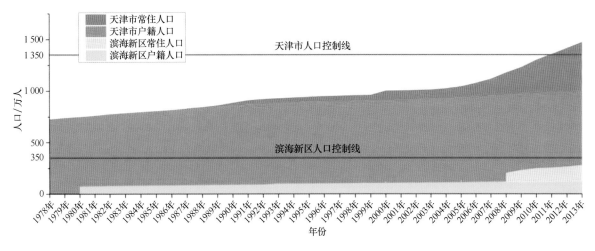

图 2-12　天津市及滨海新区人口数量变化情况示意（1978—2013 年）

2.2.2　经济发展状况

2.2.2.1　天津市产业类型和国内生产总值（GDP）变化

（1）经济总量较高

2013 年天津市 GDP 实现 14 370.16 亿元，占全国 GDP 总量（568 845 亿元）的 2.53%；占环渤海区域 GDP 总量（143 934.19 亿元：北京市 19 500.6 亿元、天津市 14 370.16 亿元、河北省 28 301.4 亿元、辽宁省 27 077.7 亿元、山东省 54 684.33 亿元）的 9.98%；在 2013 年中国城市 GDP 排行榜中位列第五，排在上海市、北京市、广州市、深圳市之后；在四大直辖市中名列第三。2013 年天津市的人均 GDP（以常住人口计算）排名全国第一。

（2）增速较快

进入 21 世纪以来，天津市一直保持较高的 GDP 增长速度。2000—2013 年的平均 GDP 增速为 14.5%，长期保持在两位数的高增长状态，高于全国平均增速。除 2006 年和 2007 年之外，天津市的 GDP 增速一直保持在全国前三名，特别是 2010—2013 年连续 4 年蝉联全国 GDP 增速冠军。

（3）产业结构以第二、三产业为主

天津市 GDP 组成中最主要的组成部分为第二产业（采矿业、制造业、电力、燃气及水的生产和供应业、建筑业）和第三产业（交通运输、仓储和邮政业、信息传输、计算机服务和软件业、批发和零售业、住宿和餐饮业、金融业、房地产业、租赁和商业服务业、科学研究、技术服务和地质勘查业、水利、环境和公共设施管理业、居民服务和其他服务业、教育、卫生和社会福利业、文化、体育和娱乐业、公共管理和社会组织）。天津市第三产业的规模较大，仅比第二产业规模略低。相比第二、三产业的高速发展，第一产业农林牧副渔的发展缓慢，在整体 GDP 之中的比重微小，且持续下降（见表 2-10，图 2-13）。

表 2-10　天津市 GDP 及其组成变化一览表（1978—2013 年）

年份	GDP/亿元				人均 GDP/（万元/人）
	第一产业	第二产业	第三产业	总量	
1978	5.03	57.53	20.09	82.65	0.113 3
1979	6.54	64.82	21.65	93.01	0.124 1
1980	6.53	72.56	24.44	103.53	0.135 7
1981	5.18	76.97	25.81	107.96	0.145 8
1982	7.00	79.86	27.24	114.11	0.146 9
1983	7.60	84.47	31.35	123.42	0.155 5
1984	11.13	96.47	39.93	147.53	0.185 3
1985	12.95	114.92	47.91	175.78	0.216 9
1986	16.51	123.33	54.90	194.74	0.235 2
1987	19.63	138.02	62.47	220.12	0.262 1
1988	26.21	160.96	72.54	259.71	0.303 5
1989	26.85	177.54	79.10	283.49	0.326 1
1990	27.32	181.38	102.25	310.95	0.348 7
1991	29.26	196.60	116.79	342.65	0.377 7
1992	30.26	233.41	147.37	411.04	0.448 1
1993	35.40	308.40	195.14	538.94	0.580 0
1994	46.55	414.95	271.39	732.89	0.775 1
1995	60.80	518.55	352.62	931.97	0.976 9
1996	67.67	609.10	445.16	1121.93	1.173 4
1997	69.52	676.01	519.10	1264.63	1.314 2
1998	74.14	697.99	602.47	1374.60	1.424 3
1999	71.14	758.51	671.30	1 500.95	1.540 5
2000	73.69	863.83	764.36	1 701.88	1.735 3
2001	78.73	959.06	881.30	1 919.09	1.914 1
2002	84.21	1 069.08	997.47	2 150.76	2.138 7
2003	89.91	1 337.31	1 150.82	2 578.03	2.554 4
2004	105.28	1 685.93	1 319.76	3 110.97	3.057 5
2005	112.38	2 135.07	1 658.19	3 905.64	3.779 6
2006	103.35	2 457.08	1 902.31	4 462.74	4.214 1
2007	110.19	2 892.53	2 250.04	5 252.76	4.797 0
2008	122.58	3 709.78	2 886.65	6 719.01	5.865 6
2009	128.85	3 987.84	3 405.16	7 521.85	6.257 4
2010	145.58	4 840.23	4 238.65	9 224.46	7.299 4
2011	159.72	5 928.32	5 219.24	11 307.28	8.521 3
2012	171.60	6 663.82	6 058.46	12 893.88	9.317 3
2013	188.45	7 276.68	6 905.03	14 370.16	9.960 7

注：所有数据全部来源于政府发布的官方统计年鉴。

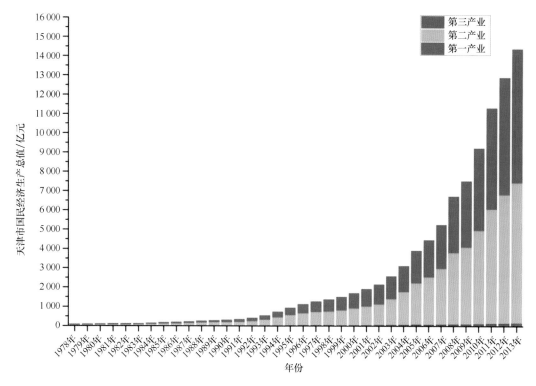

图 2-13　天津市 GDP 及组成变化趋势（1978—2013 年）

2.2.2.2　滨海新区产业类型和国内生产总值（GDP）变化

由于滨海新区 1993 年才开始发布 GDP 统计年鉴，之前的数据由于前后出处依据不一致，此处不再分析，从 1993—2013 年天津滨海新区 GDP 及产业组成各自 GDP 贡献变化情况（表 2-11 和图 2-14）可以看出以下特点。

（1）经济总量较高

2013 年，滨海新区以占天津市人口的 18.9%（以常住人口计），土地面积的 19.0%，实现 GDP 产值 8 020.40 亿元，占天津市 GDP 总量（14 370.16 亿元）的 55.81%。若将滨海新区单独进行计算，在 2013 年可排在杭州市之后成为全国城市排名的第 11 位。滨海新区在国家级的 8 个新区中超过了浦东新区（6 448.68 亿元），排名第一。

（2）增速迅猛

1993—2000 年为数据缓慢增长期，从 2000 年起滨海新区 GDP 总量连年上新台阶。1993 年天津滨海新区 GDP 只有区区 112.36 亿元（人均 GDP 总量为 1.23 万元），而到了 2013 年滨海新区 GDP 总量已经高达 8 020.40 亿元（人均 GDP 总量为 67.85 万元），20 年来增速迅猛，总体增长 7 908.04 亿元，增长了 71.38 倍，年均增幅也高达 257.46%。

（3）产业结构以第二、三产业为主

滨海新区 GDP 组成中最主要的组成部分为第二产业和第三产业，尤其是第二产业始终保持以第三产业 2 倍的关系飞速增长，相比第二、三产业的高速发展，第一产业农林牧副渔的发展非常缓慢；这主要和滨海新区的区位优势和功能定位有密切关系，由于滨海新区坐拥天津港，区位优势明显，第二、三产业相对发达，而滨海新区的自然条件又制约了第一产业的发展。

表 2-11　滨海新区 GDP 及其组成变化一览表（1993—2013 年）

年份	GDP/亿元				人均 GDP/（万元/人）
	第一产业	第二产业	第三产业	总量	
1993	2.43	74.09	35.84	112.36	1.23
1994	3.36	114.55	50.75	168.66	1.84
1995	4.74	166.90	70.00	241.64	2.60
1996	4.84	224.78	90.67	320.29	3.43
1997	4.90	262.72	114.42	382.04	4.08
1998	5.36	264.41	146.81	416.58	4.41
1999	4.83	299.8	163.26	467.89	4.89
2000	5.2	383.45	183.09	571.74	5.93
2001	5.67	454.22	225.43	685.32	7.05
2002	6.09	576.06	280.30	862.45	8.79
2003	7.30	697.66	341.34	1 046.30	10.58
2004	7.91	878.85	436.50	1323.26	13.24
2005	7.28	1 098.86	517.12	1 623.26	16.04
2006	7.51	1 370.77	582.21	1 960.49	18.82
2007	7.15	1 694.84	662.09	2 364.08	22.29
2008	7.54	2 246.24	848.46	3 102.24	28.79
2009	7.43	2 569.87	1 233.37	3 810.67	34.66
2010	8.17	3 432.81	1 589.12	5 030.11	45.23
2011	8.82	4 273.89	1 924.15	6 206.87	54.54
2012	9.36	4 857.76	2 338.05	7 205.17	62.18
2013	10.07	5 403.03	2 607.30	8 020.40	67.85

注：所有数据全部来源于政府发布的官方统计年鉴。

2.2.3　天津市海洋经济发展

天津地处京津冀地区和环渤海经济带，地理位置优越，海洋产业基础扎实。近年来，在国家发展战略的指引下，天津市海洋经济发展势头良好。"十二五"以来，天津市海洋经济呈现出快速的发展态势，海洋生产总值现价年均增速达 13.8%，高于全国 2.9%，增速在 11 个沿海省区市中排名第一。

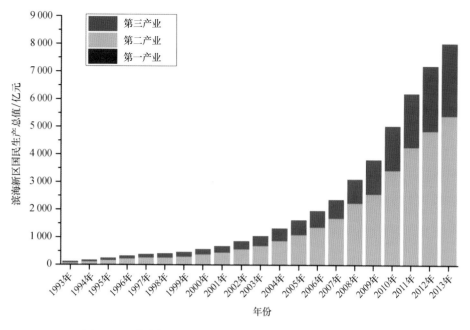

图 2-14　滨海新区 GDP 及其组成变化趋势（1993—2013 年）

2015 年，天津市海洋生产总值达 5 506 亿元，排名全国中下游，但占天津市地区生产总值的比重达到 32.5%，连续多年排名全国第一。天津市海洋生产总值占全国海洋生产总值的比重，由 2011 年的 7.7% 增长到 2015 年的 8.5%，比重呈逐年稳步增长的趋势。2014 年，天津市主要海洋产业增加值达到 2 557.53 亿元。其中，海洋第一产业、第二产业、第三产业比重分别为：0.3%、62.6%、37.1%，从 2011-2015 年产业结构比重来看，第一产业所占比重一直保持稳定，第二产业、第三产业所占比例稍有波动，但第二产业占绝对主导地位（表 2-12）。

表 2-12　2011 年～2015 年天津市海洋经济发展指标

类型	2011 年	2012 年	2013 年	2014 年	2015 年
海洋生产总值/亿元	3 519.3	3 939.2	4 422	5 027	5 506
占全国海洋生产总值比重（%）	7.7	7.9	8.4	8.5	8.6
海洋第一产业比重（%）	0.2	0.2	0.2	0.3	0.3
海洋第二产业比重（%）	68.5	66.7	67.3	63.4	62.6
海洋第三产业比重（%）	31.3	33.1	32.5	62.6	37.1

在全国十一个沿海省、区、市中，天津市由于自然条件的限制，在海洋经济总量上并不具有优势，但单位产值水平较高，在全国沿海省区市居于前列。从单个产业来看，天津市排名靠前的海洋产业主要为海洋油气业、海洋盐业、海洋化工业、海水利用业等，但优势产业也存在各自的问题（表 2-13）。

表 2-13　天津市海洋经济及部分主要海洋产业在全国沿海省区市排名情况

	2010 年	2011 年	2012 年	2013 年	2014 年
地区生产总值	10	10	10	10	9
海洋生产总值	7	7	7	7	7
海洋生产总值占地区生产总值比重	1	1	1	1	1
海洋渔业	10	10	10	10	10
海洋油气业	1	1	1	1	1
海洋盐业	3	3	2	2	2
海洋化工业	4	4	4	3	3
海洋交通运输业	6	9	9	9	9
滨海旅游业	6	6	6	6	6

（1）远洋渔业发展迅速，海洋捕捞产量在全国占比较低

2014 年，海洋渔业增加值 13.43 亿元，同比增长 6.9%。海洋捕捞产量 45 548 吨，海水养殖产量 11 627 吨，在全国 11 个沿海省区市中分别排名第 10 和第 11。远洋渔业产量达到 13 027 吨，较 2010 年增长了 11 019 吨。未来海洋渔业的发展重点应继续放在大力发展远洋渔业方面。另外，天津市的海水养殖面积逐年减少，从 2010 年的 4 304 公顷减少到 2014 年的 3 180 公顷，资源和环境问题是天津海洋渔业可持续发展的瓶颈。此外，与辽宁、山东等海水养殖大省相比，天津在资源、技术、空间等方面均不占优势。

（2）海洋旅游基础设施建设不断完善，游客吸引力尚需提升

天津滨海旅游业已发展成为天津市海洋经济新的增长点。2014 年，天津滨海旅游业实现增加值 907 亿元，同比增长 24.7%。航母主题公园、极地海洋世界、天津古贝壳堤博物馆、东江湾沙滩等一批重点滨海旅游项目相继建成开放。国际邮轮母港建成启动，2011—2013 年，天津邮轮母港停靠的邮轮分别为 31 艘次、36 艘次和 70 艘次。世界最高的妈祖圣像落户天津滨海新区。正在积极筹建的国家海洋博物馆力争建设成为国内领先、国际一流、体现中华海洋文明特色、与我国海洋大国地位相匹配的综合性海洋博物馆。旅游宣传促销也更趋活跃。每年的海洋宣传日、海洋防灾减灾日活动，以及妈祖文化节、滨海旅游节、港湾文化节等大型海洋文化等大型海洋文化节庆活动的举办，有力提升了天津市海洋旅游的品牌形象。

然而，天津滨海旅游业与其他沿海地区相比，整体规模上存在较大差距。自然资源匮乏是天津市发展滨海旅游的重要制约因素之一。更主要的原因是，天津的城市旅游形象和品牌不够鲜明，旅游载体功能不强，国际知名的旅游品牌少，旅游服务质量有待提高，天津市深厚的海洋文化底蕴尚未完全激发出来。天津市拥有渔文化、盐文化、漕运文化、码头文化、海神信仰、遗址古建筑、海战和造船史等浓厚的历史和文化底蕴，特别是大沽炮台、大沽船坞等资源，以及航母主题公园等军事题材，是天津滨海旅游发展的潜力所在。因此如何深入挖掘潜力，有效整合天津市旅游资源形成合力，增强滨海旅游竞争力，打造品牌优势，是亟待解决的问题。

（3）海洋交通运输业稳步发展，高端价值终端产品不足

目前，天津港同 180 多个国家和地区的 500 多个港口有贸易往来，成为我国北方省市区走向国际市场的重要通道。港口基础设施建设不断完善。航运服务能力逐步提升。天津北方国际航运中心核心功能区加快建设，国际船舶登记制度、国际航运税收政策、航运金融、租赁业务等创新试点取得积极进展。同时，东疆保税港区加快发展，航运、物流、租赁、贸易结算等高端产业集聚东疆，高端产业企业数量已超过东疆企业注册总量七成以上，高端产业税收占总税收 70%。航运、物流、租赁、贸易结算等主导产业对区域经济贡献率达到 90% 以上，东疆保税港区作为国际航运中心和物流中心核心功能区的特征开始显现，为天津成功申报自由贸易区打下了良好的基础。

"十二五"期间，天津港综合实力、国际国内地位显著提升，货物吞吐量年均增长 6.9%，集装箱年均增长 7.4%。2014 年天津港实现货运吞吐量 54 002 万吨，全国第 3 位，世界 4 位；集装箱吞吐量达到 1 406 万标箱。但与上海港、广州港、深圳港等相比，天津港进出货物除了汽车外，高价值终端产品不多，主要以进出口工业原材料为主，天津港还不是真正意义上的综合贸易商港，从进出港口货物构成看，天津港是一座工业原材料中转港。虽然天津自由贸易区以天津港东疆港区和天津国际机场为依托，但天津港东疆港区功能转变还没有到位，天津自由贸易区还不能起到辐射整个京津冀功能的作用。

（4）海洋化工基础雄厚，统筹规划及环保水平有待提高

天津市是近现代中国化学工业的发祥地，海洋化工产业拥有一批实力雄厚的海盐化工、石油化工项目，海洋石油化工产业链日益完善。"十二五"以来，天津市石油化工产业保持良好的发展势头。石油加工能力有效提高，发展油漆、涂料、环氧树脂等下游产品，形成了从勘探开发到炼油、乙烯、化工完整的产业链，国家级的石油化工基地和重要的海洋化工基地基本成型。同时，海洋盐化工快速发展。天津市继续发挥盐业资源优势，海洋盐化工得到发展快速。近年来，受国家整体规模控制，天津市传统海洋盐业规模呈现缩小趋势，2012 年天津市盐田总面积 27 258 hm²，比 2010 年减少 3 254 hm²，海盐年生产能力由 2010 年的 180 万吨减少到 2012 年的 166.6 万吨。但传统盐场加快产业升级改造，大力发展海洋盐化工业，聚氯乙烯、烧碱、顺酐等海洋化工产品产量位居全国第一。天津滨海新区石油化工产业新型工业化示范基地朝着国家能源储备基地、世界级生态型石化产业基地、世界一流石化基地的方向推进，为天津市海洋化工产业带来前所未有的发展机遇。

同时，石化产业与能源开发关系密切，受国内外经济社会形势影响较深，国际能源市场供求关系日益紧张，国内油气资源不足严重制约了乙烯等化学工业的发展。近几年来，石化工业在取得长足进步和发展的同时，较多注重规模和能力的扩展，尤其是东部沿海地区，纷纷上马大规模石化项目，动辄百万吨、千万吨为目标，产能过剩隐患明显。化学工业行业对环境造成的影响和冲击比较显著，对天津地区自然环境和城市环境的保护和开发提出了新的挑战，产业发展与城市发展协调关系有待探索。

2.3   海洋功能区划及用海规划

2.3.1   天津市海洋功能区划

按照"双港双城、相向拓展、一轴两带、南北生态"的城市空间发展战略，结合天津滨海新区的功能定位，以发展"国际港口城市、北方经济中心和生态城市"为目标，依托京津冀，服务环渤海，面向东北亚，着力优化空间布局，需重点开发浅海滩涂、近岸海域，科学合理地使用海域资源。在海域资源满足海洋产业发展的基础上，重点保障港口航运、工业与城镇用海、旅游休闲娱乐等重点用海需求，加快滨海宜居生态城市建设，确保农渔业和海洋保护的用海需求；在保证海域供需基本平衡的前提下，坚持陆海统筹，对海域使用进行空间上的整合与调整，形成陆海发展相衔接、相依托、共促进的格局。

在保证地理单元相对完整的情况下，按照全国海洋功能区划与天津市海洋开发保护目标要求，考虑沿海区域海洋功能相近性原则、海洋自然地理区位、区域生态安全、海洋交通安全和国防安全等因素，将天津海域划分为汉沽毗邻海域、塘沽毗邻海域、大港毗邻海域3个海域单元，同时对其海域单元进行岸线利用布局。《天津市海洋功能区划》（2011—2020年）（图2-15）将天津划分为农渔业区、港口航运区、工业与城镇用海区、旅游休闲娱乐区、海洋保护区、特殊利用区和保留区7个功能类型，划定一级类海洋基本功能区21个。其中属于沿海海洋环境敏感区域的为汉沽、马棚口和天津东南部3个农渔业区；滨海旅游休闲娱乐区、北塘旅游休闲娱乐区、东疆东旅游休闲娱乐区、大沽炮台旅游休闲娱乐区、高沙岭旅游休闲娱乐区5个旅游休闲区；汉沽浅海生态系统海洋特别保护区、大港滨海湿地海洋特别保护区2个海洋特别保护区。

2.3.2   天津市集约用海区域开发利用现状

2.3.2.1   海域资源开发利用现状

目前，岸线资源的开发最为活跃，向陆一侧的岸线已经基本开发利用，向海一侧也使用了近50%，而零米线以外的大面积海域却还没有得到有效的开发利用。据统计，2007年天津市海域使用总面积约238.4 km²，其中以港口、航道为主的交通运输用海面积最大，为161.2 km²；其次为填海项目用海面积45.3 km²；渔业用海面积15.7 km²；排污倾废用海面积8.2 km²；旅游娱乐用海面积0.7 km²；特殊用海面积5.7 km²；工矿用海面积1.6 km²。已有大规模海洋开发项目正在开发。如港口建设到2007年年底已完成25万吨级航道扩建工程、东疆港区一期封关运作；建成外海30万吨级原油码头工程等。

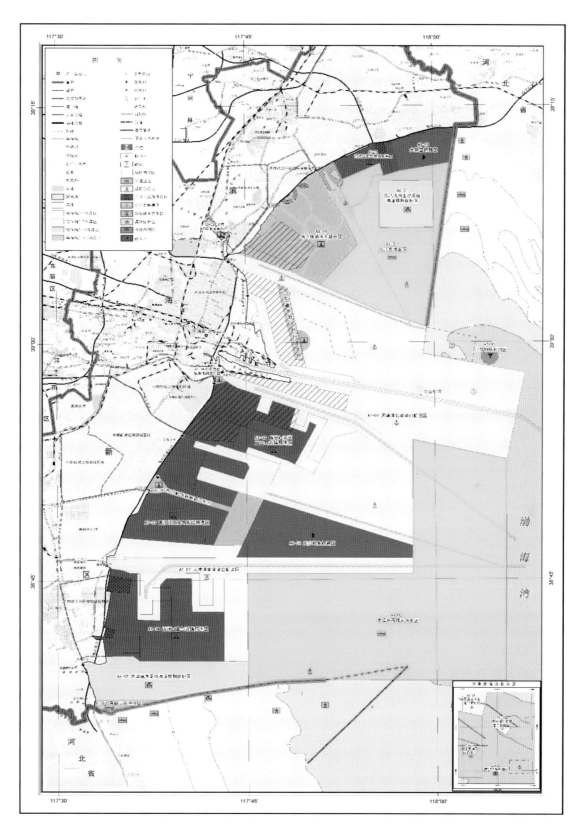

图 2-15　2011—2020 年天津市海洋功能区划

2.3.2.2　天津市集约用海区域各围填海工程规划情况

（1）北疆电厂

北疆电厂位于大神堂与双桥子村之间近岸盐田区，规划工程区占用的海域主要在大神堂至海沿村间海岸段的近岸海域。主厂区以及规划的海挡以上的灰场、沉降池、泵站、道路等均主要位于面积为 2.03 km² 的双桥乡盐化厂的区划范围内，永久占用约 760.9 hm² 的滩涂为工程引水港池、沥水池及航道（引潮沟）。电厂取水泵房及取水口占用海域为一般用水区。

（2）天津滨海信息产业创新园

创新园位于天津滨海新区汉沽区段，园区规划建立 3 个相关发展集中区块：① 信息产业发展区：约 5 km²，就业岗位约 5 万个；② 产业研发及教育研发混合区：约 5 km²，就业岗位约 5 万个；③ 商业金融业服务区：约 2 km²，根据开发强度分布及不同行业需求，约提供就业岗位 5 万个。三区合计就业人口约 15 万人，在附近居住的约为 50%（7.5 万人），考虑地区发展特点，居住人口与就业比确定为 1.5∶1，规划居住人口约 11 万人。园区规划总用地 35.62 km²，总建设用地 3 057 hm²。园区建设规划为三个时间段：2009—2012 年，建设范围为北至七号路、东至中央大街、南至海滨大道、西至规划快速路，建设面积为 3.83 km²；2013—2020 年，建设范围为北至津汉快速路、东至 112 国道高速、南至海滨大道、西至中心渔港边界，建设面积为 11.30 km²；2020 年以后，建设范围为北至津汉快速路、东至 112 国道高速、南至渤海、西至中心渔港边界，建设面积为 35.62 km²。

（3）中心渔港

中心渔港经济区位于北片区的南部。以海滨大道为界分为陆域和海域两个部分：陆域部分规划范围为东至规划快速路，南至海滨大道，西至汉蔡路，北至规划津汉快速路，用地面积 11.73 km²；海域部分规划范围为海滨大道向南伸入海域 7 km（至挡沙堤头），东西向占海岸线 2.1 km 的区域，用地面积 8.02 km²（至挡沙堤头起算），其中吹泥填海成陆面积 3.8 km²。本单元总用地面积 19.75 km²，其中城市建设用地面积为 15.53 km²。规划居住人口为 13.7 万人，配套设施的类型主要为公共服务设施、市政公用设施和道路交通设施，开发建设须确保配套设施用地和功能的完整实现。

（4）滨海旅游区

滨海旅游区规划期限为 2009—2020 年，规划北起津汉快速路，南至永定新河，西至中央大道，东至渤海，总规划面积 99 km²，规划就业岗位 26 万个。

规划布局以中心岛和主题公园区核心区为两个公共设施中心。结合游艇别墅形成总部会所，结合城际车站形成产业区公共中心，结合休闲总部组团布局，形成适当规模的公共服务区。

总体规划中陆域 28 km²，总投入计 149 亿元，规划可出让土地 16.2 km²，可出让土地平均成本 920 元/m²。2009—2012 年规划建设主要包括：主题公园核心区以及游乐港、配套服务区及陆上配套住宅公建。2015—2020 年规划建设完成主题公园区建设，完成生态湿地公园和贝壳堤湿地保护区的建设。

海域 71 km²，其中填海成陆面积 52 km²。总投入总计 652 亿元，成陆面积 52 km²，规划可出让土地 39 km²，可出让土地平均成本 1 700 元/m²。2009—2012 年规划启动海上南部起步区的填海工程和海滨大道东侧沿线的填海工程；着手启动起步区基础设施建设。2013—2016 年规划完成起步区的建设，启动部分配套生活区及服务设施的建设。按照由西向东，由南向北的顺序逐步开发，补充丰富海上城市生活配套及相关产业。2017—2020 年完成海域大部分主体功能区，海上城市基本形成且功能完善，启动高端的旅游度假产业。远景规划：成为世界级旅游目的地，远景规划贯穿规划地区建设实施的整个阶段。

（5）天津港

交通运输部和天津市人民政府 2012 年 1 月 4 日批复（交规划发〔2011〕800 号）同意了天津港总体规划（2011—2030 年），该规划提出利用港口自然岸线 56.8 km，可形成码头岸线约 183 km。

1）沿海港口岸线：规划沿海港口岸线共 4 段，自然岸线长 40.8 km，可形成码头岸线 166.8 km，全部为深水岸线，主要如下：① 京港高速滨海大道立交至永定新河河口北治导线：自然岸线长 1.2 km，可形成码头岸线 5.2 km。② 永定新河河口南治导线至海滨浴场：自然岸线长 27.7 km，可形成码头岸线 118.5 km；永定新河河口北治导线至新港船闸，自然岸线长 13.3 km，可形成码头岸线 37.9 km；新港船闸至南疆铁路桥东侧，自然岸线长 1.0 km，可形成码头岸线 24.8 km；大沽排污河口至津晋高速公路滨海大道立交，自然岸线长 7.5 km，可形成码头岸线 25.5 km；津晋高速公路延长线至海滨浴场，自然岸线长 5.9 km，可形成码头岸线 30.3 km。③ 独流减河河口北岸线：独流减河河口北治导线向北 1.5 km 自然岸线，可形成码头岸线 11.0 km。④ 独流减河河口南治导线至子牙新河口北治导线范围内：自然岸线长约 10.4 km，可形成码头岸线 32.1 km。

2）海河港口岸线：规划海河二道闸以下港口岸线共 8 段，自然岸线长 16 km，可形成码头岸线 16 km，均为非水深岸线，主要如下：① 郑家台码头至六车地岸线：自然岸线长 0.6 km，规划为港口岸线；② 下翟庄至大杨庄岸线：自然岸线长 2.0 km，规划为港口岸线；③ 苏庄子至一流岸线：自然岸线长 1.7 km，规划为港口岸线；④ 黑猪河口至新河船厂：自然岸线长 4.3 km，规划为港口岸线，今后随着城市的发展，逐步调整为城市生活岸线；⑤ 天津航标区西侧至航一公司东侧：自然岸线长 2.0 km，规划为港口岸线，用于支持系统公务码头岸线；⑥ 二道闸下重件码头至北园东侧：自然岸线长 1.1 km，规划为港口岸线。

2011—2030 年天津港总体规划将天津港划分为北疆港区、东疆港区、南疆港区、大沽口港区、高沙岭港区、大港港区、海河港区和北塘港区 8 个港区，并将独流减河北岸规划为预留发展区。

北疆、东疆、南疆港区是建设天津北方国际航运中心的核心港区，主要服务于腹地物资中转运输；大沽口、高沙岭、大港港区服务于临港工业发展，兼顾发展腹地物资中转运输功能。独流减河北岸预留发展区是天津港未来进一步发展的主要储备资源，以服务腹地物资运输为主，预留集装箱运输功能。

（6）临港经济区

天津市人民政府批复（津政函〔2011〕169 号）同意《天津滨海新区临港经济区分区规划（2010—2020 年）》，规划范围为：北至海河口大沽沙航道，南至独流减河口，西至海滨大道，东侧原则上至 -3 m 等深线附近（目前现状成陆区至 -5～-4 m 等深线附近），成陆面积 200 km²。规划期限分为三个阶段，分别为近期 2009—2012 年，中远期至 2020 年，远景展望至 2050 年。规划用海面积 230 km²，成陆 200 km²，最终形成"一带、双核、三区"的空间布局。

"一带"为规划区域西侧沿海滨大道的综合功能带，集区域交通、市政廊道、配套设施和生态绿地于一体，服务临港经济区产业发展。

"双核"为临港经济区内部的南北两个综合服务区。

"三区"为临港经济区的北区、中区、南区。

码头岸线规划到 2020 年吞吐量达到 1×10⁸ t 以上，码头岸线规划长度 74 km。规划航道等级 10 万吨级。就单双航道问题，天津港集团组织专业部门进行了专题研究，研究结论为：临港经济区需要独立设置两个航道。

临港经济区北区规划岸线总长 42 km，拥有 53 个码头、60 个泊位，预测总吞吐量（4 800~5 400）×10⁴ t、北侧为业主码头。北侧临大沽沙航道 2.8 km 岸线为液体化工岸线，2 km 岸线为通用码头岸线，8.2 km 为大型装备制造码头岸线，4 km 为造修船码头岸线，1 km 为粮油码头岸线，南侧 10 km 主要为业主码头岸线。临港经济区中区规划码头岸线总长 23 km。临港经济区南区航道与南港工业区共用，南侧规划 9 km 码头岸线。

（7）南港工业区

南港工业区位于天津滨海新区中南部片区的大港区，距北京 165 km，距天津市中心区 45 km，距天津港 20 km。2009—2020 年规划范围为：北至独流减河右治导线以北新建防波堤，西至津岐公路，南至青静黄河左治导线，东至海水等深线约−4 m 处。东西长约 18 km，南北宽约 10 km。南、北边界的具体位置需同步进行的河口防洪综合评价进行验证。总的规划范围约 200 km²，其中航道港池水域约 38 km²，成陆 162 km²。已有的陆域约为 40 km²，还需填海约 122 km²。成陆面积中含有现有陆域上的油气开采区约 14.5 km²，不能作为建设用地，因此实际规划建设用地面积为 147.5 km²。结合《天津滨海新区城市总体规划（2009—2020）》，确定本次规划的期限为 2020 年。分为：近期（一期，2009—2012 年）、中期（二期，2013—2016 年）、远期（三期，2017—2020 年）。

发展目标为：以发展石油化工、冶金装备制造和工业为主导，以承接重大产业项目为重点，以与产业发展相适应的港口物流业为支撑，建成综合性、一体化的现代工业港区。近期满足重大项目需要，重点建设业主和专用码头，远期建设大宗散货港区。用 10~15 年时间，构建特色突出、资源集聚、布局有序、运营高效、配套完整的循环经济发展体系，形成区内工业产业和周边城区相互促进、联动发展格局；建设成为集聚效应好、经济规模大、国际化水平高、带动能力强、主导产业优势明显、资源能源循环利用、可持续发展的现代制造业循环经济示范区。

南港工业区的发展定位为世界级重、化产业和港口综合体。南港工业区的主要发展职能包括四个方面：世界级重化工业基地职能、与北港区共同构建北方国际航运中心职能、区域产业带动枢纽职能、国家循环经济示范职能。世界级重、化工业基地：依托国内充足的市场需求，打造强大的以石化、冶金装备制造为核心的重、化工业生产基地，参与世界重、化工业竞争。与北港区共同构建北方国际航运中心：近期构建工业港区，远期承载天津北港区散货港口功能转移。区域产业带动枢纽：建立区域通道，以核心产业链环节为龙头，形成天津南部产业拓展轴，形成上下游产业整体带动效应。国家循环经济示范区：建立南港工业区内部物质与能量的循环关联系统，形成"资源—产品—再生资源"的反馈式循环经济流程。

规划形成"一区、一带、四园"的总体发展结构。"一区"指南港工业区，世界级重、化产业基地；国家循环经济示范区。"一带"指在南港工业区西侧，沿津岐路和光明大道之间建设宽约 1 km 的生态绿化防护隔离带。考虑南港工业区发展重化产业的功能定位和化工区安全防护，设置隔离带形成大港油田生活区之间的绿色生态屏障。"四园"指四大产业园。包括石化产业园，面积约 82 km²；冶金装备制造园，面积约 24 km²；综合产业园，面积约 25 km²；港口物流园，面积约 30 km²。每个产业园区都有可依托的码头岸线。

规划主航道沿独流减河出海口向东延伸布置，挖深至-13 m 水深处，总长约 35 km，走向与等深线垂直。航道近期满足 5 万吨级通航要求，远期满足 10 万吨级及以上船舶通航要求。在航道南侧设置两个南北向的挖入式港池，形成岸线总长度约 26 km。在独流减河北治导线以北布置东西向防波堤进行掩护，长约 11 km。航道挖深至-13 m 水深处，总长约 35 km。口门布置在-4 m 等深线位置。

天津市集约用海区域各围填海工程规划示意图见图 2-16。

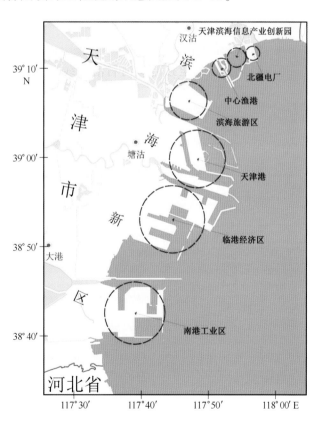

图 2-16　天津市集约用海区域各围填海工程规划示意图

2.4　存在的生态环境问题及生态环境保护现状

2.4.1　存在的生态环境问题

2.4.1.1　沿海社会经济发展压力不断增大

2013 年滨海新区 GDP 高达 8 020.40 亿元（人均 GDP 为 67.85 万元），按可比价格计算，比上年增长 17.5%，每千米海岸线 GDP 达到 52.4 亿元，海岸开发压力增大。

随着天津滨海新区进一步开发开放，人口总量增速明显，2013 年较 1980 年人口数量增加了 205.02 万人，增加了 3.78 倍，目前滨海新区常住人口已达 278.72 万人。随着人口密度越来越大，区域供需平衡和环境保护的问题日益凸显，成为值得重点关注的问题。

2.4.1.2　围填海面积不断增加，导致天然岸线、滩涂急剧缩减

2003—2013 年间滨海新区海岸线发生了巨大的变化：汉沽由于北疆电厂、中心渔港和中新生态城的围填海建设使汉沽人工岸线大大增加，大部分岸线都在防波堤的包围里面。塘沽近几年建设的海洋工程主要有天津港东疆港区、北疆港区、南疆港区、天津临港工业区、天津临港产业区，一系列的工程建设使塘沽自然岸线急剧减少，人工岸线增长迅速。大港由于南港工业区的围填海建设，人工岸线增加也比较明显。天津市岸线发生重大变化的时段主要集中在 2008—2010 年间，主要增加岸线用海类型为工业用海（工业区和港口建设），同时还有部分居住用和渔港以及电厂冷却水用岸线。具体围填海情况见表 2-14。

表 2-14　2005—2013 年天津市围填海情况

年份	批准方	
	天津市批准	国家批准
2005		国家批准用海 1 210 hm²
2006	天津市批准 1 宗填海项目，面积为 30.89 hm²；3 宗防波堤围海项目，面积 32.76 hm²	
2007	天津市批准 2 宗填海项目，面积为 50.231 hm²	国家批准 3 113.3 hm²，其中北大防波堤围海 2 893.4 hm²，南疆南围埝填海 219.89 hm²
2008	天津市批准 15 宗填海项目，面积总计 436.380 9 hm²；1 宗围海项目，面积为 12.78 hm²	国家批准用海 790 hm²
2009	天津市批准 36 宗填海项目，面积总计 1 397.344 hm²	国家批准用海 1 023.249 1 hm²，其中，中心渔港项目 823.447 9 hm²，填海 383 hm²，非透水构筑物用海 37.28 hm²，围海 403.11 hm²

年份	批准方	
	天津市批准	国家批准
2010	天津市批准 26 宗围填海项目，面积总计为 958.973 hm²	国家批准了 4 宗围填海项目，面积总计为 529.1595 hm²
2011	天津市批准 20 宗填海项目，面积总计 618.523 hm²	
2012	天津市批准 22 宗围填海项目，面积总计 582.6038 hm²	国家批准 2 宗填海项目，面积总计为 1 023.7271 hm²
2013	天津市批准 24 宗围填海项目，面积总计 533.6095 hm²	国家批准 1 宗围填海项目，面积总计 366.2625 hm²

2.4.1.3　围填海工程导致天津沿岸海域水动力发生改变

大量围填海工程建设使天津沿岸海流流速流向发生了一定改变。随着水深增加，海流流速有所增加，渤海湾中部流速增加较大。海流主要呈东西方向流动，沿岸流减弱，渤海湾北部海流流向向逆时针方向发生偏转。海流的变化周期稍有滞后，高低潮发生时刻延迟。天津海域纳潮量不断减小，降低了港湾水体与外海的交换量和水体自净能力。

2.4.1.4　滨海湿地面积不断萎缩

天津古海岸与湿地国家级自然保护区原规划面积 99 000 hm²，2011 年调整为 35 913 hm²，面积缩小了 63.7%，城市开发导致保护压力增大，目前滨海湿地生境存在水质富营养化和外来物种入侵等现象，需要进一步加强对滨海湿地的保护。

2.4.1.5　陆源排污压力居高不下

2005—2013 年天津近岸海域监测的排污口超标排放的现象依然很严重，监测的所有排污口基本上均存在超标排放现象；超标主要污染物包括化学需氧量、无机氮和活性磷酸盐；部分排污口存在悬浮物、总磷、粪大肠菌群及其五日生化需氧量超标排放的现象（表 2-15）。

表 2-15　2005—2013 年天津市陆源排污口污染状况

调查时间	排污口个数	达标排放个数	超标排污口所占比例（%）	超标的主要污染物
2005 年	15	0	100	化学需氧量、无机氮和活性磷酸盐
2006 年	15	2	87	化学需氧量、无机氮和活性磷酸盐
2007 年	15	0	100	化学需氧量、无机氮和活性磷酸盐
2008 年	13	2	84.6	化学需氧量、无机氮和活性磷酸盐
2009 年	14	3	78.6	化学需氧量、无机氮和活性磷酸盐

续表

调查时间	排污口个数	达标排放个数	超标排污口所占比例（%）	超标的主要污染物
2010 年	14	0	100	化学需氧量、无机氮和活性磷酸盐、悬浮物
2011 年	14	1	92.9	化学需氧量和悬浮物、粪大肠菌群
2012 年	14	0	100	化学需氧量、悬浮物、总磷、生化需氧量、粪大肠菌群
2013 年	14	0	100	化学需氧量、悬浮物、总磷、生化需氧量、粪大肠菌群

天津市永定新河 2010 年排入海的污染物总量略高于 2009 年，携带入海的主要污染物有化学需氧量、营养盐、油类和重金属等，其中 2010 年化学需氧量入海高于 2009 年（表 2-16）。

表 2-16 天津市永定新河排放入海的污染物量　　　　　　单位：t

调查时间	COD$_{Cr}$	氨氮	总磷	油类	重金属	砷	合计
2009 年	17 074	2 739	202	281	24		20 320
2010 年	21 458	2 524（营养盐）		34	12	2.3	24 030

2.4.1.6　近海海域生态环境状况不容乐观

通过对滨海新区近岸海域环境状况的监测，发现天津近岸海域水质主要污染物为无机氮、活性磷酸盐和铅。其中无机氮污染情况最严重，部分海域为劣四类水质，水体呈富营养化状态，存在发生赤潮的环境风险。沉积物质量和生物质量状况较好，但均存在重金属镉污染的环境风险。与 1983 年相比，生物群落结构发生了一定程度改变，浮游植物、浮游动物、大型底栖生物和潮间带生物种类数均呈下降趋势；甲藻类种类数占浮游植物总类数的比重呈增加趋势，目前夜光藻成为优势种的次数增多，存在发生夜光藻赤潮的风险；潮间带生物四角蛤蜊和泥螺已经取代日本大眼蟹、豆形拳蟹成为优势种。

2.4.2　天津市海洋生态环境保护现状

2.4.2.1　调整产业结构，降低工业排污

天津滨海新区地处东临渤海湾，是京津冀的海上门户。功能定位为"依托京津冀、服务环渤海、辐射'三北'、面向东北亚，努力建设成为我国北方对外开放的门户、高水平的现代制造业和研发转化基地、北方国际航运中心和国际物流中心，逐步成为经济繁荣、社会和谐、环境优美的宜居生态型新城区"。根据天津滨海新区的功能定位新区经济增长应坚决贯穿循环经济的发展理念，走高科技、高产出、低消耗、低排放的新型工业化道路。

2.4.2.2　加强污染控制

天津市近年来加大环保投资，截至 2013 年，建设运营的污水处理厂达到 39 座，日处理污水能力达到 295×10^5 t。2005 年以后工业污水排放量呈现下降趋势，城镇生活源持续增加，废水总排放量增加。2013 年，天津市污水处理率达到 90%。

《天津市海洋环境保护条例》第四章"海洋污染防治"中规定"按照国家规定执行重点海域排污总量控制制度"，同时对临海生产生活污水、冷废水、热废水、浓盐水、船舶垃圾、船舶废水等诸多污染物的排放做出明确规定，并要求围填海不得使用有毒有害物料。

虽然天津市在控制污染排放，减少入海污染物总量方面做出很多努力，但天津海洋生态环境并未得到根本性改善，仍然存在许多问题。天津市对海洋生态环境的保护更应加大力度。

2.4.2.3　自然保护区

（1）天津古海岸与湿地国家级自然保护区

天津市在 1992 年 10 月经国务院批准，成立了天津古海岸与湿地国家级自然保护区，是我国唯一以贝壳堤、牡蛎礁珍稀古海岸遗迹和湿地自然环境及其生态系统为主要保护和管理对象的国家级海洋类型自然保护区。天津市于 1999 年 7 月通过了《天津古海岸与湿地国家级自然保护区管理办法》，并于 2004 年 7 月对其进行了修订。《天津古海岸与湿地国家级自然保护区管理办法》第三条规定：保护区范围涉及汉沽区、塘沽区、大港区、宁河县、东丽区、津南区的部分区域，第六条规定：天津市海洋行政主管部门负责管理办法的组织实施工作，保护区的日常管理工作由天津古海岸与湿地国家级自然保护区管理处负责。由于当初保护区划定时将部分人类活动强度较大的村庄甚至城区也纳入保护区范围内，造成部分执法问题，因此在 2010 年 5 月，天津古海岸与湿地国家级自然保护区的范围调整申请已经国务院批准，总面积由 990 km² 调整至 359.13 km²，面积减少近 1/3。

天津古海岸与湿地国家级自然保护区管理处按照天津市海洋局的工作计划，每年都对保护区内水质、土壤、生物进行监测，并将监测结果进行分析评价，编写成报告提供给市有管理部门作为决策依据。同时由保护区管理处人员组成的天津古海岸与湿地国家级自然保护区支队采取与宁河县土地局联合执法的方式查处案件。2009 年 7 月至 2010 年 7 月，共处理案件 64 起，立案处理 5 起。在案件处理中，坚持对违法案件发现一起、查处一起、教育一片，使保护区内违法案件逐步减少，有力打击了违法者的嚣张气焰。支队每年还按计划组织下乡宣传 30 次，通过广播、发放材料等形式对村民进行教育；同时在全国科普日、世界湿地日等重要宣传日到中小学开展宣传，提高在校学生的湿地保护意识。为了得到周边各级政府的大力支持，他们每年按照计划与周边 27 个单位签订共同保护协议。

天津市采取了种种手段，有效地保护了七里海湿地地形地貌和牡蛎滩古海岸遗迹不受破坏，同时使湿地面积逐年得到恢复。

（2）天津大神堂牡蛎礁国家级海洋特别保护区

2012 年，国家海洋局正式批准在天津建立天津大神堂牡蛎礁国家级海洋特别保护区，这是天津市第一个国家级海洋特别保护区。

天津大神堂牡蛎礁国家级海洋特别保护区位于汉沽大神堂村南部海域，总面积 3 400 hm²，其中重点保护区 1 630 hm²，生态与资源恢复区 870 hm²，适度利用区 900 hm²。该区域生物多样性丰富，历史上是牡蛎、扇贝等海洋生物的栖息场所，也是渤海湾唯一的牡蛎和栉孔扇贝栖息地。该区域现存的牡蛎礁是迄今发现的我国北方纬度最高的现代活体牡蛎礁。

特别保护区建立后，将通过一系列生态保护和修复工程，进一步恢复该海区特殊生境，改善浅海生态环境状况，实现生态功能，使海洋环境保护、水产养殖、渔民生产生活、生态旅游实现协调发展，发挥和体现其生态价值和经济价值。

2.4.2.4　环境保护相关法律、法规和规划

随着民众和政府认识的提高，环境问题成为天津市立法的重点，在 1990—2009 年的 20 年间，天津市制定、修订的涉及环保的法律法规有 45 项之多，其中近一半是在进入 21 世纪的前 5 年制定的，但目前在涉及保护天津海洋环境方面的法律法规较少。1999 年 7 月制定的《天津古海岸与湿地国家级自然保护区管理办法》、1999 年 11 月制定的《天津市海域使用管理办法》和 2012 年 2 月制定的《天津市海洋环境保护条例》是最重要的三部涉及天津海洋环境保护的法规。就海洋环境保护立法来说，天津市还可以进一步加强法律法规建设，制定更加详细和严格的滨海湿地及海洋法律法规，以便更好地保护海洋环境。

2004 年前后天津市海洋局编制了《天津市海洋环境保护规划》，并于 2012 年进行了修订，修订后的《天津市海洋环境保护规划（2014—2020 年）》对海洋环境保护规划更加细致，提出了生态红线的要求。

2014 年，天津市海洋局发布了天津市海洋生态红线区，此次划定的海洋生态红线区包括 219.79 km² 海域和 18.63 km 岸线，分为天津大神堂牡蛎礁国家级海洋特别保护区、汉沽重要渔业海域、北塘旅游休闲娱乐区、大港滨海湿地以及天津大神堂自然岸线 5 个区域。根据确定的生态红线区范围，结合技术要求，明确了自然岸线保有率指标、红线区面积控制指标、水质达标控制指标、入海污染物减排指标等控制指标，并针对天津市海洋特别保护区、重要滨海湿地、重要渔业海域、重要滨海旅游度假区、自然岸线资源提出了分类管控措施。

2.4.2.5　加强宣传教育，提高群众海洋生态环保意识

（1）加强环保宣传，培育生态文化

2010 年 6 月 8 日世界海洋日暨全国海洋宣传日活动在天津开幕，世界海洋日的主题是"我们的海洋：机遇与挑战"，我国的主题为"关爱海洋——我们一起行动"。时任国家海洋局局长孙志辉，中共天津市委副书记、天津市市长黄兴国，均参加会议并发表讲话。此外每年 3 月天津市海洋局均组

织开展"海洋宣传日"活动。通过这些生态环境保护的宣传和教育活动，提高了市民的生态环境保护意识，确保滨海湿地生态系统的健康发展。

（2）促进居民参与环境管理，开展生态文明建设

健全环境政务信息公开制度，对于围填海等对天津滨海湿地生态环境影响较为重大的建设项目，天津市一直依照《中华人民共和国环境影响评价法》第一章第五条的规定鼓励公众以适当的方式参与，充分发挥社会力量的监督作用，为减轻环境影响、降低生态损害提供切实可行的建议对策，并积极发挥各类环保非政府组织在公众环保宣传中的作用，扩大公众参与程度，鼓励民间环境保护组织的发展，继续扩大绿色志愿者队伍，大力倡导环保行动，推进环保建设，开展生态文明建设。

第 3 章 研究区域海洋水动力及生态 环境本底状况

3.1 本底调查监测方案设置

3.1.1 监测站位布设

考虑到该项目拟建设的人工鱼礁约 $8 \times 10^4 \, m^2$，位于海湾河口生态敏感区，水文动力环境的环境影响监测评价等级要达到 1 级标准。1 级调查评价范围要求垂向距离一般不小于 5 km，纵向距离不小于一个潮周期内水质点可能达到的最大水平距离。调查站位布设要求布设的调查断面和站位应基本均匀分布于整个评价海域或区域。

根据随机均匀、重点代表的站位布设原则，在任务目的确定监测范围内，以最少数量测站，使获取的数据能满足监测目的需要，确定 P2、P4、P19、P21 这四个水动力环境状况补充调查监测站位。

天津滨海旅游区海岸生态修复生态保护项目海洋生态环境本底状况调查调查共设置 25 个监测站位，其中 P2、P4、P19、P21 四个站点进行水动力调查，站位分布图见图 3-1。

3.1.2 监测项目

3.1.2.1 水动力调查项目

水动力项目调查包括流速、流向、含沙量，共 3 项，具体见表 3-1。

表 3-1 海洋水文动力环境现状调查项目及方法

项目	分析方法	依据标准
流向 流速	船只锚碇测流（直读式海流计）法	GB/T 12763.2—2007 海流观测
含沙量	重量法	GB 17378.4—2007 悬浮物

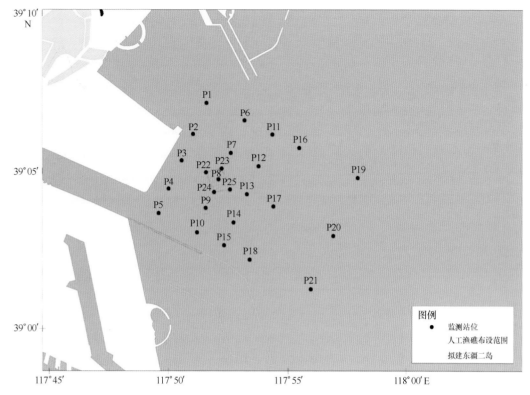

图 3-1　前期生态环境本底调查站位示意

3.1.2.2　水质监测项目

pH 值、盐度、悬浮物、溶解氧、化学需氧量、活性磷酸盐、无机氮（氨-氮、硝酸盐-氮、亚硝酸盐-氮）、油类、重金属（锌、铅、镉、铜、汞）。分析方法及依据标准见表 3-2。

表 3-2　水质监测项目及分析方法

项目名称	选用方法	依据标准
pH 值	pH 计法	
盐度	盐度计法	
溶解氧	碘量法	
化学需氧量	碱性高锰酸钾法	
活性磷酸盐	磷钼蓝分光光度法	
亚硝酸盐-氮	萘乙二胺分光光度法	
硝酸盐-氮	锌镉还原法	
氨-氮	次溴酸盐氧化法	GB 17378.4—2007
铜	原子吸收分光光度法	
镉	原子吸收分光光度法	
铅	原子吸收分光光度法	
锌	原子吸收分光光度法	
汞	冷原子荧光光度法	
油类	紫外分光光度法	
悬浮物	重量法	

3.1.2.3　沉积物监测项目

铅、锌、铜、镉、汞、有机碳、粒度和油类，分析方法及依据标准见表3-3。

表3-3　沉积物监测项目分析方法

项目	分析方法	依据标准
镉	原子吸收分光光度法	
铅	原子吸收分光光度法	
锌	原子吸收分光光度法	
铜	原子吸收分光光度法	GB 17378.5—2007
汞	原子荧光分光光度法	
油类	紫外分光光度法	
有机碳	重铬酸钾氧化-还原容量法	
粒度	激光法	GB/T 12763.8—2007

3.1.2.4　生物监测项目

叶绿素a、浮游动物、浮游植物、大型底栖生物，分析方法及依据标准见表3-4。

表3-4　海洋生物监测项目分析方法

项目	分析方法	依据标准
叶绿素a	分光光度法	
浮游植物	浓缩计数法	
浮游动物	直接计数法	GB 17378.7—2007
大型底栖生物	直接计数法	
鱼卵、仔稚鱼	直接计数法	GB/T 12763.8—2007

3.1.3　监测时间及频次设置

水动力、水质、生物、沉积物项目进行2次调查，分别在2013年3—5月和8—10月各进行一次海洋生态环境现状本底调查。

渔业资源项目进行2次调查，分别在渔业资源的产卵期4—6月和育肥期7—9月各开展一次本底调查。

3.2　评价方法

3.2.1　环境质量指数法

1）污染程度随实测浓度的增加而加重的指标物按下式计算：

$$P_i = \frac{C_i}{C_{oi}}$$

式中：P_i——第 i 项污染物的污染指数；

　　　C_i——第 i 项污染物的实测浓度；

　　　C_{oi}——第 i 项污染物的评价标准。

当污染指数值 P_i 大于 1，表示第 i 项评价因子超出了其相应的评价标准，即表明该因子已不能满足评价海域海洋功能区的要求。

2）根据溶解氧的特点，溶解氧评价公式如下：

$$P_{DO} = \frac{|DO_f - DO|}{DO_f - DO_s}, \quad DO \geqslant DO_s$$

$$P_{DO} = 10 - 9\frac{DO}{DO_s}, \quad DO < DO_s$$

式中：$DO_f = \dfrac{468}{31.6+T}$

　　　DO——溶解氧的实测浓度；

　　　DO_f——饱和溶解氧的浓度；

　　　DO_s——溶解氧的评价标准值；

　　　T——水温，℃。

3）pH 值评价指数公式如下：

$$S_{pH} = \frac{|pH - pH_{sm}|}{DS}$$

其中：$pH_{sm} = \dfrac{pH_{su}+pH_{sd}}{2}$，$DS = \dfrac{pH_{su}-pH_{sd}}{2}$

式中：S_{pH}——pH 值的污染指数；

　　　pH——本次调查实测值；

　　　pH_{su}——海水 pH 值标准的上限值；

　　　pH_{sd}——海水 pH 值标准的下限值。

3.2.2　单项污染因子评价法

将每一个测站中各项污染因子的实测浓度与海水水质标准比较，判断该测站所代表海域的水质类别。判别依据是：选取污染最重的污染物水质类别为该测站所代表海域的水质类别，具体见表 3-5。

表 3-5　各污染指标污染程度划分

P_i	<0.5	0.5~1.0	1.0~1.5	1.5~2.0	>2.0
污染程度	允许	影响	轻污染	污染	重污染

3.2.3　叶绿素 a 评价方法

叶绿素 a 含量现状评价参照美国环保局（EPA）的叶绿素 a 含量评价标准，小于 4 mg/m³ 为贫营养（轻污染），4~10 mg/m³ 为中营养（中污染），大于 10 mg/m³ 为富营养（重污染）。

3.2.4　浮游植物、浮游动物及底栖生物评价方法

根据各站浮游生物和底栖生物所获样品的生物密度，分别对样品的多样性指数、均匀度、丰度、优势度等进行统计学评价分析，计算公式如下：

1）香农-韦弗（Shannon-Weaver）多样性指数：

$$H' = \sum_{i=1}^{n} P_i \log_2 P_i$$

式中：H' ——种类多样性指数；

n ——样品中的种类总数；

P_i ——第 i 种的个体数（n_i）与总个体数（N）的比值$\left(\dfrac{n_i}{N}$ 或 $\dfrac{w_i}{W}\right)$。

2）均匀度（Pielou 指数）：

$$J = \frac{H'}{H_{max}}$$

式中：J ——表示均匀度；

H' ——种类多样性指数值；

H_{max} ——为 $\log_2 S$，表示多样性指数的最大值，S 为样品中总种类数。

3）优势度：

$$D = \frac{N_1 + N_2}{N_T}$$

式中：D ——优势度；

N_1 ——样品中第一优势种的个体数；

N_2 ——样品中第二优势种的个体数；

N_T ——样品中的总个体数。

4）丰度（Margalef 计算公式）：

$$d = \frac{S - 1}{\log_2 N}$$

式中：d ——表示丰度；

S ——样品中的种类总数；

N ——样品中的生物个体数。

Shannon 生物多样性指数在环境生物监测领域得到广泛应用。根据《滨海湿地生态监测技术规程》（HY/T 080—2005），生物多样性指数评价标准见表 3-6。

表 3-6　生物多样性指数评价标准

指数 H'	$H' \geqslant 4.0$	$3.0 \leqslant H' < 4.0$	$2.0 \leqslant H' < 3.0$	$1.0 \leqslant H' < 2.0$	$H' < 1.0$
指标等级	好	较好	中等	较差	差

3.3　质量保障

3.3.1　工作集体保障

国家海洋局天津海洋环境监测中心站（天津市海洋环境监测预报中心）是国家海洋局北海分局的派出机构，也是北海分局与天津市的共建单位，承担辖区的海洋综合管理及技术保障、海洋环境监测与评价、海洋环境预报、海洋防灾减灾以及应急管理等任务。

国家海洋局天津海洋环境监测中心站（以下简称"天津中心站"）下设有办公室、综合业务科、海洋行政监督技术科、海洋管理科、海洋经济室、预报室、污染监测站、塘沽海洋环境监测站（天津船舶测报管理站）、临港海洋环境监测站、南港海洋环境监测站和汉沽海洋环境监测站 11 个部门。现有职工 50 名，其中工程技术带头人 1 人，高级工程师 5 人，工程师 21 人，硕士以上学历人员占近60%，学科覆盖海洋法律、管理、环保、海洋环境工程、海洋化学、海洋物理、海洋生物等海洋学各专业，在实际业务开展中逐步形成了一支理论扎实、经验丰富、工作认真的专业队伍，为国家和地方的海洋行政管理、海洋环境保护和海洋权益维护及海洋经济的持续、快速、健康发展提供有力的技术保障。

天津中心站现有实验室总面积 1 400 m²，拥有电感耦合等离子体质谱仪、原子吸收分光光度仪、气相色谱-质谱仪、高效液相色谱仪、有机碳测定仪、傅里叶变换红外光谱仪、激光粒度仪、原子荧光光度计、直读式海流计、先进光学显微镜、曙光中型计算机、微波消解萃取仪、快速溶剂萃取仪等多种进口和国产先进的大型监测仪器设备，专业技术队伍和先进仪器设备保证了海洋环境监测、海洋水文气象观测工作的高质量完成。

天津中心站拥有中国国家认证认可监督管理委员会颁发的国家计量认证（CMA）资质证书、海域使用论证证书、海洋环境预报资格证书等，其中通过计量认证的认证项目覆盖了海洋水文、海洋气象、水质、沉积物、海洋生物、海洋测绘、生物质量、消油剂检测、石油产品检测等 13 大类共 146 项。

建站多年来，天津中心站不仅圆满完成了国家海洋局赋予的海洋环境观测、监测和调查任务，为海洋事业的发展和当地政府的海洋开发利用、海洋工程建设、海洋环境保护和海洋综合管理提供了长期、连续、准确、可靠的海洋环境基础数据。同时，还通过与国际国内其他单位开展合作，不断提高业务水平。天津中心站先后承担了国家和天津市 908 专项、国家 863 课题、多项国家海洋局公益性科研专项、国家海洋局海洋环境质量综合评价项目、天津市科技兴海项目等的研究工作；与此同时，还积极开展与国家海洋局第一海洋研究所、国家海洋环境监测中心、国家海洋信息中心、国家海洋技术中心以及中国海洋大学等国内海洋优势团队合作研究，并且还与美国 Montclair 大学、天津大学以及天津港等合作开展了国际合作项目"天津港沉积物中重金属迁移转化规律的研究"的研究工作，承担了项目的外业出海调查以及实验室样品分析工作。目前正在承担多项国家海洋局公益性科研专项、国家海洋局海洋环境质量综合评价项目、天津市科技兴海项目以及国家海洋局海域使用金返还项目的研究工作。

科研能力的提高，也结出了丰硕的果实，近年，天津中心站已在《海洋科学进展》《海洋环境科学》《海洋通报》《水产科学》《海洋湖沼通报》《天津科技大学学报》《海洋预报》《中国海洋大学学报》《河北渔业》《海洋与海岸带开发》等刊物发表核心期刊论文 60 余篇。2011 年参加由国家海洋局和中国能源化学工会全国委员会联合举办的首届"全国海洋环境监测技术竞技大奖赛"，由天津中心站单独组队取得全国第六名，团体二等奖的好成绩。

在天津中心站强有力的设备、人员和技术基础支持下，在课题组各相关人员的密切配合下，大家齐心协力，本着"科学管理、规范操作、质量为本、诚信为重"的质量方针，圆满完成项目各项科学研究工作，以更好地为国家和地方的海洋行政管理、海洋经济建设提供良好的技术支撑和服务。

3.3.2　监测质量控制评价结果

2013 年 5 月和 10 月监测，采样和所用监测仪器符合国家有关标准或技术要求，采样和分析全过程严格按照《海洋监测规范》（GB 17378—2007）和《海洋调查规范》（GB/T 12763—2007）规定进行监测。在采样前对重金属等痕量监测项目采取了采样器材空白测定、采样瓶抽查等质控措施；在分析测试阶段对监测项目采取了平行双样、内控样等质控措施。

海水样品平行双样相对偏差位于范围值内，质控样品的测试结果均在保证值范围内，两期监测质控符合要求，数据真实准确有效。

3.4　海洋水动力环境监测与评价结果

3.4.1　潮流特征统计

3.4.1.1　5 月潮流特征统计

2013 年 5 月各站各层流速矢量图见图 3-2。

（1）P2 站点

P2 连续站位于项目实施区域西北方向（图 3-2），离岸近，潮流受地形影响显著，水深较浅，仅对表层海流进行观测。在观测期间水深最大值为 5.9 m，最小值为 2.8 m。流速最大值为 40 cm/s，最小值为 2 cm/s。表层平均涨潮流速和最大涨潮流速均大于相应的落潮流速（表 3-7 和图 3-3），从潮流的流向来看：表层最大涨潮流方向为 NW—NNW 向，最大落潮流方向为 SE—SSE 向。表层涨落潮流主要方向为 NW—SE 向。

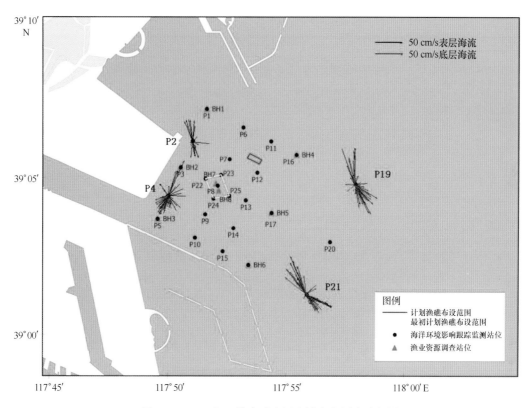

图 3-2 2013 年 5 月水动力调查站点各层流速矢量

表 3-7 P2 站点 2013 年 5 月各层的涨落潮平均流速、最大流速和流向

| 层次 | 涨 潮 流 | | | 落 潮 流 | | | 全潮平均 |
| | 平均流速 | 最　大 | | 平均流速 | 最　大 | | 流速/（cm/s） |
	/（cm/s）	流速/（cm/s）	流向（°）	/（cm/s）	流速/（cm/s）	流向（°）	
表层	26.3	40	344	20.8	30	156	22.7

（2）P4 站点

P4 连续站位于项目实施海域西南方向，滨海旅游区与东疆港区之间的永定新河入海口处（图 3-2），受地形影响表层呈旋转流特征。水深最大值为 14.6 m，最小值为 11.3 m。流速最大值为 72 cm/s，最小值为 3 cm/s（图 3-4）。各层涨、落潮流关系见表 3-8。

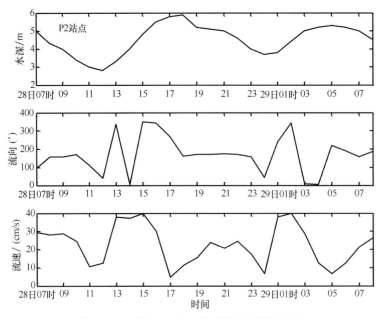

图 3-3　P2 站 2013 年 5 月观测期间潮流特征

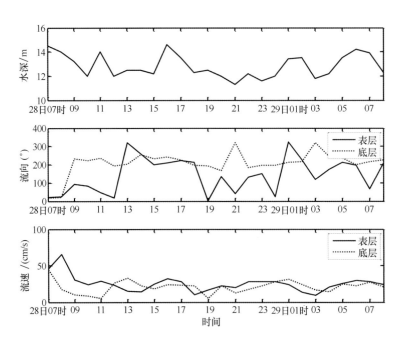

图 3-4　P4 站点 2013 年 5 月观测期间潮流特征

表 3-8　P4 站点 2013 年 5 月各层的涨落潮平均流速、最大流速和流向

| 层次 | 涨潮流 | | | 落潮流 | | | 全潮平均 |
| | 平均流速 / (cm/s) | 最大 | | 平均流速 / (cm/s) | 最大 | | 流速/ (cm/s) |
		流速/ (cm/s)	流向 (°)		流速/ (cm/s)	流向 (°)	
表层	25.9	33	206	20.8	72	25	25.3
底层	20.0	35	204	27.9	44	18	20.9

表层平均涨潮流速大于落潮流速，受河流入海影响，最大涨潮流速小于最大落潮流；底层平均涨潮流速小于平均落潮流速。从空间分布情况来看，表层流速大于底层流速。

从潮流的流向来看：表、底层涨潮流方向为 SW—S 向，落潮流方向为 NE—NEE 向。底层涨潮流方向为 SWW—SSW 向，落潮流方向为 NNE 向。可见，表层涨落潮流主要方向为 SW—NE 向，底层流速受局地环流影响，涨落潮不显著。

（3）P19 站点

P19 连续站观测期间水深最大值为 9.5 m，最小值为 6.5 m。流速最大值为 74 cm/s，流速最小值为 6 cm/s。平均涨潮流速和最大涨潮流速均大于相应的落潮流速；但垂向上，底层平均涨潮流速大于表层平均涨潮流速。各层涨、落潮流关系见表 3-9 和图 3-5。

表 3-9　P19 站点 2013 年 5 月各层的涨落潮平均流速、最大流速和流向

层次	涨　潮　流			落　潮　流			全潮平均流速/（cm/s）
	平均流速/（cm/s）	最　大		平均流速/（cm/s）	最　大		
		流速/（cm/s）	流向（°）		流速/（cm/s）	流向（°）	
表层	33.3	74	360	32.7	58	152	35.4
底层	35.7	60	360	27.7	42	264	32

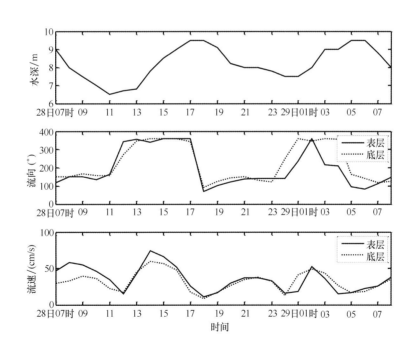

图 3-5　P19 站点 2013 年 5 月观测期间潮流特征

从潮流的流向来看，表层涨潮流方向为 NW—N 向，最大落潮流方向为 SE—E 向。底层涨潮流方向为 NW—N 向，落潮流方向为 SEE—SSE 向。可见，表层涨落潮流主要方向为 NW—SE 向，该站点涨潮流向集中，落潮流向较分散。

（4）P21 站点

P21 连续站观测期间水深最大值为 9.0 m，最小值为 6.0 m。流速最大值为 68 cm/s，最小值为 11 cm/s。平均涨潮流速和最大涨潮流速均大于相应的落潮流速；但垂向上，底层平均涨潮流速大于表层平均涨潮流速。各层涨、落潮流关系见表 3-10 和图 3-6。

表 3-10　P21 站点 2013 年 5 月各层的涨落潮平均流速、最大流速和流向

| 层次 | 涨 潮 流 | | | 落 潮 流 | | | 全潮平均 |
| | 平均流速 | 最　大 | | 平均流速 | 最　大 | | 流速/（cm/s） |
	/（cm/s）	流速/（cm/s）	流向（°）	/（cm/s）	流速/（cm/s）	流向（°）	
表层	32.7	68	336	31.7	51	116	32.1
底层	35.9	57	332	27.9	40	112	31.6

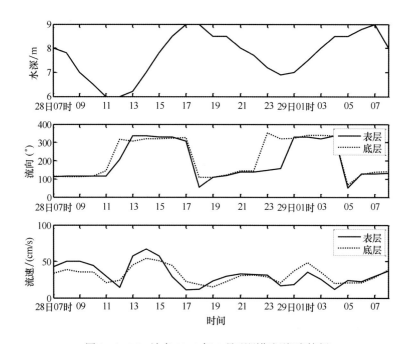

图 3-6　P21 站点 2013 年 5 月观测期间潮流特征

从潮流的流向来看，表层涨潮流方向为 NW 向，落潮流方向为 SE—SEE 向。底层涨潮流方向为 WNW—NNW 向，落潮流方向为 SE—ESE 向。可见，表层涨落潮流主要方向为 NW—ESE 向，且该站点具有典型的往复流特征。

（5）小结

5 月水动力本底调查期间，根据以上统计结果，潮流特征主要如下。

1）表层平均涨潮流速最大值出现在 P19 站，其值为 33.3 cm/s；其次是 P21 站，表层平均流速为 32.7 cm/s；最小值位于河口 P4 站，流速为 25.9 cm/s。最大流速垂直分布大致由表层向底层逐渐减小，流速由岸边向外海随水深增加而逐渐增大。

2）P2、P19、P21 站点潮流基本为往复流型，涨落潮流基本呈 NNW—SSE 走向，受地形影响，

P4 站点呈旋转流特征。

3）在表层和底层，P2、P19、P21 基本上都是涨潮流速大于落潮流速，P4 站点落潮流速大于涨潮流速，P19、P21 站点底层涨潮流速大于表层涨潮流速。到达高高潮前的涨潮流流速大于低高潮前涨潮流流速，流速总体呈现随潮差增大而增大的规律。

4）从流速的变化看，该海域表层涨潮期间平均流速为 0.40~0.60 m/s，落潮为 0.25~0.40 m/s；底层涨潮期间平均流速为 0.30~0.50 m/s，落潮为 0.15~0.35 m/s。但垂向上，P19、P21 站点底层平均涨潮流速大于表层平均涨潮流速。

5）涨潮时间 5~6 h，落潮时间约 7 h，涨潮时小于落潮时，底层潮流转向稍早于表层。

3.4.1.2　10 月潮流特征统计

各站 2013 年 10 月各层流速矢量图见图 3-7。

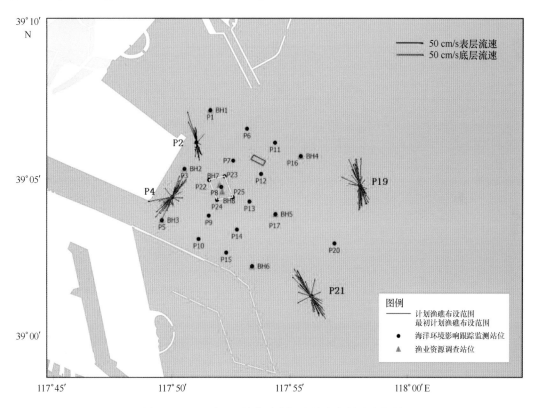

图 3-7　2013 年 10 月水动力调查站点各层流速矢量

（1）P2 站点

P2 在观测期间水深最大值为 6.0 m，最小值为 2.8 m。流速最大值为 57 cm/s，最小值为 2 cm/s。表层平均涨潮流速和最大涨潮流速均大于相应的落潮流速。该站涨、落潮流关系见表 3-11 和图 3-7。

表 3-11　P2 站点 2013 年 10 月各层的涨落潮平均流速、最大流速和流向

层次	涨 潮 流			落 潮 流			全潮平均流速/（cm/s）
	平均流速/（cm/s）	最　大		平均流速/（cm/s）	最　大		
		流速/（cm/s）	流向（°）		流速/（cm/s）	流向（°）	
表层	22.1	57	343	19.6	30	156	20.8

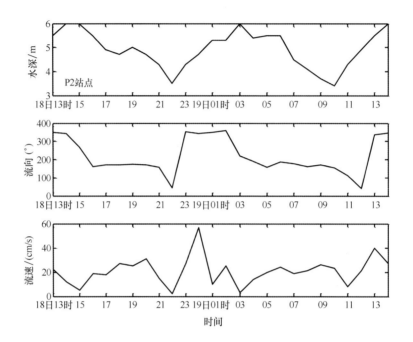

图 3-8　P2 站点 2013 年 10 月观测期间潮流特征

从潮流的流向来看：表层最大涨潮流方向为 NW—NNW 向，最大落潮流方向为 SE—SSE 向。表层涨落潮流主要方向为 NW—SE 向。

（2）P4 站点

P4 站观测期间水深最大值为 15.4 m，最小值为 12.4 m。流速最大值为 48 cm/s，最小值为 6 cm/s。

受河流入海影响，表、底层平均落潮流速大于涨潮流速。从空间分布情况来看，表层流速大于底层流速。各层涨、落潮流关系见表 3-12 和图 3-9。

表 3-12　P4 站点 2013 年 10 月各层的涨落潮平均流速、最大流速和流向

层次	涨 潮 流			落 潮 流			全潮平均流速/（cm/s）
	平均流速/（cm/s）	最　大		平均流速/（cm/s）	最　大		
		流速/（cm/s）	流向（°）		流速/（cm/s）	流向（°）	
表层	23.4	48	260	26.2	45	30	24.9
底层	22.4	42	205	25.6	40	21	23.9

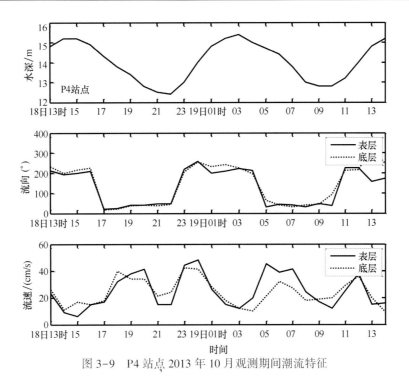

图 3-9   P4 站点 2013 年 10 月观测期间潮流特征

从潮流的流向来看：受地形影响，该站点涨落潮流方向与其他各站差别较大。表、底层涨潮流方向均为 SW 向，落潮流方向也均为 NE 向。

（3）P19 站点

P19 连续站观测期间水深最大值为 9.8 m，最小值为 6.6 m。流速最大值为 67 cm/s，流速最小值为 5 cm/s。

平均涨潮流速和最大涨潮流速均大于相应的落潮流速，垂向上，表层平均涨潮流速大于底层平均涨潮流速。各层涨、落潮流关系见表 3-13 和图 3-10。

表 3-13   P19 站点 2013 年 10 月各层的涨落潮平均流速、最大流速和流向

层次	涨 潮 流			落 潮 流			全潮平均 流速/（cm/s）
	平均流速 /（cm/s）	最 大		平均流速 /（cm/s）	最 大		
		流速/（cm/s）	流向（°）		流速/（cm/s）	流向（°）	
表层	38.3	67	340	26.4	50	180	32.9
底层	31.4	48	352	22.2	36	174	27.1

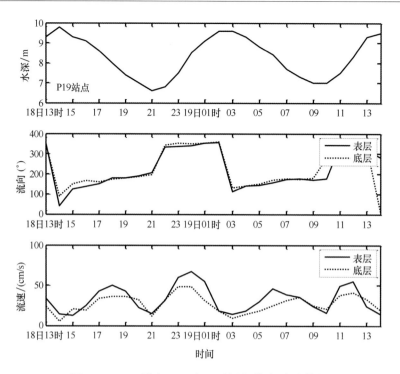

图 3-10　P19 站点 2013 年 10 月观测期间潮流特征

从潮流的流向来看，表层涨潮流方向为 NW 向，落潮流方向为 SE—S 向。底层涨潮流方向为 NNW—N 向，落潮流方向为 S—SSE 向。可见，表层涨落潮流主要方向为 NW—SE 向，底层涨落潮流主要方向为 NNW—SSE 向。

（4）P21 站点

P21 连续站观测期间水深最大值为 9.0 m，最小值为 6.2 m。流速最大值为 69 cm/s，最小值为 13 cm/s。

平均涨潮流速和最大涨潮流速均大于相应的落潮流速，且表层平均涨潮流速大于底层平均涨潮流速。各层涨、落潮流关系分别详见表 3-14 和图 3-11。

表 3-14　P21 站点 2013 年 10 月各层的涨落潮平均流速、最大流速和流向

层次	涨 潮 流			落 潮 流			全潮平均
	平均流速	最　　大		平均流速	最　　大		流速/（cm/s）
	/（cm/s）	流速/（cm/s）	流向（°）	/（cm/s）	流速/（cm/s）	流向（°）	
表层	44.7	69	328	34.1	53	142	38.6
底层	37.0	52	324	26.6	45	142	31.0

从潮流的流向来看，表层涨潮流方向为 NW 向，落潮流方向为 SE 向。底层涨潮流向也为 NW—SE 向，其中落潮流向较为分散。可见，该站自表至底涨落潮流主要方向为 NW—SE 向，且该站点具有典型的往复流特征，表层往复流特征较底层更显著。

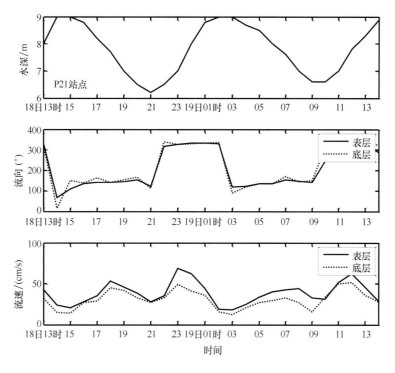

图 3-11　P21 站点 2013 年 10 月观测期间潮流特征

（5）小结

10 月水动力本底调查期间，根据以上统计结果，潮流特征主要如下。

1）最大流速垂直分布大致由表层向底层逐渐减小，流速由岸边向外海随水深增加而逐渐增大。表层平均涨潮流速最大值出现在 P19 站，其值为 69 cm/s；其次，是 P21 站，表层平均流速为 67 cm/s；位于河口附近的 P4 站，流速较小。

2）从流速的变化看，该海域表层涨潮平均流速为 0.45～0.65 m/s，落潮为 0.25～0.45 m/s；底层涨潮平均流速为 0.35～0.50 m/s，落潮为 0.15～0.35 m/s。

3）P2、P19、P21 站点潮流基本为往复流型，涨落潮流基本呈 NW—SE 走向，受地形影响，P4 站点涨潮流呈 SW—NE 向特征。

4）P4 站点受入海河流影响，落潮流速大于涨潮流速；各站在表层和底层，大都是涨潮流速大于落潮流速。流速总体呈现随潮差增大而增大的规律。

3.4.1.3　潮流特征分析结论

对 2013 年 5 月和 10 月两次大潮期间水动力监测调查的结果统计分析，潮流特征主要表现为以下几点。

1）水平分布上看，该项目实施区域流速外海大于近岸，且流速由岸边向外海随水深增加而逐渐增大。垂直分布上，最大流速垂直分布大致由表层向底层逐渐减小。流速具有随潮差增大而增大的规律。

2）各监测站点中，表层平均涨潮流速最大值出现在 P19 站，最大值为 69 cm/s，出现在 10 月，最小值位于河口附近的 P4 站，出现在 5 月，总体来说，监测的 10 月的平均潮流流速大于 5 月。

3）项目实施海域的 P2、P19、P21 站点潮流基本为往复流型，涨落潮流基本呈 NNW—SSE 走向，受地形影响，位于河口附近的 P4 站点呈旋转流特征。

4）P2、P19、P21 基本上都是涨潮流速大于落潮流速，表层涨潮流速大于底层涨潮流速。P4 站点受入海河流影响，落潮流速大于涨潮流速。2013 年 5 月监测期间垂向上，P19、P21 站点底层平均涨潮流速大于表层平均涨潮流速。

5）该监测海域，涨潮时间 5~6 h，落潮时间约 7 h，涨潮时小于落潮时，底层潮流转向稍早于表层。

3.4.2　潮流运动形式分析

3.4.2.1　5 月潮流运动形式分析

潮流通常是指由天文潮汐涨、落潮而导致的海水流动。根据《海洋调查规范》（GB/T 12763—2007）规定的方法，对 2013 年 5 月观测期间水动力监测站点海流资料进行调和分析，得到项目实施海域各主要分潮流的调和常数，以便对该海区的潮流作进一步的分析。

（1）潮流性质

利用四个水动力站点潮流资料分析项目实施海域的潮流类型（表 3-15），潮流类型通常分为正规半日潮流、不正规半日潮流、不正规日潮流及正规日潮流。根据不同分潮的潮流椭圆要素，得到日潮流和半日潮流长轴的比值 K。

潮流性质判据为 $K = \dfrac{W_{K1} + W_{O1}}{W_{M2}}$，其判别标准如下：

$K \leqslant 0.5$，正规半日潮流

$0.5 < K \leqslant 2.0$，不正规半日潮流

$2.0 < K \leqslant 4.0$，不正规日潮流

$K > 4.0$，正规日潮流

其中 W_{K1}、W_{O1}、W_{M2} 分别为 $K1$、$O1$、$M2$ 分潮流的最大流速。

表 3-15　2013 年 5 月潮流性质判据

站点	观测层	
	表层 K	底层 K
P2	0.2	—
P4	0.5	0.8
P19	0.4	0.3
P21	0.4	0.4

由表 3-15 可以看出：该海区各站表层的潮流旋转率 K' 均小于 0.5，由于 P4 站点位置特殊，潮流受地形和入海径流影响显著，底层旋转率为 0.8。因此该海区的潮流性质整体属于正规半日潮流。

（2）潮流的运动形式

潮流的运动形式取决于该海区主要分潮流的椭圆要素，对该四个站点 25 h 的连续站海流观测资料进行了调和分析，发现，P2、P4 站的最大分潮为 M_2 分潮，其次为浅水分潮 M_4。P19、P21 站潮流的最大分潮为 M_2 分潮，其次是 S_2 分潮。

潮流椭圆的长半轴和短半轴是这两个分潮流速可能达到的最大和最小潮流，最小潮流和最大潮流的比值是旋转率，它反映了潮流运动形式。在该海区全日潮流 O_1、K_1 在 P2、P4 和 P21 三站表层旋转率较大，均为正值，即 O_1、K_1 主要表现为旋转流特征，顺时针旋转；半日潮流 M_2、S_2 旋转率较小，旋转特征不显著，主要呈往复流特征；该海区的 M_4、MS_4 兼有旋转流和往复流的特征。

综上所述，该海区的潮流为正规半日潮流，主要半日分潮流（M2 和 S2）的运动形式即代表了该海区潮流的运动形式，以往复流为主，且往复流方向为 NW—SE 走向。

（3）余流

一般，在近岸和河口区域，水质点经过一个潮流周期之后，并不回到原先的起始位置上，经潮流调和分析之后，从海流总体观测资料中除去周期性潮流之外，还有一个剩余的部分，即谓之余流。对 25 h 的连续站海流观测资料进行了准调和分析，得到了测流站潮流资料的余流。

对该海区而言，余流以风海流和沿岸流为主。表层的余流主要是由于沿岸流和风海流所致，该海域表层余流方向基本为 NE 向，底层余流方向较表层偏北，其表层余流流速与底层流速相差不大。P4 站点受河流入海影响，表层余流方向为 E 向，底层余流方向为 SW 向，且底层余流流速较表层流速大。离岸较远的站点，表层余流流速大，近岸处，余流流速小。

（4）小结

对 2013 年 5 月观测期间水动力监测站点海流资料进行调和分析，得到项目实施海域各主要分潮流的调和常数，分析该海域潮流运动特征如下。

项目实施区域的潮流性质整体属于正规半日潮流。各站表层的潮流旋转率 K' 均小于 0.5，由于 P4 站点位置特殊，潮流受地形和入海径流影响显著，底层旋转率为 0.8。

项目实施区域潮流的运动形式以主要半日分潮流（M2 和 S2）的运动形式为代表，以往复流为主，往复流方向为 NW—SE 走向。

项目实施区域表层余流方向基本为 NE 向，底层除 P4 站点外，余流方向较表层偏北，其表层余流流速与底层流速相差不大。离岸较远的 P21 站点，表层余流流速大，近岸处 P4 站点余流流速小。

3.4.2.2　10 月潮流运动形式分析

根据《海洋调查规范》（GB/T 12763—2007）规定的方法，对 2013 年 10 月观测期间水动力监测站点海流资料进行调和分析，得到项目实施海域各主要分潮流的调和常数，以便对该海区的潮流作进一步分析。

（1）潮流性质

利用四个水动力站点潮流资料分析项目实施海域的潮流类型（表 3-16）。

表 3-16　2013 年 10 月潮流性质判据表

站点	观测层	
	表层 K	底层 K
P2	0.3	—
P4	0.6	0.9
P19	0.5	0.6
P21	0.5	0.5

由表 3-16 可以看出：该海区各站表层的潮流旋转率 K 小于 0.6，由于 P4 站点位置特殊，潮流受地形和入海径流影响显著，底层旋转率为 0.9。因此该海区的潮流性质整体属于正规半日潮流。

（2）潮流的运动形式

对该四个站点 25 h 的连续站海流观测资料进行了调和分析。

2013 年 10 月观测数据显示，该海区为主要半日分潮流，以 M_2 为主，流速较大，其次是 S_2、O_1、K_1、M_4、MS_4 复合分潮流相对较小。M2 分潮流最大流速（长半轴）的最大值为 45.5 cm/s，出现在 P19 站表层。

根据调和分析结果得到站位各层分潮流的椭圆率 K，各分潮椭圆率均小于 0.5，所以潮流运动形式为往复流。根据实测资料绘制的各站位期两层的潮流矢量图，可见各层均呈现显著的往复流特征，其中 P4、P21 站点旋转特性稍显著。

综上所述，该海区的潮流为正规半日潮流，因此主要半日分潮流（M2 和 S2）的运动形式即代表了该海区潮流的运动形式，以往复流为主，除 P4 站往复流方向为 SW—NE 向外，其余站点均为 NW—SE 向。

（3）余流

对 25h 的连续站海流观测资料进行了准调和分析，通过引入测流站附近长期验潮站的 K_1、O_1、M_2、S_2、M_4、MS_4 六个分潮的潮汐调和常数，利用差比关系进行计算，得到了测流站潮流资料的调和常数以及余流。观测期间各层的余流流向和流速见表 3-17。

表 3-17　各站余流的流速、流向计算结果

站点	观测层			
	表层		底层	
	流速/（cm/s）	流向（°）	流速/（cm/s）	流向（°）
P2	2.8	168.5	—	—
P4	2.9	25.9	2.8	358.1
P19	1.3	222.6	2.2	220.3
P21	3.2	102.6	1.3	73.3

对该海区而言，余流以风海流和沿岸流为主，余流流速均较小，表层、底层余流流向相差不大，除 P19 站外余流呈 SW 向外，其他站点余流大都呈 SE 或 N 向。

（4）小结

对 2013 年 10 月大潮观测期间水动力监测站点海流资料进行调和分析，得到项目实施海域各主要分潮流的调和常数，分析该海域潮流运动特征如下。

项目实施区域的潮流性质整体属于正规半日潮流，由于 P4 站点位置特殊，潮流受地形和入海径流影响显著，底层旋转率为 0.9。

项目实施区域潮流的运动形式以主要半日分潮流（M_2 和 S_2）的运动形式为代表，以往复流为主，往复流方向为 NW—SE 走向，其中，P4 站点为 SW—NE 向。

监测期间表层余流流速与底层余流流速均较小，表、底层余流流向相差不大。

3.4.2.3　潮流运动形式分析结论

对 2013 年 5 月和 10 月两次大潮期间水动力监测站点海流资料进行调和分析，得到项目实施海域各主要分潮流的调和常数，分析该海域潮流运动特征如下：

1）项目实施海域的潮流性质整体属于正规半日潮流。各站表层的潮流旋转率 K' 均小于 0.5，属于正规半日潮流；由于 P4 站点位置特殊，两次大潮监测期间底层旋转率分别为 0.8、0.9，该站点潮流受地形和入海径流影响呈现有不正规半日潮流特征。

2）项目实施海域潮流的运动形式主要以半日分潮流（M_2 和 S_2）的运动形式为代表，流速较大，其他 O_1、K_1、M_4、MS_4 复合分潮流相对较小。项目实施海域潮流以往复流为主，往复流主要方向为 NW—SE 走向。P4 站位于永定新河口附近，且河口南部是天津港东疆港区北防波堤，受特殊的地理位置影响，P4 站点为 SW—NE 向，该站点潮流流向与入海径流密切相关。

3）项目实施海域，余流以风海流和沿岸流为主。离岸较远的站点，表层余流流速大，近岸处，余流流速小。5 月水动力项目监测期间表层余流方向基本为 NE 向，底层除 P4 站点外，余流方向较表层偏北；10 月水动力项目观测期间，余流较小，表层、底层余流流向相差不大，除 P19 站外余流呈 SW 向外，其他站点余流大都呈 SE 向或 N 向。

3.4.3　泥沙特征分析

泥沙搬运淤泥的过程中，波浪主要起着掀扬浅滩泥沙的作用，潮流主要起着泥沙的输移作用，即通称的"波浪掀沙，潮流输沙"现象。波浪掀沙主要发生在 5 m 等深线以内区域，特别是 3 m、2 m 等深线以内为破波带，掀沙起主要作用，波浪掀起的泥沙在"潮流输沙"作用下向外海输运。

3.4.3.1　5 月海水含沙量的统计特征

1）P2 观测站点（图 3-12）该观测过程中平均悬浮物浓度 26.1 mg/L。海水悬浮物浓度随时间变化较大，受潮流影响显著，涨潮期间潮流流速较大，海水悬浮物浓度较高，达到高潮位时随着潮流流速降低，悬浮物浓度减小。落潮期间悬浮物浓度较小。

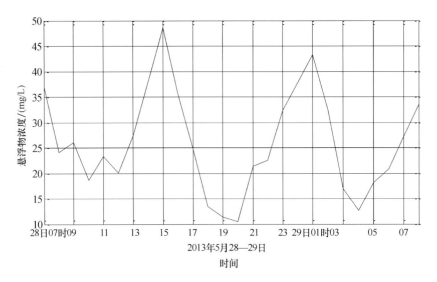

图 3-12　2013 年 5 月 P2 站点悬浮物浓度变化趋势

2）靠近永定新河入海口的 P4 站（图 3-13）表层平均悬浮物浓度 12.2 mg/L，底层为 30.5 mg/L，底层海水悬浮物浓度高于表层。底层含沙量可达 98.6 mg/L。

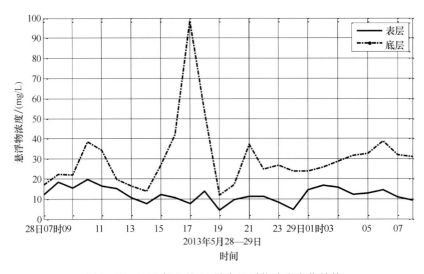

图 3-13　2013 年 5 月 P4 站点悬浮物浓度变化趋势

3）P19 观测站（图 3-14）表层平均悬浮物浓度为 22.8 mg/L，底层为 29.7 mg/L，表层和底层悬浮物浓度均较高，分别达到 74.4 mg/L、66.6 mg/L。

4）P21 观测站（图 3-15）表层平均悬浮物浓度为 18.8 mg/L，底层为 23.8 mg/L。该观测点离岸相对较远，水深较深，波浪对泥沙扰动影响小，因此海水中悬浮物浓度变化不明显。

可见，悬浮物浓度的空间垂直分布基本上是下层高于上层。水平方向上，随着离岸距离增加，水深变深，波浪对泥沙扰动降低，海水悬浮物浓度变总的趋势逐渐递减。

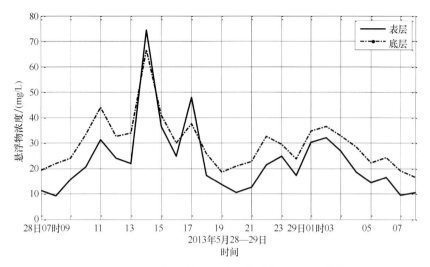

图 3-14　2013 年 5 月 P19 站点悬浮物浓度变化趋势

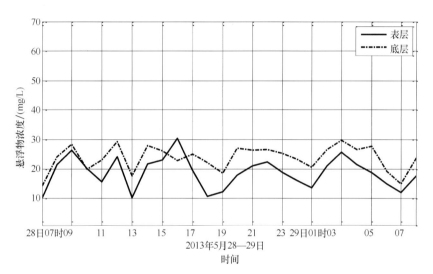

图 3-15　2013 年 5 月 P21 站点悬浮物浓度变化趋势

一天中悬浮物浓度会随海流和潮位变化而变化，一般来说，在潮位最高和最低时海水流速比较小，含沙量值较低，而在潮流流速最大时，由于海流的作用，含沙量值较大。期间海流流速较大，因而海水携带泥沙的能力比较强，导致海水的悬浮物浓度较大。

3.4.3.2　10 月海水含沙量的统计特征

1）P2 号观测站点（图 3-16）该观测过程中平均悬浮物浓度 21.8 mg/L。海水悬浮物浓度随时间变化较大，受潮流影响显著，涨潮期间潮流流速较大，海水悬浮物浓度较高，达到高潮位时随着潮流流速降低，悬浮物浓度减小。

2）靠近永定新河入海口的 P4 站（图 3-17）表层平均悬浮物浓度 16.2 mg/L，底层为 29.2 mg/L，底层海水悬浮物浓度高于表层。

3）P19 观测站（图 3-18）表层平均悬浮物浓度为 22.0 mg/L，底层为 29.3 mg/L。

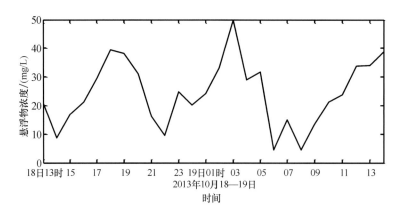

图 3-16 　2013 年 10 月 P2 站点悬浮物浓度变化趋势

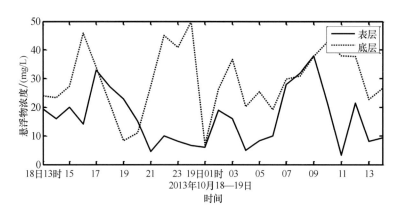

图 3-17 　2013 年 10 月 P4 站点悬浮物浓度变化趋势

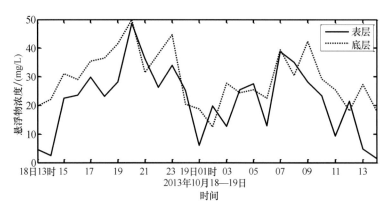

图 3-18 　2013 年 10 月 P19 站点悬浮物浓度变化趋势

4）P21 观测站（图 3-19）表层平均悬浮物浓度为 18.0 mg/L，底层为 26.3 mg/L。

观测期间项目实施区域表层、底层悬浮物浓度变化趋势相似，悬浮物浓度的空间垂直分布基本上是底层高于表层。此外，一天中悬浮物浓度也会随海流和潮位变化而变化，一般来说，在潮位最高和最低时海水流速比较小，含沙量值较低，而在潮流流速最大时，由于海流的作用，含沙量值较大。期间海流流速较大，因而海水携带泥沙的能力比较强，导致海水的悬浮物浓度较大。

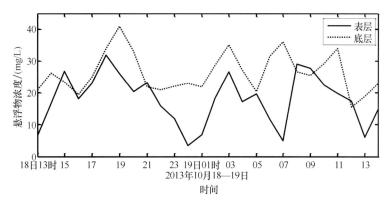

图 3-19 2013 年 10 月 P21 站点悬浮物浓度变化趋势

3.4.3.3 泥沙特征分析结论

对 2013 年 5 月和 10 月两次大潮期间水动力本底补充调查统计结果统计分析，项目实施海域泥沙特征主要表现为以下几个方面。

1）项目实施海域悬浮物浓度随海流和潮位变化而变化，受潮流影响显著，涨潮期间潮流流速较大，海水悬浮物浓度较高，达到高潮位时随着潮流流速降低，悬浮物浓度减小。

2）项目实施海域垂直方向上，底层海水悬浮物浓度高于表层，且表、底层悬浮物浓度变化趋势相似，近岸监测站点 P2、P4 站海水中悬浮物浓度稍高。

3）两次大潮监测期间 P2 观测站点平均悬浮物浓度分别为 26.1 mg/L、21.8 mg/L。靠近永定新河入海口的 P4 站两次大潮监测表层平均悬浮物浓度分别为 12.2 mg/L、16.2 mg/L，底层为 30.5 mg/L、29.2 mg/L，底层海水悬浮物浓度高于表层。

4）P19 站两次大潮监测期间表层平均悬浮物浓度分别为 22.8 mg/L、22.0 mg/L，底层为 29.7 mg/L、29.3 mg/L。P21 站两次大潮监测期间表层平均悬浮物浓度为 18.8 mg/L、18.0 mg/L，底层为 23.8 mg/L、26.3 mg/L。P19、P21 两站点离岸相对较远，水深较深，波浪对泥沙扰动影响小，因此海水中悬浮物浓度变化不明显。

3.4.4 水动力现状与回顾评价

将 2013 年本底补充调查现状与 2011 年、2012 年天津市海洋工程监测报告结果做对比，进行水动力现状与回顾评价。本项目采用 2011 年 8 月和 2012 年 9 月水动力监测结果与现状进行对比，由于海流监测时段不同，监测站位位置存在偏差，使得监测期间潮流周期的变化造成对比结果稍有差异（图 3-20）。

2011 年与 2012 年 C3B12YQ038 站点的监测结果如图 3-20、图 3-21 所示，2011 年、2012 年、2013 年流速变化趋势相似，为正规半日潮流，具有显著的往复流特征，涨落潮期间流速大，且涨潮

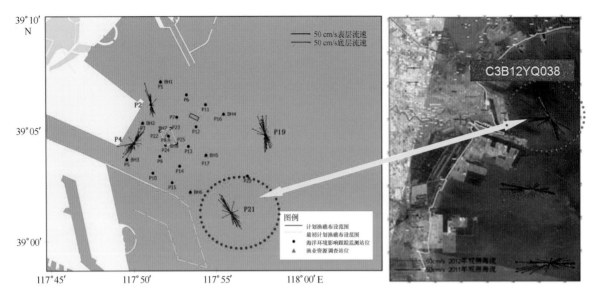

图3-20　2013年项目实施区域潮流现状与历史监测结果对比

流速大于落潮流速，表层流速大于底层流速。2013年期间涨潮流速较2011—2012年稍大，落潮流速略有减小，2013年监测期间SE—NW向往复流特征更为显著。近年来围填海工程导致的岸线变化引起天津近岸海域的水动力条件的变化，这将会导致天津海域产生相应的冲淤变化和污染物的运移规律发生变化。

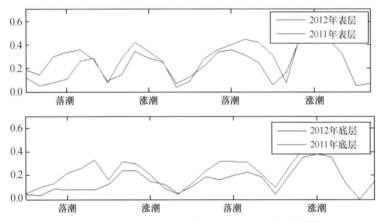

图3-21　2011年与2012年C3B12YQ038站点监测

3.5　水质监测与评价结果

天津滨海旅游区海岸修复生态保护项目主体位于《天津市海洋功能区划（2011—2020年）》划定的汉沽农渔业区（代码：A1—01）。根据本区的海洋环境保护要求：养殖用海海水水质不劣于第二类标准，因此，海洋环境调查海水水质评价采用《海水水质标准》（GB 3097—1997）中的第二类海水水质标准进行评价。

3.5.1　水质调查结果及水质参数的分布特征

3.5.1.1　2013 年 5 月水质监测结果

2013 年 5 月水质监测结果见表 3-18，标准指数计算结果见表 3-19 所示，各水质要素浓度、分布和评价分述如下。

表 3-18　水质监测结果及特征值统计（2013 年 5 月）

项目	pH 值	盐度	溶解氧/（mg/L）	化学需氧量/（mg/L）	活性磷酸盐/（mg/L）	无机氮/（mg/L）	悬浮物/（mg/L）	汞/（μg/L）	镉/（μg/L）	铅/（μg/L）	铜/（μg/L）	锌/（μg/L）	油类/（mg/L）	叶绿素 a/（μg/L）
最大值	7.88	28.105	6.96	1.99	0.049 7	0.670	22.4	0.135	0.341	3.00	3.04	19.0	0.030 5	4.25
最小值	7.76	27.295	6.35	1.39	0.020 3	0.501	15.3	0.046 9	0.231	1.74	2.06	12.3	0.011 5	1.12
平均值	7.82	27.620	6.63	1.72	0.028 5	0.578	19.5	0.086 9	0.291	2.35	2.50	16.2	0.020 9	2.96

表 3-19　海水水质标准指数计算结果（2013 年 5 月）

项目	pH 值	化学需氧量	油类	铜	铅	锌	镉	汞	活性磷酸盐	无机氮
最大值	1.11	0.66	0.61	0.30	0.60	0.38	0.07	0.68	1.66	2.23
最小值	0.77	0.46	0.23	0.23	0.35	0.25	0.05	0.23	0.68	1.67
平均值	0.94	0.57	0.42	0.25	0.47	0.32	0.06	0.44	0.96	1.94

（1）盐度

2013 年 5 月，调查海域盐度变化范围为 27.295～28.105，平均值为 27.614；平面分布呈现由西向东逐步增加的趋势，本次监测盐度分布见图 3-22。

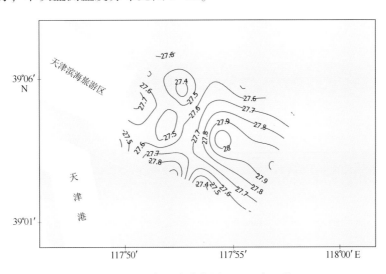

图 3-22　海水盐度分布图（2013 年 5 月）

（2）悬浮物

2013 年 5 月，调查海域悬浮物浓度变化范围为 15.3~22.4 mg/L，平均值为 19.8 mg/L；平面分布呈现由北塘口向四周逐步增加的趋势，本次监测悬浮物浓度平面分布见图 3-23。

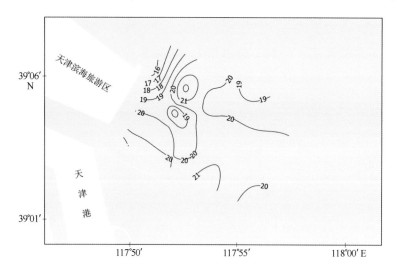

图 3-23　海水中悬浮物浓度平面分布图（单位：mg/L）（2013 年 5 月）

（3）pH 值

2013 年 5 月，调查海域水质 pH 值变化范围为 7.76~7.88，平均值为 7.82；标准指数范围为 0.77~1.11，平均值为 0.94，处于"影响"和"轻污染"之间，有 9 个站位超标，超标率为 36%；平面分布呈现由监测区域中央向四周逐步降低的趋势（图 3-24）。

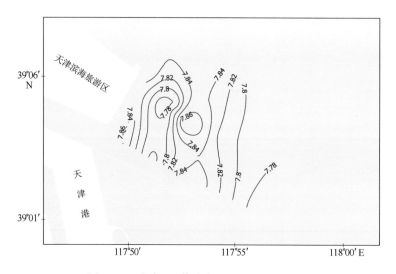

图 3-24　海水 pH 值分布图（2013 年 5 月）

（4）化学需氧量（COD）

2013 年 5 月，调查海域水质 COD 浓度变化范围为 1.39~1.99 mg/L，平均值为 1.71 mg/L，平面分布趋势为从西向东逐步减少；标准指数范围为 0.46~0.66，平均值为 0.57，处于"允许"和"影响"之间，无站位超标；平面分布呈现由西向东逐步降低的趋势（图 3-25）。

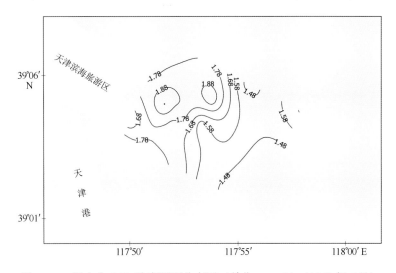

图 3-25　海水中 COD 浓度平面分布图（单位：mg/L）（2013 年 5 月）

（5）溶解氧（DO）

2013 年 5 月，调查海域水质溶解氧浓度变化范围为 6.35~6.96 mg/L，平均值为 6.63 mg/L，均高于第二类海水水质标准要求的 5 mg/L，无站位超标；平面分布呈现由监测中央向四周逐步降低的趋势（图 3-26）。

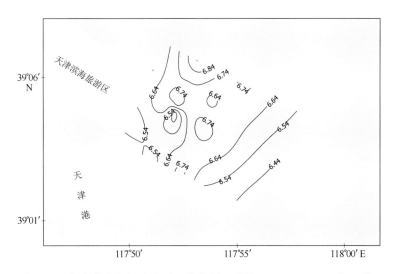

图 3-26　海水中溶解氧浓度平面分布图（单位：mg/L）（2013 年 5 月）

（6）油类

2013 年 5 月，调查海域水质油类浓度变化范围为 0.011 5~0.030 5 mg/L，平均值为 0.021 3 mg/L；标准指数范围为 0.23~0.61，平均值为 0.42，处于"允许"和"影响"状态之间，无站位超标。平面分布呈现由北向南逐步降低的趋势（图 3-27）。

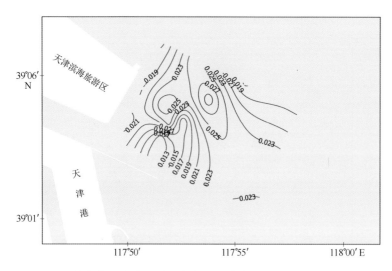

图 3-27　海水中油类浓度平面分布图（单位：mg/L）（2013 年 5 月）

（7）活性磷酸盐

2013 年 5 月，调查海域水质活性磷酸盐浓度变化范围为 0.020 3～0.049 7 mg/L，平均值为 0.028 5 mg/L；标准指数范围为 0.68～1.66，平均值为 0.96，处于"影响"和"污染"状态之间，有 8 个站位超标，超标率为 32%；平面分布呈现由北塘口向四周逐步增加的趋势（图 3-28）。

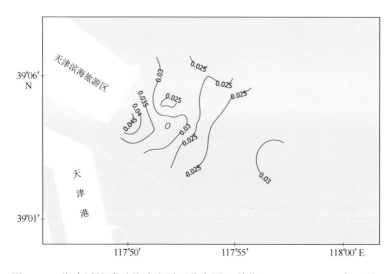

图 3-28　海水活性磷酸盐浓度平面分布图（单位：mg/L）（2013 年 5 月）

（8）无机氮

2013 年 5 月，调查海域无机氮浓度变化范围为 0.501～0.670 mg/L，平均值为 0.578 mg/L；标准指数范围为 1.67～2.23，平均值为 1.94，处于"重污染"状态，全部站位超标，超标率为 100%；平面分布呈现由北塘口向四周逐步增加的趋势（图 3-29）。

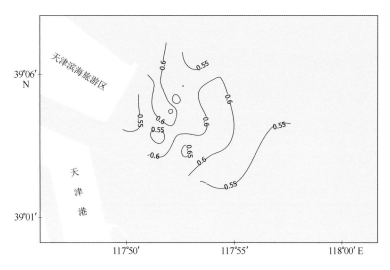

图 3-29　海水中无机氮浓度平面分布图（单位：mg/L）（2013 年 5 月）

（9）铜

2013 年 5 月，调查海域铜浓度变化范围为 2.06~3.04 μg/L，平均值为 2.50 μg/L；标准指数范围为 0.23~0.30，平均值为 0.25，处于"允许"状态，无站位超标；平面分布呈现由监测区域中央向四周逐步降低的趋势（图 3-30）。

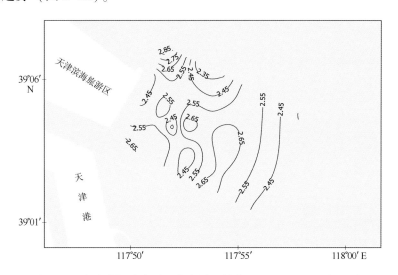

图 3-30　海水中铜浓度平面分布图（单位：μg/L）（2013 年 5 月）

（10）铅

2013 年 5 月，调查海域铅浓度变化范围为 1.74~3.00 μg/L，平均值为 2.35 μg/L；标准指数范围为 0.35~0.60，平均值为 0.47，处于"允许"和"影响"状态之间（图 3-31）。

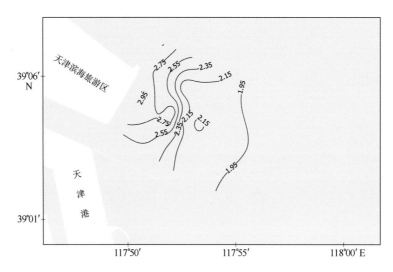

图 3-31　海水中铅浓度平面分布图（单位：μg/L）（2013 年 5 月）

（11）锌

2013 年 5 月，调查海域锌浓度变化范围为 12.3~19.0 μg/L，平均值为 16.2 μg/L；标准指数范围为 0.25~0.38，平均值为 0.32，处于"允许"状态，无站位超标；平面分布呈现由北向南逐步降低的趋势（图 3-32）。

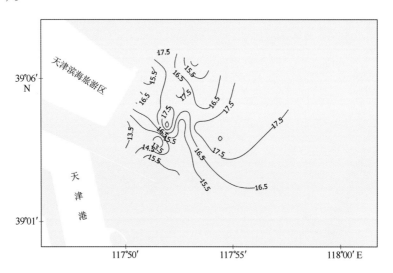

图 3-32　海水中锌浓度平面分布图（单位：μg/L）（2013 年 5 月）

（12）镉

2013 年 5 月，调查海域镉浓度变化范围为 0.231~0.341 μg/L，平均值为 0.291 μg/L；标准指数范围为 0.05~0.07，平均值为 0.06，处于"允许"状态，无站位超标；平面分布呈现由平面分布呈现由西向东逐步降低的趋势（图 3-33）。

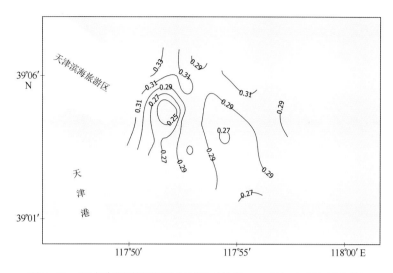

图 3-33　海水中镉浓度平面分布图（单位：μg/L）（2013 年 5 月）

（13）汞

2013 年 5 月，调查海域汞浓度变化范围为 0.046 9~0.135 μg/L，平均值为 0.086 9 μg/L；标准指数范围为 0.23~0.68，平均值为 0.44，处于"允许"和"影响"状态之间，无站位超标；平面分布呈现由西向东逐步降低的趋势（图 3-34）。

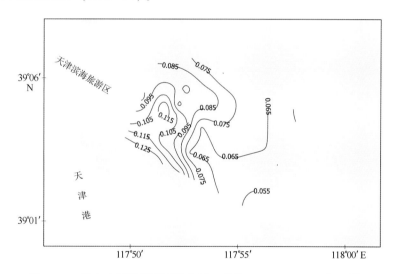

图 3-34　海水中汞浓度平面分布图（单位：μg/L）（2013 年 5 月）

3.5.1.2　2013 年 10 月水质监测结果

2013 年 10 月水质监测结果见表 3-20，污染指数计算结果见表 3-21 所示，各水质要素浓度、分布和评价分述如下。

表 3-20　水质监测结果及特征值统计（2013 年 10 月）

项目	pH 值	盐度	溶解氧 /（mg/L）	化学需氧量 /（mg/L）	活性磷酸盐 /（mg/L）	无机氮 /（mg/L）	悬浮物 /（mg/L）	汞 /（μg/L）	镉 /（μg/L）	铅 /（μg/L）	铜 /（μg/L）	锌 /（μg/L）	油类 /（mg/L）	叶绿素 a /（μg/L）
最大值	8.04	27.712	8.76	2.02	0.031 7	0.593	23.3	0.079 5	0.146	3.59	3.92	19.4	0.026 5	4.25
最小值	7.98	26.930	8.16	1.32	0.013 8	0.391	18.7	0.008 71	0.096 0	1.39	1.70	15.3	0.007 30	2.24
平均值	8.01	27.430	8.48	1.61	0.022 2	0.483	21.2	0.036 8	0.121	2.11	2.73	17.0	0.016 3	3.35

表 3-21　海水水质污染指数计算结果（2013 年 10 月）

站位	pH 值	溶解氧	化学需氧量	油类	铜	铅	锌	镉	汞	活性磷酸盐	无机氮
最大值	0.486	0.263	0.673	0.530	0.392	0.718	0.388	0.029 2	0.398	1.06	1.98
最小值	0.314	0.118	0.440	0.146	0.170	0.278	0.306	0.019 2	0.043 6	0.460	1.30
平均值	0.397	0.182	0.537	0.327	0.266	0.419	0.340	0.024 3	0.183	0.754	1.60

（1）盐度

2013 年 10 月，调查海域盐度变化范围为 26.930~27.712，平均值为 27.430；平面分布大致呈现由西南向东北方向逐步增加的趋势（图 3-35）。

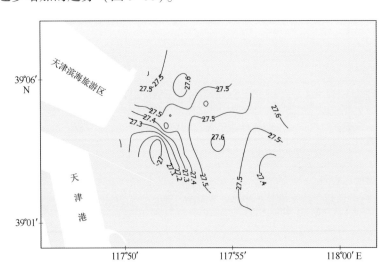

图 3-35　海水盐度平面分布图（2013 年 10 月）

（2）悬浮物

2013 年 10 月，调查海域海水中悬浮物含量分布变化范围为 18.7 ~ 23.3 mg/L，平均值为 21.2 mg/L；平面分布呈现由北塘口向四周逐步增加的趋势（图 3-36）。

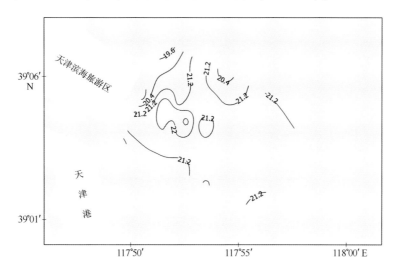

图 3-36　海水中悬浮物含量平面分布图（单位：mg/L）（2013 年 10 月）

（3）pH 值

2013 年 10 月，调查海域水质 pH 值变化范围为 7.98 ~ 8.04，平均值为 8.01；污染指数范围为 0.314 ~ 0.486，平均值为 0.397，处于"允许"状态，无站位超标；平面分布呈现由西北向东南方向逐渐升高的趋势（图 3-37）。

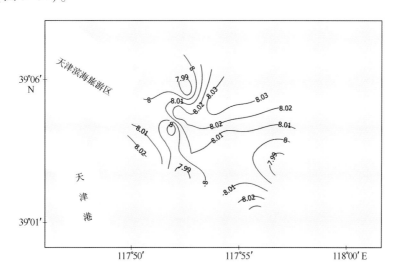

图 3-37　海水 pH 平面分布图（2013 年 10 月）

（4）化学需氧量（COD）

2013 年 10 月，调查海域水质化学需氧量浓度变化范围为 1.32 ~ 2.02 mg/L，平均值为 1.61 mg/L，平面分布趋势为从西向东逐步减少；污染指数范围为 0.440 ~ 0.673，平均值为 0.537，处于"允许"和"影响"之间，无站位超标；平面分布呈现由西北向东南方向逐步降低的趋势（图3-38）。

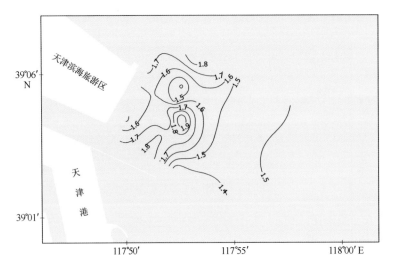

图3-38　海水中化学需氧量含量平面分布图（单位：mg/L）（2013年10月）

（5）溶解氧（DO）

2013年10月，调查海域水质溶解氧含量变化范围为8.16~8.76 mg/L，平均值为8.48 mg/L，均高于第二类海水水质标准要求的5 mg/L，污染指数范围为0.118~0.263，平均值为0.182，处于"允许"状态，无站位超标；平面分布呈现由监测中央向四周逐步降低的趋势（图3-39）。

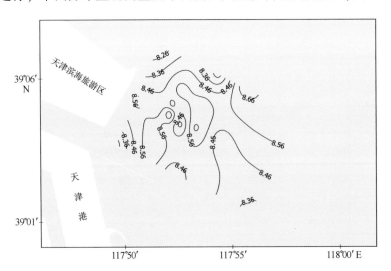

图3-39　海水中溶解氧含量平面分布图（单位：mg/L）（2013年10月）

（6）油类

2013年10月，调查海域水质油类浓度变化范围为0.007 30~0.026 5 mg/L，平均值为0.016 3 mg/L；污染指数范围为0.146~0.530，平均值为0.327，处于"允许"和"影响"状态之间，无站位超标。平面分布呈现由西南向东北逐步降低的趋势（图3-40）。

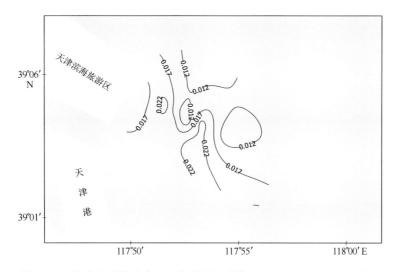

图 3-40　海水中油类浓度平面分布图（单位：mg/L）（2013 年 10 月）

（7）活性磷酸盐

2013 年 10 月，调查海域水质活性磷酸盐浓度变化范围为 0.013 8～0.031 7 mg/L，平均值为 0.022 2 mg/L；污染指数范围为 0.460～1.06，平均值为 0.754，处于"允许"和"轻污染"状态之间，有 3 个站位超标，超标率为 12%；平面分布呈现由预选区域向四周逐步降低的趋势，本次监测海水中活性磷酸盐浓度平面分布见图 3-41。

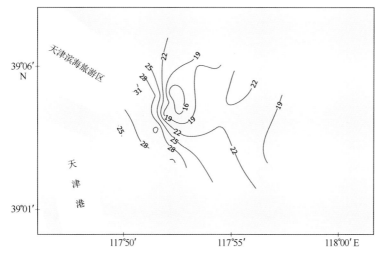

图 3-41　海水中活性磷酸盐浓度平面分布图（单位：mg/L）（2013 年 10 月）

（8）无机氮

2013 年 10 月，调查海域无机氮浓度变化范围为 0.391～0.593 mg/L，平均值为 0.483 mg/L；污染指数范围为 1.30～1.98，平均值为 1.60，处于"轻污染"与"重污染"状态之间，全部站位超过区域第二类海水水质标准要求，超标率为 100%；平面分布呈现由北塘口向东南方向逐步降低的趋势，本次监测海水中无机氮浓度平面分布见图 3-42。

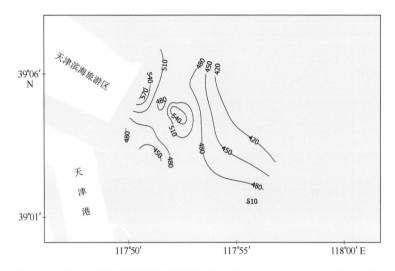

图 3-42　海水中无机氮浓度平面分布图（单位：mg/L）（2013 年 10 月）

（9）铜

2013 年 10 月，调查海域海水中铜浓度变化范围为 1.70～3.92 μg/L，平均值为 2.73 μg/L；污染指数范围为 0.170～0.392，平均值为 0.266，处于"允许"状态，无站位超标；平面分布呈现由西北向东南方向逐步升高的趋势（图 3-43）。

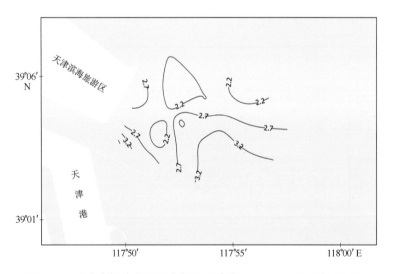

图 3-43　海水中铜浓度平面分布图（单位：μg/L）（2013 年 10 月）

（10）铅

2013 年 10 月，调查海域铅浓度变化范围为 1.39～3.59 μg/L，平均值为 2.11 μg/L；污染指数范围为 0.278～0.718，平均值为 0.419，处于"允许"和"影响"状态之间，无站位超标；平面分布呈现由西北和东南向中间逐步降低的趋势（图 3-44）。

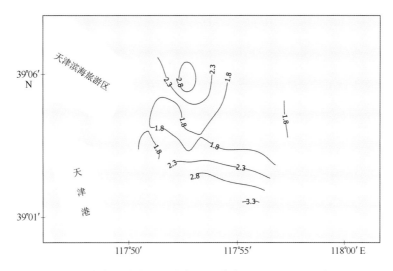

图 3-44　海水中铅浓度平面分布图（单位：µg/L）（2013 年 10 月）

（11）锌

2013 年 10 月，调查海域锌浓度变化范围为 15.3~19.4 µg/L，平均值为 17.0 µg/L；污染指数范围为 0.306~0.388，平均值为 0.340，处于"允许"状态，无站位超标；平面分布呈现由初选区域向东北西南方向逐步降低的趋势（图 3-45）。

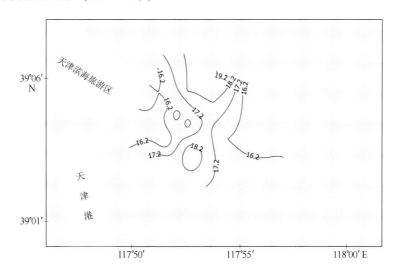

图 3-45　海水中锌浓度平面分布图（单位：µg/L）（2013 年 10 月）

（12）镉

2013 年 10 月，调查海域镉浓度变化范围为 0.096 0~0.146 µg/L，平均值为 0.121 µg/L；污染指数范围为 0.019 2~0.029 2，平均值为 0.024 3，处于"允许"状态，无站位超标；平面分布相对比较均匀，各区域差别不明显（图 3-46）。

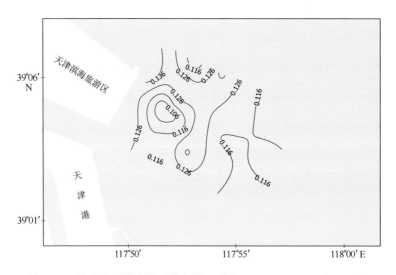

图 3-46　海水中镉浓度平面分布图（单位：μg/L）（2013 年 10 月）

（13）汞

2013 年 10 月，调查海域汞浓度变化范围为 0.008 71~0.079 5 μg/L，平均值为 0.036 8 μg/L；污染指数范围为 0.043 6~0.398，平均值为 0.183，处于"允许"状态，无站位超标；平面分布呈现由西北向东南逐步降低的趋势（图 3-47）。

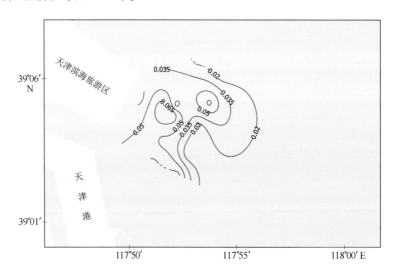

图 3-47　海水中汞浓度平面分布图（单位：μg/L）（2013 年 10 月）

3.5.2　水环境质量变化趋势分析

（1）5 月水环境质量变化趋势

由于 1983 年仅有渤海湾水质监测项目的平均值，因此我们采用 1983 年渤海湾的平均值以及 2011—2013 年相同时段相同海域的监测数据进行对比。对比分析水体中各监测项目的数据

（表 3-22）可知：①区域水环境主要污染因子为无机氮；②海水 pH 值逐年降低，化学需氧量则逐年升高；③溶解氧浓度较 1983 年有所升高，而 2011—2013 年溶解氧浓度逐年降低；④无机氮、油类呈现先升高后降低的趋势，而活性磷酸盐则呈先降低后升高的趋势。

表 3-22 不同年份 5 月监测区域水质数据统计

时间	pH 值	溶解氧 /（mg/L）	化学需氧量 /（mg/L）	无机氮 /（mg/L）	活性磷酸盐 /（mg/L）	油类 /（mg/L）
1983 年 5 月	8.46	6.08	—	0.279	0.019 2	—
2011 年 5 月	8.00	8.38	1.36	0.388	0.009 42	0.032 4
2012 年 5 月	7.89	7.59	1.69	0.695	0.021 0	0.051 7
2013 年 5 月	7.82	6.63	1.72	0.580	0.028 5	0.020 9

（2）8 月水环境质量变化趋势

由于 1983 年仅有渤海湾水质监测项目的平均值，因此我们采用 1983 年渤海湾的平均值进行对比，同时，由于 2010—2012 年 10 月未在相同的监测区域开展监测工作，因此采用 8 月的监测数据进行比对。对比分析各监测项目的数据（表 3-23）可知：①区域水环境主要污染因子为无机氮，呈先升高后降低的趋势；②较 1983 年，海水 pH 值明显降低、溶解氧显著升高；③化学需氧量、无机氮、活性磷酸盐、油类浓度呈现先升高后降低的趋势。

表 3-23 不同年份 8—10 月监测区域水质数据统计

时间	pH 值	溶解氧 /（mg/L）	化学需氧量 /（mg/L）	无机氮 /（mg/L）	活性磷酸盐 /（mg/L）	油类 /（mg/L）
1983 年 10 月	8.41	5.36	—	0.288	0.023 3	—
2010 年 8 月	7.65	6.10	1.56	0.562	0.030 6	0.039 6
2011 年 8 月	7.94	8.55	2.44	0.640	0.034 2	0.052 4
2012 年 8 月	8.18	7.79	2.30	0.520	0.015 1	0.029 8
2013 年 10 月	8.01	8.48	1.61	0.484	0.022 2	0.016 3

3.5.3 水质监测结果小结

天津滨海旅游区海岸修复生态保护项目所在海域两期监测海水水质监测各评价因子标准指数对比图分别见图 3-48 和图 3-49，超标监测因子统计分别见表 3-24 和表 3-25。

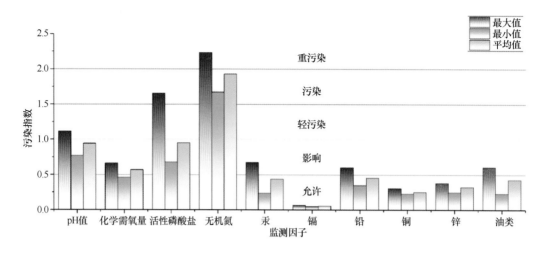

图 3-48　2013 年 5 月水质监测因子污染指数对比

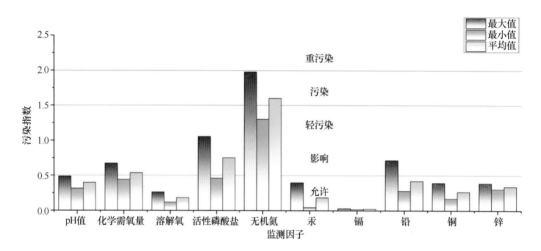

图 3-49　2013 年 10 月水质监测因子污染指数对比

表 3-24　2013 年 5 月水质监测超标因子统计

监测项目	浓度范围	平均值	超第二类海水质量标准 站位比率（%）	备注
pH 值	7.76~7.88	7.82	36	未超过第三类海水水质标准
活性磷酸盐	0.020 3~0.049 7	0.028 5	32	除一个站位外其余站位均未超过第四类海水水质标准
无机氮	0.501 1~0.669 8	0.578 4	100	均超过第四类海水水质标准

表 3-25 2013 年 10 月水质监测超标因子统计

监测项目	浓度范围	平均值	超第二类海水质量标准站位比率（%）	备注
活性磷酸盐	0.013 8~0.031 7	0.022 2	12	三个站位超过第三类海水水质标准，位于第四类海水水质标准要求范围内
无机氮	0.391~0.593	0.483	100	24%站位超过第四类海水水质标准要求

综合对比分析两期海水水质监测结果可知，天津滨海旅游区海岸修复生态保护项目所在海域水质的主要影响因子是无机氮、活性磷酸盐和 pH。其中无机氮是主要污染物，全部站位均超过区域第二类海水水质质量标准要求，最大污染程度是"重污染"，5 月含量全部处于劣四类海水水质范围，10 月 24%站位（6 个站位）处于劣四类海水水质范围；活性磷酸盐含量超标情况相对较轻，5 月有 1个站位超标，10 月时出现了 3 个站位超标的情况；另外 5 月监测海域海水 pH 值出现个别站位略超第二类海水水质质量标准的现象，但均符合第三类海水水质标准。其他监测因子均未超标，符合相应的海洋功能区划要求的第二类海水水质质量标准要求。

3.6 沉积物监测与评价结果

天津滨海旅游区海岸修复生态保护项目主体位于《天津市海洋功能区划（2011—2020 年）》划定的汉沽农渔业区（代码：A1—01）。根据本区的海洋环境保护要求：养殖用海海洋沉积物质量不劣于第一类海洋沉积物质量标准，因此，海洋环境调查评价海洋沉积物质量采用《海洋沉积物质量》（GB 18668—2002）中的第一类海洋沉积物质量标准进行评价。

3.6.1 粒度监测与评价结果

（1）2013 年 5 月粒度监测评价结果

2013 年 5 月监测结果表明，调查海域表层沉积物粒度组分中黏土含量最高，其次为粉砂，全部监测站位沉积物类型均为粉砂质黏土类型。

（2）2013 年 10 月粒度监测评价结果

2013 年 10 月监测结果与 5 月相同，全部监测站位沉积物类型均为粉砂质黏土类型。

3.6.2 沉积物调查结果及监测参数的分布特征

3.6.2.1 2013 年 5 月海洋沉积物监测结果

2013 年 5 月海洋沉积物污染物含量监测结果、污染指数及特征值统计结果分别见表 3-26、表

3-27 和如图 3-50 所示。

表 3-26　海洋沉积物监测结果及特征值统计（2013 年 5 月）

项目	有机碳（×10⁻²）	油类（×10⁻⁶）	汞（×10⁻⁶）	锌（×10⁻⁶）	镉（×10⁻⁶）	铅（×10⁻⁶）	铜（×10⁻⁶）
最大值	0.573	159	0.018 8	65.4	0.143	24.0	33.1
最小值	0.460	94.2	0.013 4	54.6	0.116	20.0	28.0
平均值	0.521	123	0.016 8	59.9	0.130	21.7	30.3

表 3-27　沉积物各监测因子污染指数及特征值统计（2013 年 5 月）

项目	有机碳	油类	汞	锌	镉	铅	铜
最大值	0.287	0.318	0.094 0	0.436	0.286	0.397	0.946
最小值	0.232	0.189	0.067 0	0.365	0.234	0.333	0.800
平均值	0.263	0.250	0.082 0	0.400	0.262	0.362	0.862

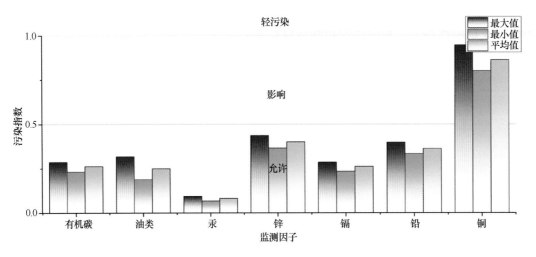

图 3-50　沉积物各项监测因子污染指数统计直方图（2013 年 5 月）

（1）有机碳

2013 年 5 月，调查海域沉积物有机碳含量变化范围为 $0.460 \times 10^{-2} \sim 0.573 \times 10^{-2}$，平均值为 0.521×10^{-2}，污染指数变化范围为 $0.232 \sim 0.287$，有机碳含量平面分布（图 3-51）大致呈现由近岸向外海先升高再降低的趋势；全部站位沉积物中有机碳含量均符合第一类海洋沉积物质量标准的要求。

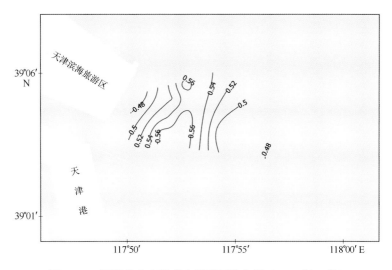

图 3-51　沉积物中有机碳含量平面分布图（2013 年 5 月）

（2）油类

2013 年 5 月，调查海域沉积物中油类含量变化范围为 $94.2 \times 10^{-6} \sim 159 \times 10^{-6}$，平均值为 123×10^{-6}，污染指数变化范围为 $0.189 \sim 0.318$，油类含量平面分布（图 3-52）呈现由近岸向外海逐渐降低趋势，最高含量出现在 P23 号站位，另外 P3 号和 P8 号站位含量稍高，按照海洋功能区划要求，全部站位沉积物中油类含量均符合第一类海洋沉积物质量标准的要求。

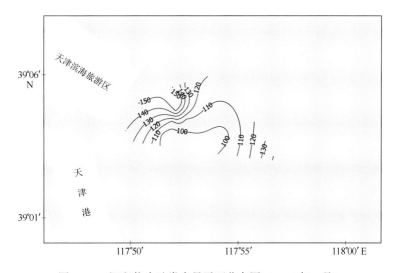

图 3-52　沉积物中油类含量平面分布图（2013 年 5 月）

（3）汞

2013 年 5 月，调查海域沉积物中汞含量变化范围为 $0.013\,4 \times 10^{-6} \sim 0.018\,8 \times 10^{-6}$，平均值为 $0.016\,8 \times 10^{-6}$，污染指数变化范围为 $0.067\,0 \sim 0.094\,0$，汞含量平面分布（图 3-53）大致呈现由近岸向外海先升高再降低的趋势；全部站位沉积物汞含量均符合第一类海洋沉积物质量标准要求。

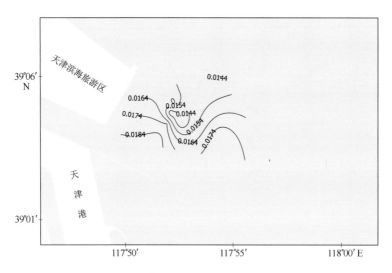

图 3-53　沉积物中汞含量平面分布图（2013 年 5 月）

（4）锌

2013 年 5 月，调查海域沉积物锌含量变化范围为 $54.6\times10^{-6} \sim 65.4\times10^{-6}$，平均值为 59.9×10^{-6}，污染指数变化范围为 0.365~0.436，锌含量平面分布（图 3-54）比较均匀，大致呈现由近岸向外海逐渐降低的趋势；全部站位沉积物中锌含量均符合第一类海洋沉积物质量标准的要求。

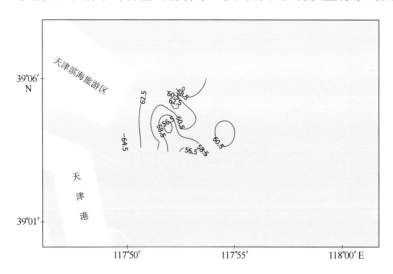

图 3-54　沉积物中锌含量平面分布图（2013 年 5 月）

（5）镉

2013 年 5 月，调查海域沉积物镉含量变化范围为 $0.116\times10^{-6} \sim 0.143\times10^{-6}$，平均值为 0.130×10^{-6}，污染指数变化范围为 0.234~0.286，镉含量平面分布（图 3-55）相对比较均匀；全部站位沉积物中镉含量均符合第一类海洋沉积物质量标准要求。

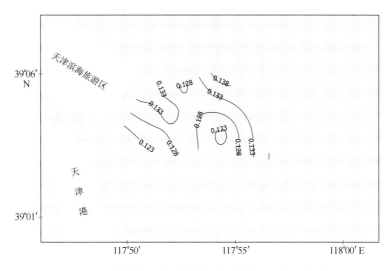

图 3-55　沉积物中镉含量平面分布图（2013 年 5 月）

（6）铅

2013 年 5 月，调查海域沉积物铅含量变化范围为 $20.0 \times 10^{-6} \sim 24.0 \times 10^{-6}$，平均值为 21.7×10^{-6}，污染指数变化范围为 0.333~0.397，铅含量平面分布（图 3-56）大致呈现由岸向外海逐渐升高的趋势；全部站位沉积物中铅含量均符合第一类海洋沉积物质量标准的要求。

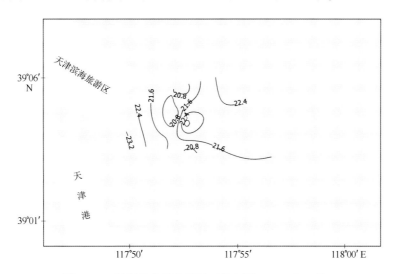

图 3-56　沉积物中铅含量平面分布图（2013 年 5 月）

（7）铜

2013 年 5 月，调查海域沉积物铜含量变化范围为 $28.0 \times 10^{-6} \sim 33.1 \times 10^{-6}$，平均值为 30.3×10^{-6}，污染指数变化范围为 0.800~0.946，铜含量平面分布（图 3-57）比较均匀，是所有监测项目组污染指数相对最高的监测指标，平面分布大致呈现由岸向外海先升高再降低的趋势；全部站位沉积物中铜含量均符合第一类海洋沉积物质量标准的要求。

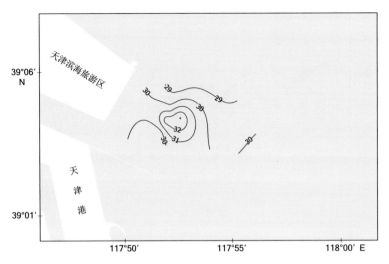

图 3-57　沉积物中铜含量平面分布图（2013 年 5 月）

3.6.2.2　2013 年 10 月海洋沉积物监测结果

2013 年 10 月，调查海域沉积物污染物含量监测结果、污染指数及特征值统计结果分别见表 3-28、表 3-29 和如图 3-58 所示。

表 3-28　沉积物监测结果及特征值统计（2013 年 10 月）

项目	有机碳（×10^{-2}）	油类（×10^{-6}）	汞（×10^{-6}）	镉（×10^{-6}）	铅（×10^{-6}）	铜（×10^{-6}）	锌（×10^{-6}）
最大值	0.563	159	0.0176	0.194	22.8	34.2	70.7
最小值	0.456	91.3	0.0146	0.151	19.9	30.8	57.6
平均值	0.509	115	0.0162	0.171	21.5	32.3	66.7

表 3-29　沉积物各监测因子污染指数及特征值统计（2013 年 10 月）

项目	有机碳	油类	汞	锌	镉	铅	铜
最大值	0.282	0.318	0.088 0	0.471	0.384	0.377	0.974
最小值	0.228	0.184	0.073 5	0.384	0.302	0.333	0.883
平均值	0.253	0.235	0.081 2	0.444	0.339	0.361	0.922

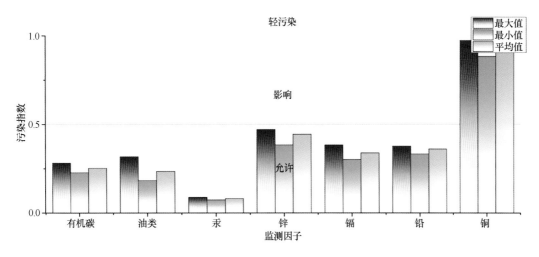

图 3-58　沉积物各项监测因子污染指数统计直方图（2013 年 10 月）

（1）有机碳

2013 年 10 月，调查海域沉积物有机碳含量变化范围为 $0.456 \times 10^{-2} \sim 0.563 \times 10^{-2}$，平均值为 0.509×10^{-2}，污染指数变化范围为 $0.228 \sim 0.282$，有机碳含量平面分布（图 3-59）大致呈现由近岸向外海先升高再降低的趋势；全部站位沉积物中有机碳含量均符合第一类海洋沉积物质量标准的要求。

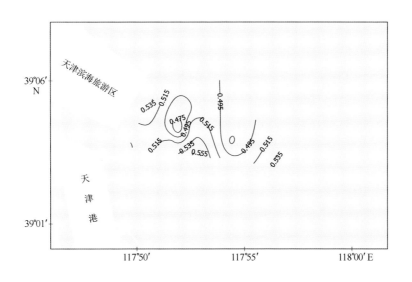

图 3-59　沉积物中有机碳含量平面分布图（2013 年 10 月）

（2）油类

2013 年 10 月，调查海域沉积物中油类含量变化范围为 $91.3 \times 10^{-6} \sim 159 \times 10^{-6}$，平均值为 115×10^{-6}，污染指数变化范围为 $0.184 \sim 0.318$，油类含量平面分布（图 3-60）呈现由近岸向外海逐渐降低趋势，最高含量出现在 P23 号站位，另外 P3 号和 P8 号站位含量稍高，按照海洋功能区划要求，全部站位沉积物中油类含量均符合第一类海洋沉积物质量标准的要求。

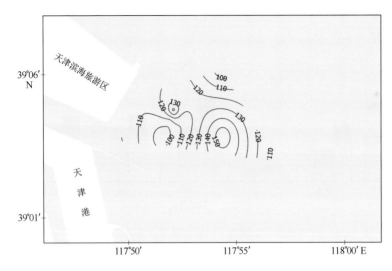

图 3-60　沉积物中油类含量平面分布图（2013 年 10 月）

（3）汞

2013 年 10 月，调查海域沉积物中汞含量变化范围为 $0.014\ 6\times10^{-6}\sim0.017\ 6\times10^{-6}$，平均值为 $0.016\ 2\times10^{-6}$，污染指数变化范围为 $0.073\ 5\sim0.088\ 0$，汞含量平面分布（图 3-61）大致呈现由近岸向外海先升高再降低的趋势；全部站位沉积物汞含量均符合第一类海洋沉积物质量标准要求。

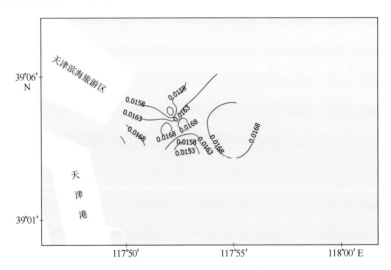

图 3-61　沉积物中汞含量平面分布图（2013 年 10 月）

（4）锌

2013 年 10 月，调查海域沉积物锌含量变化范围为 $57.6\times10^{-6}\sim70.7\times10^{-6}$，平均值为 66.7×10^{-6}，污染指数变化范围为 $0.384\sim0.471$，锌含量平面分布（图 3-62）比较均匀，大致呈现由近岸向外海逐渐降低的趋势；全部站位沉积物中锌含量均符合第一类海洋沉积物质量标准的要求。

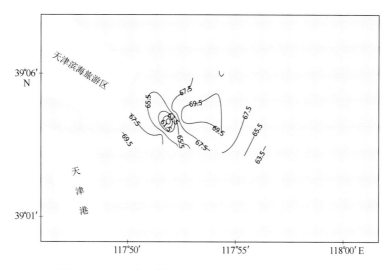

图 3-62　沉积物中锌含量平面分布图（2013 年 10 月）

（5）镉

2013 年 10 月，调查海域沉积物镉含量变化范围为 $0.151 \times 10^{-6} \sim 0.194 \times 10^{-6}$，平均值为 0.171×10^{-6}，污染指数变化范围为 $0.302 \sim 0.384$，镉含量平面分布（图 3-63）相对比较均匀；全部站位沉积物中镉含量均符合第一类海洋沉积物质量标准要求。

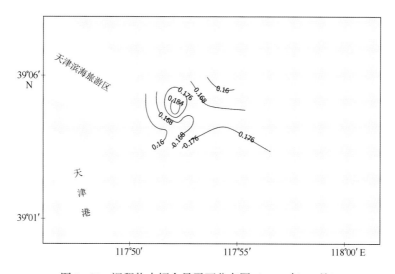

图 3-63　沉积物中镉含量平面分布图（2013 年 10 月）

（6）铅

2013 年 10 月，调查海域沉积物铅含量变化范围为 $19.9 \times 10^{-6} \sim 22.8 \times 10^{-6}$，平均值为 21.5×10^{-6}，污染指数变化范围为 $0.333 \sim 0.377$，铅含量平面分布（图 3-64）大致呈现由西北东南先升高再逐渐降低的趋势；全部站位沉积物中铅含量均符合第一类海洋沉积物质量标准的要求。

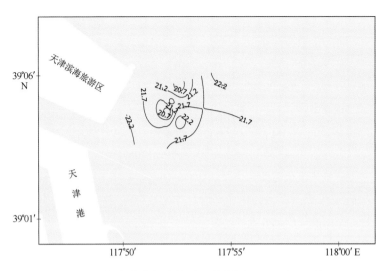

图 3-64　沉积物中铅含量平面分布图（2013 年 10 月）

（7）铜

2013 年 10 月，调查海域沉积物铜含量变化范围为 $30.8 \times 10^{-6} \sim 34.2 \times 10^{-6}$，平均值为 32.3×10^{-6}，污染指数变化范围为 $0.883 \sim 0.974$，铜含量平面分布（图 3-65）比较均匀，是所有监测项目组污染指数相对最高的监测指标，平面分布大致呈现由陆岸向外海先升高再降低的趋势；全部站位沉积物中铜含量均符合第一类海洋沉积物质量标准的要求。

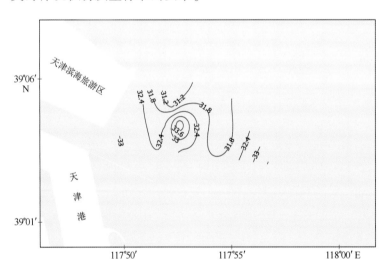

图 3-65　沉积物中铜含量平面分布图（2013 年 10 月）

3.6.3　海洋沉积物质量变化趋势分析

由于 1983 年仅有渤海湾沉积物监测项目的平均值，因此我们采用 1983 年渤海湾的平均值进行对比，由于 2010—2012 年 5 月、10 月未在相同的监测区域开展监测工作，因此仅采用 8 月的监测数据进行比对。对比分析各监测项目的数据（表 3-30）可知：近年来，区域沉积物中有机碳呈现先升高后降低的趋势，油类呈先降低后升高的趋势；重金属汞呈下降的趋势，铜呈现先降低后升高的趋势，铅则呈先升高后降低的趋势。

表 3-30　不同年份 8—10 月监测区域沉积物数据统计

时间	有机碳 （×10^{-2}）	油类 （×10^{-6}）	汞 （×10^{-6}）	铜 （×10^{-6}）	铅 （×10^{-6}）	锌 （×10^{-6}）	镉 （×10^{-6}）
1983 年	0.591	76.4	0.047	25.1	17.2	71.3	0.083
2010 年 8 月	0.742	69.8	0.024 2	—	20.2	56.4	0.115
2011 年 8 月	0.742	27.1	0.030 4	25.9	26.6	75.5	0.157
2012 年 8 月	0.417	32.3	0.021 1	23.7	20.2	71.0	0.126
2013 年 10 月	0.509	115	0.016 2	32.3	21.5	66.7	0.171

3.6.4　沉积环境监测结果小结

根据上述分析可知，天津滨海旅游区海岸修复生态保护项目所在海域 2013 年 5 月海洋沉积环境各监测指标污染程度排序由高至低为：铜、锌、铅、镉、有机碳、油类、汞，10 月时区域海洋沉积环境各监测指标污染程度排序由高到低为：铜、锌、铅、有机碳、镉、油类、汞，总体上污染最重区域位于初步拟选鱼礁投放区域附近海域。

海洋沉积物中各监测项目全部符合第一类海洋沉积物质量标准的要求，但沉积环境中重金属铜含量相对较高，部分站位正在逼近一类海洋沉积物质量标准的界限。由于重金属普遍难降解且易通过食物链传递累积进而对人类食物生态链安全造成一定影响，对此应当引起高度重视，加强监管。

3.7　海洋生物生态现状监测与评价结果

3.7.1　叶绿素 a

（1）2013 年 5 月叶绿素 a 监测结果

2013 年 5 月，调查海域叶绿素 a 含量变化范围为 1.12~4.25 μg/L，平均值为 2.96 μg/L，叶绿素 a 含量平面分布较均匀，低值区主要分布在调查区域的西南部（图 3-66）。参照美国环保局（EPA）的叶绿素 a 含量评价标准，调查海域所有站位均处于贫营养状态。

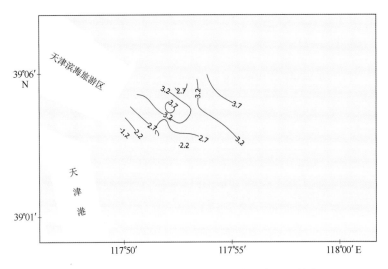

图 3-66　2013 年 5 月表层叶绿素 a 含量分布示意图（单位：μg/L）

（2）2013 年 10 月叶绿素 a 监测结果

2013 年 10 月，调查海域叶绿素 a 含量变化范围为 2.24~4.25 μg/L，平均值为 3.35 μg/L，叶绿素 a 含量平面分布较均匀，低值区主要分布在调查区域的中部（图 3-67）。参照美国环保局（EPA）的叶绿素 a 含量评价标准，调查海域所有站位均处于贫营养状态。

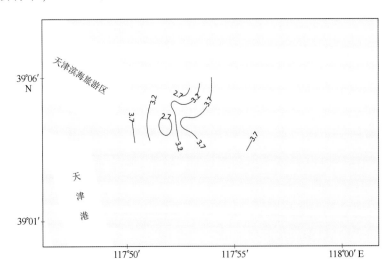

图 3-67　2013 年 10 月表层叶绿素 a 含量分布示意图（单位：μg/L）

（3）叶绿素 a 监测结果小结

2013 年调查海域表层水体中叶绿素 a 含量平面分布较均匀，调查区域均处于贫营养状态，含量低值区主要分布在调查区域的西南部和中部海域（图 3-68）。

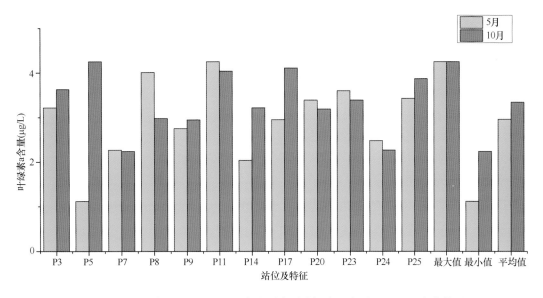

图 3-68　2013 年 5 月和 10 月两次监测表层叶绿素 a 含量（μg/L）变化状况

3.7.2　浮游植物

3.7.2.1　2013 年 5 月浮游植物监测结果

（1）种类组成与生态特点

2013 年 5 月对天津滨海旅游区近岸海域进行的调查中，共鉴定出浮游植物 2 门 16 种（包括未定名种），其中硅藻 15 种，占种类组成的 93.8%；甲藻 1 种，占种类组成的 6.2%。

从本次调查浮游植物种类组成来看，浮游植物的主要类群为圆筛藻属和角毛藻，各占总种类数量的 18.8%。本次调查出现的浮游植物基本上属于广温沿岸种类，表明该海域浮游植物生态属性为广温近岸型（附录 1）。

（2）优势种

5 月调查（表 3-31）出现的浮游植物优势种有 3 种，分别为虹彩圆筛藻、格氏圆筛藻和巨圆筛藻，全部属于硅藻门圆筛藻属。其中虹彩圆筛藻优势度最高，出现频率为 100%，其单种总密度为 34.7×10⁴ cells/m³，占总密度的 44.2%；其次为格氏圆筛藻，出现频率为 100%，其单种总密度为 13.1×10⁴ cells/m³，占总密度的 16.7%；巨圆筛藻优势度最小，出现频率为 50%，其单种总密度为 13.9×10⁴ cells/m³，占总密度的 17.7%。这 3 种优势种优势度相差不大，表明单一优势种不突出。

表 3-31　2013 年 5 月监测时浮游植物优势种及其优势度

优势种	出现频率（%）	优势度	平均密度/（×10⁴cells/m³）
虹彩圆筛藻 *Coscinodiscus oculusiridis*	100	0.442	2.89
格氏圆筛藻 *Coscinodiscus granii*	100	0.167	1.09
巨圆筛藻 *Coscinodiscus gigas*	50	0.088	1.15

（3）浮游植物种群密度水平分布

5 月，天津市近岸海域浮游植物平均密度为 6.54×10⁴ cells/m³，各站位数量波动范围为 2.00×10⁴ ~ 15.3×10⁴ cells/m³，各站位浮游植物密度差异不明显，浮游植物种群密度高值区主要分布在监测海域的南部区域（图 3-69）。

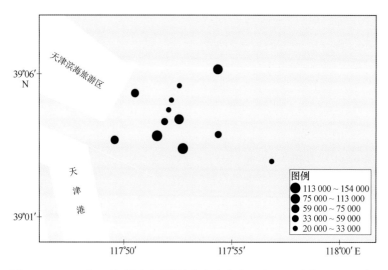

图 3-69　2013 年 5 月监测时浮游植物密度分布示意图（单位：cells/m³）

（4）浮游植物群落特征指数

2013 年 5 月调查海域浮游植物多样性指数平均为 1.81，各站位波动范围为 0.97~2.57，最大值出现在 P20 号站，最小值出现在 P7 号站；均匀度平均值为 0.75，各站位波动范围为 0.59~0.92，最大值出现在 P20 号站，最小值出现在 P5 号站；站位浮游植物优势度平均值为 0.74，各站位波动范围为 0.50~0.96，最大值出现在 P7 号站，最小值出现在 P20 号站；浮游植物丰度平均值为 0.29，各站位波动范围为 0.13~0.48，最大值出现在 P9 号站，最小值出现在 P7 号站（表 3-32 和图 3-70）。综合来看，P7、P8、P5、P17 等站位多样性指数、均匀度和丰度处于较低水平，站位优势度较高，主要是由于监测站位种类数偏少且圆筛藻优势突出，种间分布欠均匀所致。P20、P24、P9、P25 等站位情况相对较好，优势种优势不明显，种间分布较均匀，多样性相对较高。

表 3-32　2013 年 5 月监测时浮游植物群落各项指标

站位	单站位种数	密度 /(×10⁴ cells/m³)	多样性指数	均匀度	站位优势度	丰度
最大值	9	15.3	2.57	0.92	0.96	0.48
最小值	3	2.00	0.97	0.59	0.50	0.13
平均值	6	6.54	1.81	0.75	0.74	0.29

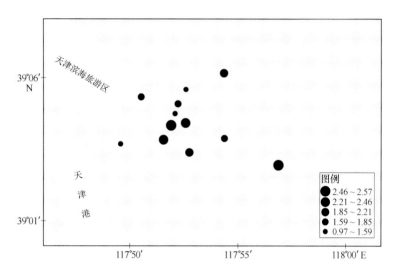

图 3-70　2013 年 5 月监测时浮游植物多样性分布示意图

3.7.2.2　2013 年 10 月浮游植物监测结果

（1）种类组成与生态特点

2013 年 10 月对天津滨海旅游区近岸海域进行的调查中，共鉴定出浮游植物 2 门 35 种（包括未定名种），其中硅藻 27 种，占种类组成的 77.1%；甲藻 8 种，占种类组成的 22.9%。

从本次调查浮游植物种类组成来看，浮游植物的主要类群为角毛藻，占总种类数量的 25.7%。本次调查出现的浮游植物基本上属于广温沿岸种类，表明该海域浮游植物生态属性为广温近岸型（附录 1）。

（2）优势种

10 月调查出现的浮游植物优势种有 7 种，分别为浮动弯角藻、虹彩圆筛藻、并基角毛藻、旋链角毛藻、圆海链藻、中肋骨条藻和尖刺菱形藻，均属于硅藻门（表 3-33）。7 种优势种中浮动弯角藻优势度最高，出现频率为 100%，其单种总密度为 3 980×10⁴ cells/m³，占总密度的 50.9%，在浮游植物细胞数量上占有绝对优势；其次为虹彩圆筛藻，出现频率为 100%，其单种总密度为 688×10⁴ cells/m³，占总密度的 8.8%；其他优势种按优势度排序依次为并基角毛藻、旋链角毛藻、圆海链藻、中肋骨条藻和尖刺菱形藻。

表 3-33　2013 年 10 月浮游植物优势种及其优势度

优势种	出现频率（%）	优势度	平均密度/（×10⁴ cells/m³）
浮动弯角藻 *Eucampia zoodiacus*	100	0.509	331
虹彩圆筛藻 *Coscinodiscus oculusiridis*	100	0.088	57.3
并基角毛藻 *Chaetoceros decipiens*	100	0.084	55.0
旋链角毛藻 *Chaetoceros curvisetus*	100	0.071	46.4
圆海链藻 *Thalassiosira rotula*	100	0.047	30.7
中肋骨条藻 *Skeletonema costatum*	66.7	0.029	28.4
尖刺菱形藻 *Nitzschia pungens*	83.3	0.025	19.7

（3）浮游植物种群密度水平分布

10 月，监测海域浮游植物平均密度为 651×10⁴ cells/m³，各站位数量波动范围为 285×10⁴ ~ 1 120×10⁴ cells/m³，各站位浮游植物密度差异不明显，浮游植物种群密度高值区主要分布在监测海域的中部区域（图 3-71）。

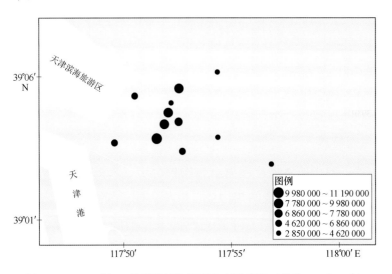

图 3-71　2013 年 10 月浮游植物密度分布示意图（单位：cells/m³）

（4）浮游植物群落特征指数

2013 年 10 月调查海域浮游植物多样性指数平均为 2.61，各站位波动范围为 2.12~3.37，最大值出现在 P5 号站，最小值出现在 P9 号站；均匀度平均值为 0.61，各站位波动范围为 0.52~0.75，最大值出现在 P20 号站，最小值出现在 P5 号站；站位浮游植物优势度平均值为 0.63，各站位波动范围为 0.43~0.72，最大值出现在 P7 号站，最小值出现在 P5 号站；浮游植物丰度平均值为 0.84，各站位波动范围为 0.63~1.06，最大值出现在 P3 号站，最小值出现在 P23 号站（表 3-34 和图 3-72）。综合来看，P23、P24、P9、P17 等站位多样性指数、均匀度和丰度处于相对较低水平，站位优势度较高，主要是由于监测站位种类数偏少且优势种优势突出，种间分布欠均匀所致。P5、P14、P11 等站位情况相对较好，优势种优势不明显，种间分布较均匀，多样性相对较高。根据《滨海湿地生态监测技术规程》（HY/T 080—2005）可知，本次调查浮游动物群落多样性指数处于中等水平。

表 3-34 2013 年 10 月浮游植物群落各项指标

站位	单站位 种数	密度 /($\times 10^4$ cells/m³)	多样性 指数	均匀度	站位优 势度	丰度
最大值	25	1 118	3.37	0.75	0.72	1.06
最小值	15	285	2.12	0.52	0.43	0.63
均值	20	651	2.61	0.61	0.63	0.84

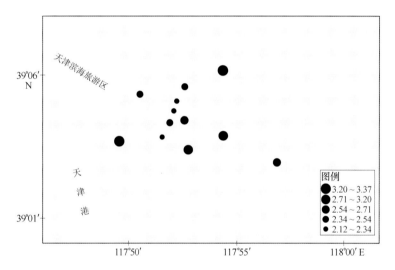

图 3-72 2013 年 10 月监测时浮游植物多样性分布示意图

3.7.2.3 浮游植物监测小结

2013 年 5 月调查海域共鉴定出浮游植物 2 门 16 种（包括未定名种），其中硅藻 15 种，生态属性为广温近岸型；优势种主要为虹彩圆筛藻、格氏圆筛藻和巨圆筛藻，全部属于硅藻门圆筛藻属；细胞数量平均为 6.54×10^4 cells/m³，高值区主要分布在监测海域的南部区域；浮游植物多样性指数处于中等水平。

2013 年 10 月调查海域共鉴定出浮游植物 2 门 35 种（包括未定名种），其中硅藻 27 种，生态属性为广温近岸型；优势种主要为浮动弯角藻、虹彩圆筛藻、并基角毛藻、旋链角毛藻、圆海链藻、中肋骨条藻和尖刺菱形藻；细胞数量为 651×10^4 cells/m³，高值区主要分布在监测海域的中部区域；浮游植物多样性指数处于中等水平。

　　两次监测结果表明，10 月浮游植物不论是种类还是数量均明显比 5 月多，但两次监测均呈现个别站位由于监测站位种类数偏少且优势种优势突出种间分布欠均匀所致而造成的多样性指数、均匀度和丰度处于相对较低水平、站位优势度较高的现象；两次监测显示天津滨海旅游区海岸修复生态保护项目所在海域浮游植物群落多样性指数处于均处于中等水平。

3.7.3　浮游动物

3.7.3.1　2013 年 5 月浮游动物监测结果

（1）种类组成

　　2013 年 5 月调查海域共鉴定出浮游动物 5 大类 20 种，其中桡足类 7 种，占种类组成的 35%；水母类 3 种，占种类组成的 15%；糠虾类和毛颚类各 1 种，分别占种类组成的 5%；浮游幼虫 8 类，占种类组成的 40%（图 3-73，附录 2）。由此可知浮游动物的主要类群为桡足类、浮游幼虫和水母类。

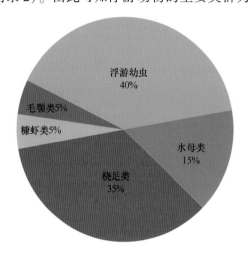

图 3-73　2013 年 5 月监测时浮游动物种类组成百分比示意图

（2）优势种

　　2013 年 5 月调查海域浮游动物优势种及其优势度见表 3-35，调查海域浮游动物优势种有 5 种（类），具体为双毛纺锤水蚤、强壮箭虫、太平洋纺锤水蚤、小拟哲水蚤和短尾类溞状幼虫。其中双毛纺锤水蚤优势度最高，平均密度为 408.3 ind/m³，占总密度的 70.16%；其次为强壮箭虫，平均密度为 84.9 ind/m³，占总密度的 14.58%；短尾类溞状幼虫为第三优势种类，平均密度为 21.5 ind/m³，占总密度的 3.69%。本次调查海域双毛纺锤水蚤占浮游动物总密度的比例较大，表明单一优势种较突出。

表 3-35   2013 年 5 月调查海域浮游动物优势种

优势种	出现频率（%）	优势度	平均密度/（ind/m³）
双毛纺锤水蚤 *Acartia bifilosa*	100	0.702	408.3
强壮箭虫 *Sagitta crassa*	100	0.146	84.9
短尾类溞状幼虫 *Brachyura zoea larva*	100	0.037	21.5
太平洋纺锤水蚤 *Acartia pacifica*	50.0	0.030	20.9
小拟哲水蚤 *Paracalanus parvus*	91.7	0.026	16.8

（3）浮游动物湿重生物量水平分布

2013 年 5 月，调查海域浮游动物平均生物量为 226.0 mg/m³，各站位数量波动范围为 90.8~441.0 mg/m³，生物量最大值出现在 P5 号站，最小值出现在 P3 号站；浮游动物生物量高值区主要分布在调查海域的西南部，低值区主要分布在西北部海域（图 3-74）。

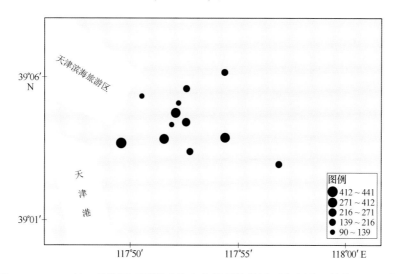

图 3-74   2013 年 5 月监测时浮游动物生物量等值线平面分布图（单位：mg/m³）

（4）浮游动物种群密度水平分布

2013 年 5 月，调查海域浮游动物平均密度为 582.0 ind/m³，各站位数量波动范围为 133.6~1 386.4 ind/m³，各站位浮游动物密度差异较大，高值区主要分布在调查海域北部，低值区主要分布在西北部和东部海域；数量最多出现在 P23 号站，这主要由于出现了大量的双毛纺锤水蚤，该站位双毛纺锤水蚤密度高达 1 184.1 ind/m³；数量最少出现在 P3 号站（图 3-75）。浮游动物各类群密度组成百分比分别为：水母类占总密度的 1.26%，桡足类占 78.87%，毛颚类占 14.58%，糠虾类占 0.31%，浮游幼虫类占 4.98%，由此可知桡足类和强壮箭虫是本次调查海域浮游动物密度的重要组成部分。

（5）浮游动物群落特征指数

2013 年 5 月监测时浮游动物多样性指数平均为 1.67，各站位波动范围为 0.99~2.32，最大值出现在 P11 号站，最小值出现在 P23 号站；多样性指数高值区主要分布在调查海域东部，低值区主要分布在西北部 P23 号站位附近海域（图 3-76）。均匀度平均值为 0.50，各站位波动范围为 0.29~0.67，最大值出现在 P11 号站，最小值出现在 P23 号站；浮游动物站位优势度平均值为 0.83，各站位波动范围为 0.72~0.92，最大值出现在 P14 号站，最小值出现在 P11 号站；浮游动物丰度平均值为 1.04，各站位波动范围为 0.62~1.43，最大值出现在 P17 号站，最小值出现在 P5 号站（表 3-36）。多样性指数和均匀度指数最小值均出现在 P23 号站，主要因为双毛纺锤水蚤的优势突出，其密度占该站位密度的 85.41%，物种分布较不均匀，故多样性指数和均匀度均为最低值。根据《滨海湿地生态监测技术规程》（HY/T 080—2005）可知，本次调查浮游动物群落多样性指数处于较差水平。

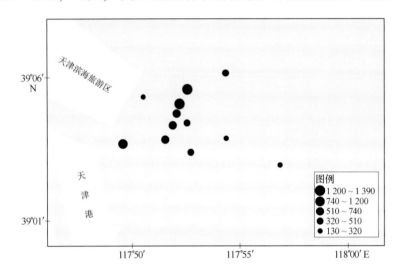

图 3-75　2013 年 5 月浮游动物种群密度等值线平面分布图（单位：ind/m³）

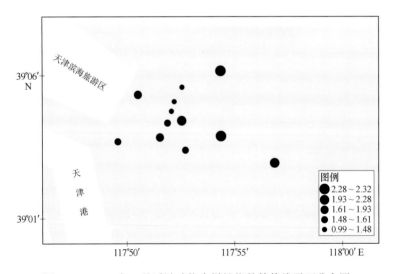

图 3-76　2013 年 5 月浮游动物多样性指数等值线平面分布图

表 3-36 2013 年 5 月浮游动物群落各项指标

项目	单站位种数	密度/(ind/m³)	生物量/(mg/m³)	丰度	多样性指数	均匀度	站位优势度
最大值	12	1 386.4	441.0	1.43	2.32	0.67	0.92
最小值	7	133.6	90.8	0.62	0.99	0.29	0.72
平均值	—	582.0	226.0	1.04	1.67	0.50	0.83

3.7.3.2 2013 年 10 月浮游动物监测结果

(1) 种类组成

2013 年 10 月调查海域共鉴定出浮游动物 5 大类 14 种，其中桡足类 5 种，占种类组成的 35.7%；水母类 2 种，占种类组成的 14.3%；毛颚类和被囊类各 1 种，分别占种类组成的 7.1%；浮游幼虫 5 类，占种类组成的 35.7%（图 3-77，附录 2）。由此可知浮游动物的主要类群为桡足类、浮游幼虫和水母类。

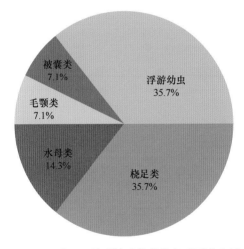

图 3-77 2013 年 10 月浮游动物种类组成百分比示意图

(2) 优势种

2013 年 10 月调查海域浮游动物优势种及其优势度见表 3-37，调查海域浮游动物优势种有 4 种（类），具体为强壮箭虫、异体住囊虫、小拟哲水蚤和多毛类幼体。其中强壮箭虫优势度最高，平均密度为 24.2 ind/m³，其单种密度占总密度的 39.7%；其次为异体住囊虫，平均密度为 13.4 ind/m³，其单种密度占总密度的 22.0%；小拟哲水蚤为第三优势种类，平均密度为 10.4 ind/m³，其单种密度占总密度的 17.0%。本次调查海域第一、第二、第三优势种占浮游动物总密度的比例相差不大，表明调查海域单一优势种不突出。

表 3-37　2013 年 10 月调查海域浮游动物优势种

优势种	出现频率（%）	优势度	平均密度/（ind/m³）
强壮箭虫 *Sagitta crassa*	100	0.397	24.2
异体住囊虫 *Oikopleura dioica*	100	0.220	13.4
小拟哲水蚤 *Paracalanus parvus*	100	0.170	10.4
多毛类幼虫 *Polychaeta larva*	83.3	0.057	4.16

（3）浮游动物湿重生物量水平分布

2013 年 10 月，调查海域浮游动物平均生物量为 60.2 mg/m³，各站位数量波动范围为 26.6～90.8 mg/m³，生物量最大值出现在 P5 号站，最小值出现在 P3 号站；浮游动物生物量高值区主要分布在调查海域的西南部和东北部，低值区主要分布在中部海域（图 3-78）。

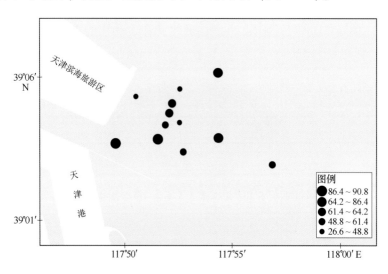

图 3-78　2013 年 10 月浮游动物生物量等值线平面分布图（单位：mg/m³）

（4）浮游动物种群密度水平分布

2013 年 10 月，调查海域浮游动物平均密度为 61.1 ind/m³，各站位数量波动范围为 25.5～91.5 ind/m³，数量最多出现在 P5 号站，数量最少出现在 P3 号站。除 P3 和 P7 号站密度较小外，其他各站位浮游动物密度差异不明显，高值区主要分布调查海域的西南部和东北部，低值区主要分布在西北部海域（图 3-79）。统计表明，强壮箭虫、被囊类和桡足类是本次调查海域浮游动物密度的重要组成部分。

（5）浮游动物群落特征指数

本次调查浮游动物多样性指数平均为 2.29，各站位波动范围为 1.87～2.67，最大值出现在 P8 号站，最小值出现在 P3 号站；多样性指数分布较为均匀，调查海域南部多样性指数较高（图 3-80）。均匀度平均值为 0.80，各站位波动范围为 0.72～0.89，最大值出现在 P7 号站，最小值出现在 P9 号站；浮游动物站位优势度平均值为 0.65，各站位波动范围为 0.56~0.75，最大值出现在 P3 号站，最小值出现在 P8 号站；浮游动物丰度平均值为 1.12，各站位波动范围为 0.76~1.46，最大值出现在 P17 号站，最小值出现在 P7 号站（表 3-38）。多样性指数最小值和站位优势度的最大值均出现在 P3 号站，主要因为该站浮游动物种类偏少，密度偏小，且强壮箭虫优势突出所致。根据《滨海湿地生态监测技术规程》（HY/T 080—2005）可知，本次调查浮游动物群落多样性指数处于中等水平。

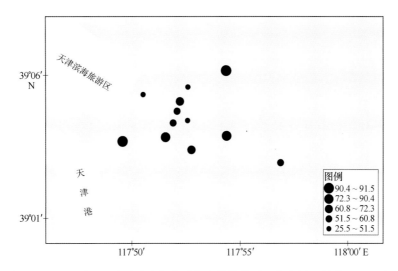

图 3-79　2013 年 10 月浮游动物种群密度等值线平面分布图（单位：ind/m^3）

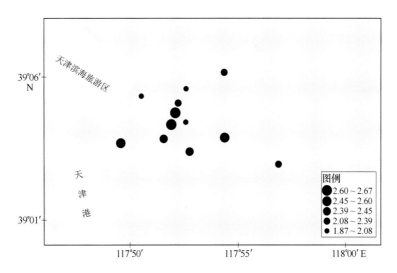

图 3-80　2013 年 10 月浮游动物多样性指数等值线平面分布图

表 3-38　2013 年 10 月浮游动物群落各项指标

项目	单站位种数	密度/(ind/m^3)	生物量/(mg/m^3)	丰度	多样性指数	均匀度	站位优势度
最大值	10	91.5	90.8	1.46	2.67	0.89	0.75
最小值	5	25.5	26.6	0.76	1.87	0.72	0.56
平均值	8	61.1	60.2	1.12	2.29	0.80	0.65

3.7.3.3 浮游动物监测小结

2013 年 5 月调查海域共鉴定出浮游动物 5 大类 20 种，优势种主要为双毛纺锤水蚤、强壮箭虫、太平洋纺锤水蚤、小拟哲水蚤和短尾类溞状幼虫；平均密度为 582.0 ind/m³，高值区主要分布在调查海域北部，低值区主要分布在西北部和东部海域；平均生物量为 226.0 mg/m³；高值区主要分布在调查海域的西南部，低值区主要分布在西北部海域；浮游动物多样性指数处于较差水平。

2013 年 10 月调查海域共鉴定出浮游动物 5 大类 14 种，优势种主要为强壮箭虫、异体住囊虫、小拟哲水蚤和多毛类幼体；平均密度为 61.1 ind/m³，高值区主要分布在调查海域北部，低值区主要分布在西北部和东部海域；平均生物量为 60.2 mg/m³，高值区主要分布在调查海域的西南部和东北部，低值区主要分布在中部海域；浮游动物群落多样性指数处于中等水平。

两次监测结果表明，5 月浮游动物不论是种类还是数量均明显比 10 月多，两次监测均发现浮游动物生物量高值区主要分布在调查海域的西南部，而 5 月天津滨海旅游区海岸修复生态保护项目西北部海域和 10 月的中部海域浮游动物生物量相对较低，并且个别站位由于个别突出优势种优势非常突出导致站位所在区域浮游动物种类偏少。5 月浮游动物多样性指数处于较差水平，10 月处于中等水平。

3.7.4 大型底栖生物

3.7.4.1 2013 年 5 月大型底栖生物监测结果

（1）种类组成与生态特点

2013 年 5 月，调查海域共鉴定出大型底栖生物 4 门 34 种（含部分属以上种类）；其中软体动物 15 种，占种类组成的 44.1%；环节动物 10 种，占种类组成的 29.4%；节肢动物 6 种，占种类组成的 17.7%；其他门 3 种（棘皮动物 2 种，纽形动物 1 种），占种类组成的 8.8%（附录 3，图 3-81）。大型底栖生物种类组成以近岸暖水性种类为主。

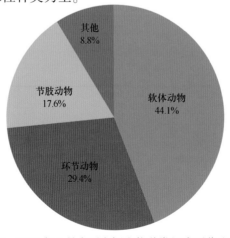

图 3-81 2013 年 5 月大型底栖生物种类组成百分比示意图

（2）优势种

2013 年 5 月调查海域大型底栖生物优势种主要为光滑河蓝蛤和凸壳肌蛤，均属软体动物。其中，光滑河蓝蛤在大型底栖生物中占较大优势，单站最高密度达到 11 280 ind/m²。监测优势种出现频率及优势度统计见表 3-39。

表 3-39　2013 年 5 月大型底栖生物优势种及其优势度

优势种	测站出现频率 f_i（%）	优势度	平均密度/（ind/m²）
光滑河蓝蛤 *Potamocorbula laevis*	41.7	0.250	972.5
凸壳肌蛤 *Musculista senhausia*	25.0	0.042	273.3

（3）大型底栖生物种群密度的水平分布

2013 年 5 月，调查海域大型底栖生物平均密度为 1 618 ind/m²，各站位数量波动范围为 95~12 330 ind/m²（图 3-82），P8 和 P5 站位由于光滑河蓝蛤和凸壳肌蛤的大量出现，导致两站位大型底栖生物密度远大于其他监测站位，其密度分别为 12 330 ind/m² 和 3 165 ind/m²。

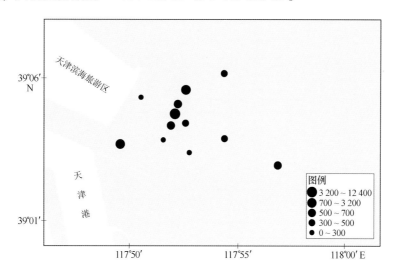

图 3-82　2013 年 5 月监测时大型底栖生物密度分布趋势（单位：ind/m²）

（4）大型底栖生物生物量的水平分布

2013 年 5 月，调查海域大型底栖生物平均生物量为 102.173 5 g/m²，各站位数量波动范围为 0.829 0~413.061 5 g/m²，受光滑河蓝蛤和凸壳肌蛤大量出现的影响，P8 和 P5 站位生物量较大，部分站位间生物量差异明显（图 3-83）。

（5）大型底栖生物群落特征指数

2013 年 5 月，大型底栖生物多样性指数平均为 2.22，各站位波动范围为 0.60~3.49，部分站位多样性指数偏低（图 3-84）；均匀度平均值为 0.69，各站位波动范围为 0.19~0.94，各站种间分布不均匀；站位优势度平均值为 0.64，各站位波动范围为 0.29~0.96，部分站位优势度过于明显；丰

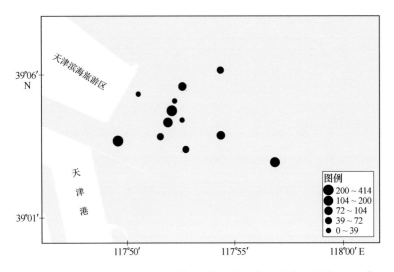

图 3-83　2013 年 5 月监测大型底栖生物生物量分布趋势（单位：g/m²）

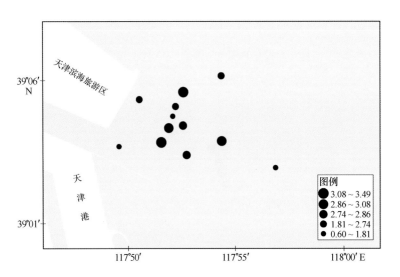

图 3-84　2013 年 5 月大型底栖生物多样性指数等值线平面分布图

度平均值为 1.00，波动范围为 0.46~1.56，部分站位丰度相对偏低（表 3-40）。

表 3-40　2013 年 5 月大型底栖生物群落各项指标

站号	单站位种数	密度/(ind/m²)	生物量/(g/m²)	丰度	多样性指数	均匀度	站位优势度
最大值	13	12 330	413.061 5	1.56	3.49	0.94	0.96
最小值	4	95	0.829 0	0.46	0.60	0.19	0.29
平均值	10	1 618	102.173 5	1.00	2.22	0.69	0.64

综合各项指标，2013 年 5 月监测时大型底栖生物整体状况一般，部分站位多样性和均匀度偏低，

优势度过高，群落结构不稳定。根据《滨海湿地生态监测技术规程》（HY/T 080—2005）可知，5 月大型底栖生物物种多样性处于中等水平。大型底栖生物群落结构特性与光滑河蓝蛤和凸壳肌蛤在部分站位的大量出现有密切关系。

3.7.4.2 2013 年 10 月大型底栖生物监测结果

（1）种类组成与生态特点

2013 年 10 月，调查海域共鉴定出大型底栖生物 7 门 29 种（含部分属以上种类）；其中软体动物 10 种，占种类组成的 34.5%；环节动物 9 种，占种类组成的 31.0%；节肢动物 5 种，占种类组成的 17.2%；其他门 5 种（棘皮动物和脊椎动物各 2 种，纽形动物 1 种），占种类组成的 17.2%（附录 3，图 3-85）。大型底栖生物种类组成以近岸暖水性种类为主。

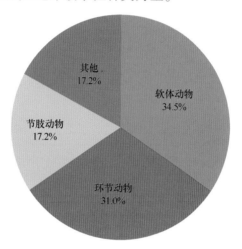

图 3-85 2013 年 10 月大型底栖生物种类组成百分比示意图

（2）优势种

2013 年 10 月调查海域大型底栖生物优势种主要为光滑河蓝蛤、微角齿口螺、圆筒原盒螺，均属于软体动物门。其中，光滑河蓝蛤在大型底栖生物中均占较大优势，单种密度占大型底栖生物总密度的 44.6%，单站最高密度达到 1 590 ind/m²。对本次监测优势种出现频率及优势度统计见表 3-41。

表 3-41 2013 年 10 月大型底栖生物优势种及其优势度

优势种	测站出现频率 f_i（%）	优势度	平均密度/（ind/m²）
光滑河蓝蛤 *Potamocorbula laevis*	33.3	0.145	142.1
微角齿口螺 *Odostomia subangulata*	50.0	0.034	22.5
圆筒原盒螺 *Eocylichna braunsi*	42.7	0.022	17.5

（3）大型底栖生物种群密度的水平分布

2013年10月，监测海域大型底栖生物平均密度为327 ind/m²，各站位数量波动范围为100~1 710 ind/m²（图3-86），P3站位由于光滑河蓝蛤的大量出现，导致该站位大型底栖生物密度远大于其他监测站位。

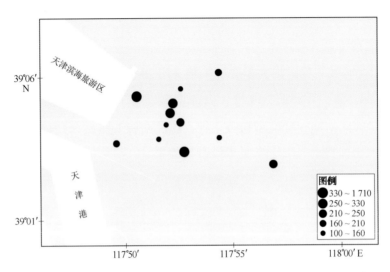

图3-86　2013年10月大型底栖生物密度分布趋势图（单位：ind/m²）

（4）大型底栖生物生物量的水平分布

2013年10月，调查海域大型底栖生物平均生物量为86.336 9 g/m²，各站位数量波动范围为0.743 0~667.528 5 g/m²，受光滑河蓝蛤大量出现的影响，P3站位生物量较大，部分站位间生物量差异明显（图3-87）。

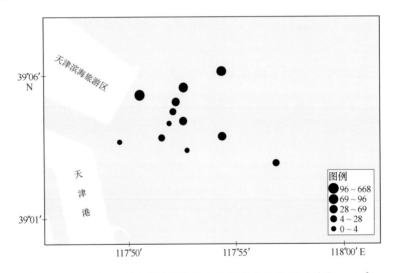

图3-87　2013年10月大型底栖生物生物量分布趋势图（单位：g/m²）

（5）大型底栖生物群落特征指数

2013年10月大型底栖生物多样性指数平均为2.41，各站位波动范围为0.52~3.14，P3站位受光滑河蓝蛤影响，多样性指数远低于其他站位；均匀度平均值为 0.80，各站位波动范围为 0.19～0.94；站位优势度平均值为 0.59，各站位波动范围为 0.34～0.96，部分站位优势度较明显；丰度平均值为 0.92，波动范围为 0.56～1.26，部分站位丰度偏低（表 3-42）。

表 3-42　2013 年 10 月大型底栖生物群落各项指标

站号	单站位种数	密度/(ind/m²)	生物量/(g/m²)	丰度	多样性指数	均匀度	站位优势度
最大值	10	1 710	667.528 5	1.26	3.14	0.94	0.96
最小值	6	100	0.743 0	0.56	0.52	0.19	0.34
平均值	8	327	86.336 9	0.92	2.41	0.80	0.59

综合各项指标，10 月大型底栖生物整体状况一般，受光滑河蓝蛤大量出现影响，P3 站位多样性和均匀度较低，优势度过高，其他站位情况相对较好（图 3-88）。根据《滨海湿地生态监测技术规程》（HY/T 080—2005）可知，10 月大型底栖生物物种多样性指数处于中等水平。

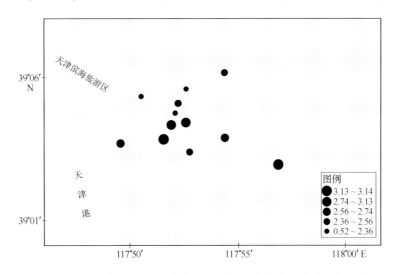

图 3-88　2013 年 10 月大型底栖生物多样性指数等值线平面分布图

3.7.4.3　大型底栖生物监测小结

2013 年 5 月调查海域共鉴定出大型底栖生物 4 门 34 种，优势种主要为光滑河蓝蛤和凸壳肌蛤；平均密度和生物量分别为 1 618 ind/m² 和 102.173 5 g/m²；底栖生物多样性指数处于中等水平。

2013 年 10 月调查海域共鉴定出大型底栖生物 7 门 29 种，优势种主要为光滑河蓝蛤、微角齿口螺、圆筒原盒螺；平均密度和生物量分别为 327 ind/m² 和 86.336 9 g/m²；底栖生物多样性指数处于中等水平。

综合以上两期监测结果可知，调查海域共鉴定出大型底栖生物6门44种，种类组成以近岸暖水性种类为主；优势种主要为软体动物；多样性指数均处于中等水平；调查结果表明本海域大型底栖生物群落组成属于较典型的天津海域种类组成，所调查海域大型底栖生物无论从种类组成、密度和生物量以及空间分布来看，未出现异常现象。

3.7.5　海洋生物生态变化趋势分析

（1）浮游植物

2011年5月至2013年5月，监测海域浮游植物多样性指数、丰度均呈现下降的趋势，均匀度、站位优势度呈升高的趋势（表3-43）。2010年至2013年8—10月，监测海域浮游植物多样性指数、丰度、优势度呈现先下降后升高的趋势，均匀度呈先升高后降低的趋势。

表3-43　不同年份浮游植物群落年际变化

年份	5月				8—10月			
	多样性指数	丰度	均匀度	站位优势度	多样性指数	丰度	均匀度	站位优势度
2010	—	—	—	—	1.73	0.51	0.51	0.79
2011	2.97	0.84	0.47	0.66	1.26	0.30	0.91	0.65
2012	2.58	0.72	0.66	0.66	0.98	0.31	0.96	0.26
2013	1.81	0.29	0.75	0.74	2.61	0.84	0.61	0.63

（2）浮游动物

2011年5月至2013年5月，监测海域浮游动物多样性指数、丰度、均匀度均呈现下降的趋势，站位优势度呈升高的趋势（表3-44）。2010年至2013年8—10月，监测海域浮游动物多样性指数、丰度呈先升高后降低的趋势，优势度呈现先下降后升高的趋势，均匀度则呈升高的趋势。

表3-44　不同年份浮游动物群落年际变化

年份	5月				8—10月			
	多样性指数	丰度	均匀度	站位优势度	多样性指数	丰度	均匀度	站位优势度
2010	—	—	—	—	1.93	1.22	0.60	0.75
2011	2.42	1.19	0.75	0.65	2.33	1.17	0.75	0.64
2012	1.84	1.04	0.53	0.77	3.28	1.90	0.80	0.41
2013	1.67	1.04	0.50	0.83	2.29	1.12	0.80	0.65

（3）大型底栖生物

2011年5月至2013年5月，监测海域大型底栖生物多样性指数、丰度呈现先升高后降低的趋势，均匀度均呈现下降的趋势，站位优势度呈升高的趋势（表3-45）。2010年至2013年8—10月，监测海域大型底栖生物多样性指数、丰度呈升高的趋势，均匀度呈现下降的趋势，优势度则呈波动的状态。

表 3-45　不同年份大型底栖生物群落年际变化

年份	5 月				8—10 月			
	多样性指数	丰度	均匀度	站位优势度	多样性指数	丰度	均匀度	站位优势度
2010	—	—	—	—	2.16	0.81	0.84	0.62
2011	2.64	0.98	0.95	0.44	2.17	0.82	0.87	0.59
2012	3.09	1.42	0.84	0.44	2.33	0.81	0.83	0.62
2013	2.22	1.00	0.69	0.64	2.41	0.92	0.80	0.59

3.8　渔业资源状况分析

3.8.1　研究区域附近海域渔业资源概况

天津浅海滩涂渔业生物资源种类繁多，大约有 80 多种，主要渔获种类有 30 多种。其中底栖鱼类有鲈鱼、梭鱼、梅童鱼等；中上层鱼类有斑鰶鱼、青鳞鱼、黄鲫等，无脊椎动物有对虾、毛虾、脊尾白虾等，底栖贝类有毛蚶、牡蛎、红螺等。

根据渔业资源分布和移动范围可分为以下三个生态群。

（1）天津浅海地方群

它们终生不离开天津浅海范围，主要种类有：梭鱼、毛虾、斑尾复虾虎鱼，毛蚶、牡蛎、扇贝、红螺、蟛蜞、四角蛤蜊等。

天津浅海地方群中有些种类如梭鱼、毛虾等种类，每年它们有部分资源游出浅海范围之外，因此，这些种类在分布属性上具有二重性。

（2）渤海地方群

终生不离开渤海，只做季节性短距离的移动，主要种类有：虾蛄、三疣梭子蟹、鲈鱼、梅童鱼、梭鱼、毛虾等。

（3）黄海、东海群

它们属于长距离跨海区洄游的种类，如：鲅鱼、银鲳、黄鲫、斑鰶鱼、鳓鱼等。

从上面可看出天津浅海地方群的种类并不太多，主要是渤海群和黄海、东海群。

根据 2005—2006 年春季、秋季拖网调查结果，在渤海湾共捕获鱼类 39 种，分别隶属 13 目，21 科，主要经济品种有小黄鱼、梭鱼、银鲳、蓝点马鲛、黄鲫、黑鳃梅童鱼、斑鰶鱼、叫姑鱼、青鳞鱼等，平均渔获量为每小时 17.2 kg/网，排在前三位的为：梅童鱼、小黄鱼、斑鰶；平均渔获数量为每小时 1 025 尾/网，排在前三位的为：叫姑鱼、斑鰶鱼、青鳞鱼；捕获大型无脊椎动物 14 种，隶属 4 门，6 纲，有经济价值的 10 种，主要有口虾蛄、三疣梭子蟹、对虾、日本蟳、脊尾白虾等，平均渔获量为每小时 13.8 kg/网，排在前三位的为：口虾蛄、三疣梭子蟹、脊尾白虾；平均渔获数量为每小时 1 204 尾/网，排在前三位的为：口虾蛄、脊尾白虾、对虾。

这里需要说明几点：①1988 年拖网全部退出渤海湾，加之近几年渤海实行了伏季休渔制度，主要经济品种的资源量有了明显的恢复，如小黄鱼、银鲳、蓝点马鲛、黄鲫、黑鳃梅童鱼、叫姑鱼最为明显，幼鱼数量比以往年份有明显增加；②人工增殖放流效果明显。大型经济无脊椎动物中三疣梭子蟹、对虾产量增幅最为明显，经济贝类以牡蛎、缢蛏、泥螺增幅最为明显，渔民普遍受益；③渔政管理严格到位，保证了伏季休渔效果。

3.8.2　研究区域附近海域渔获量

查阅《渔业统计年鉴》可知，2004—2013 年天津市近岸海域海水捕捞总量总体呈下降趋势，而海水养殖总量总体呈上升趋势（表 3-46，表 3-47）。

表 3-46　2005—2013 年渔业资源海水捕捞产量变化　　　　单位：t

年份	海水捕捞总量	经济鱼类	甲壳类	贝类	其他鱼类
2004	37 975	17 031	5 760	3 868	11 316
2005	38 038	16 860	4 593	8 249	8 336
2006	32 827	17 470	3 680	4 572	7 105
2007	30 185	14 718	2 759	5 959	6 749
2008	18 777	9 186	2 603	4 522	2 466
2009	16 458	8 572	2 766	3 892	1 228
2010	15 754	8 349	2 780	2 624	2 001
2011	17 051	10 242	2 218	3 066	1 525
2012	16 516	10 312	2 645	2 415	1 144
2013	53 437	49 000	1 756	2 090	519

表 3-47　2005—2013 年渔业资源海水养殖产量　　　　单位：t

年份	海水养殖总量	经济鱼类	甲壳类	贝类	其他鱼类
2004	10 613	1 741	7 965	0	482
2005	10 925	1 502	8 913	0	500
2006	16 457	1 738	14 719	0	0
2007	14 215	2 193	11 541	0	481
2008	14 082	1 592	12 334	0	156
2009	14 067	2 142	11 925	0	0
2010	14 212	2 952	11 260	0	0
2011	13 305	3 454	9 846	0	5
2012	14 285	3 666	10 619	0	0
2013	12 269	3 521	8 748	0	0

3.9　监测结论及建议

3.9.1　水动力监测结论

综合 2013 年 5 月和 10 月两次大潮期间水动力本底补充调查结果,该海区的潮流速较小,属弱流区,对岸滩的冲刷作用不大。生态潜堤鱼礁的建设将有可能影响附近海域的潮汐、波浪等水动力条件,导致水动力和泥沙运移状况发生变化,并形成新的冲淤变化趋势。鱼礁布放位置附近,呈现明显的往复流性质,且涨潮流向集中,由于涨潮流速大于落潮流速,鱼礁向海一侧将受到海流冲刷,鱼礁两侧海流流速将会稍有增大,在海流作用下在鱼礁向陆一侧产生一定的淤积。鱼礁距离岸边较近,该区域整体上近岸水域的水体含沙量普遍大于外海水域,海藻(草)移植试验和附礁生物保育繁殖将降低该区域含沙量,有效改善水质环境。鱼礁的布放会在海底产生更多的上升流和涡流等,这将使得海水中营养物质分布更均匀。

3.9.2　海洋生态环境监测结论

综合以上监测与评价结果可知,天津滨海旅游区海岸修复生态保护项目所在海域水质的主要污染因子是无机氮、活性磷酸盐和 pH;其中无机氮是主要污染物,由于区域高背景值因素影响,水环境中营养盐超标相对较为严重,尤其是无机氮指标,全部站位均超过区域第二类海水水质质量标准要求,最大污染程度是“重污染”,5 月各站位含量全部超过第四类海水水质质量标准,10 月 24% 站位处于劣四类海水水质范围;活性磷酸盐含量超标情况相对较轻,5 月有 1 个站位超标,10 月出现了3 个站位超标的情况;区域海洋沉积物质量状况良好,所有调查因子的含量全部满足区域第一类海洋沉积物质量标准的要求。但沉积环境中重金属铜含量相对较高,部分站位正在逼近一类海洋沉积物质量标准的界限。由于重金属的难降解易通过食物链传递累积进而对人类食物生态安全造成一定影响,并且总体上污染最重区域位于拟选鱼礁投放区域附近海域,对此应当引起高度重视。

叶绿素 a 含量相对偏低,绝大部分区域处于贫营养状态,低值区主要分布在调查区域的西南部和中部海域。

两次监测结果表明浮游植物、浮游动物和大型底栖生物无论种类数、优势种还是数量均无明显异常现象,但个别站位由于种类数偏少、单一优势种突出、种间分布欠均匀导致多样性指数、均匀度和丰度相对较低、站位优势度较高。浮游植物多样性指数 5 月和 10 月均处于中等水平,浮游动物5 月处于较差水平,10 月处于中等水平;大型底栖生物 5 月和 10 月均处于中等水平。

鉴于区域生态群落结构处于相对脆弱态势,开展生态修复工程应采取相对稳妥保护有效渐进式施工方案。

第4章 渤海湾海岸修复评价指标体系

4.1 城市海岸带生态修复及效果评估的理论基础

4.1.1 生态修复基本理论

生态修复主要以基础生态学理论为基础，如生态系统的结构理论、生物多样性理论、景观生态学理论等以及从恢复生态学中产生的人为设计和自我设计、参考生态系统理论等。

4.1.1.1 生态系统的结构理论

生态系统（ecosystem）指由生物群落与无机环境构成的统一整体。生态系统的结构是指生态系统中的组成成分及其在时间、空间上的分布和各组分能量、物质、信息流的方式与特点，主要包括物种结构、时空结构和营养结构。

1）物种结构：指生态系统组成生物的种类及种群数量关系。

2）时空结构：指生态系统中种群的空间格局，种群的时间变化以及群落的垂直和水平结构等。

3）营养结构：指生态系统中由生产者、消费者和分解者三大功能类群组成的、以营养为纽带食物链或食物网的关系，是生态系统中物质循环、能量流动和信息传递的主要途径。

合理的生态系统结构有利于提高生态系统的服务功能，实现资源的可持续利用。因此，在生态修复中，在物种结构方面，应多采用不同特性的物种，提高物种多样性，实现各物种间的能量、物质和信息的交流，有利于系统的稳定和持续发展。在营养结构上要实现生物物质和能量的多级利用和转化，形成高效的生态系统。例如植被的修复，可选择速生与慢生、深根与浅根、喜肥与耐瘠、喜光与耐阴、常绿与落叶及乔、灌、草的有效结合；在时空结构方面要充分利用光、热、水、土壤资源，提高资源利用率。

4.1.1.2 物种多样性理论

生物多样性指生物类群层次结构和功能的多样性。包括遗传多样性、物种多样性、生态系统多样性和景观多样性。生物多样性受到威胁的主要原因如下。

1）人口的迅猛增加。人口增加后，人类活动加剧，以满足人类的生存需求，对自然生态系统及生存其中的生物物种产生了最直接的威胁。Daily（1995）对造成生态系统退化和生物多样性减少的人类活动进行了排序：过度开发（含直接破坏和环境污染等）占 35%，毁林占 30%，农业活动占 28%，过度收获薪材占 6%，生物工业占 1%。其中前三项人类活动占 93%。

2）生境的破碎化。生物多样性减少最重要的原因就是生态系统在自然或人为干扰下偏离自然状态，生境破碎，栖息地环境的岛屿化，生物失去家园。

3）环境污染。环境污染会影响生态系统各个层次的结构、功能和动态，进而导致生态系统退化。严重的污染会将不同的生态系统类型最终变成基本没有生物的死亡区。一般的污染会改变生态系统的结构，导致功能的改变。重金属或有机物污染在生态系统中经食物链作用，会有放大效应，最终影响到人类健康。

4）外来物种入侵。任何地区的生态平衡和生物多样性是经过了几十亿年演化的结果，生物的入侵毕竟是个扰乱生态平衡的过程，这种平衡一旦打乱，就有可能因失去控制而造成危害。

生物多样性是生态系统稳定的基础，是人类社会赖以生存和发展的基础，是生态系统能为人类提供多样的、可持续的服务功能的保障。人类在生态修复的规划和过程中要注意排除上述干扰，保护区域的生境和生物多样性。

4.1.1.3 景观生态学理论

景观生态学是研究在一个相当大的区域内，由许多不同生态系统所组成的整体（即景观）的空间结构、相互作用、协调功能以及动态变化的生态学新分支。其核心是景观空间格局、生态功能及其相互作用。景观生态学的研究内容主要包括以下四个方面。

1）景观结构：研究景观组成单元的类型、空间关系及其形成机制。如包括构成景观的生态系统类型，面积、空间分布方式及其综合特征，如多样性、破碎化、连通性、优势度等。不同的尺度，景观往往表现出不同的结构特征。

2）景观功能：研究各种景观要素之间的相互联系方式与相互作用，如景观要素之间的动物、植物的物种迁移，扩散规律，物质流、能流与信息流等。

3）景观变化：研究景观结构与景观生态过程随时间变化的特征与规律。

4）景观管理：通过分析景观特征，提出景观利用管理最优化方案。包括景观生态分类、景观生态评价、景观生态规划设计。寻求为区域规划、土地可持续管理与自然保护提供生态学基础。

生态修复的过程就是要通过分析研究区域及周边环境的景观结构、景观功能以及景观变化特征，通过营造合理的生态系统结构，保护景观异质性、生物多样性，规划与设计生态合理的人类活动，减少人为干扰，设计可持续的土地管理和自然资源利用方式。

4.1.1.4 人为设计理论和自我设计理论

人为设计理论和自我设计理论是唯一从恢复生态学中产生的理论，在生态恢复实践得到广泛应用。人为设计理论认为，通过工程方法和植物重建可直接恢复退化生态系统，但恢复的类型可能是多样的。这一理论把物种的生活史作为植被恢复的重要因子，并认为通过调整物种生活史的方法就可加快植被的恢复。自我设计理论认为只要有足够的时间，随着时间的进程，退化生态系统将根据环境条件合理地组织自身并会最终改变其组分，即在一块退化的生态区域，种与不种植被无所谓，最终会出现由环境决定的植被类型和植被分布。该理论实质是退化生态系统具有自我恢复的功能，在不施加人类影响的情况下，退化生态系统自身会恢复到退化前的状态。这两种理论不同点在于：自我设计理论把恢复放在生态系统层次考虑，没有考虑缺乏种子库的情况，其恢复的只能是环境决定的群落；而人为设计理论把恢复放在个体或种群层次上考虑，恢复的可能是多种结果。

4.1.1.5　参考生态系统理论

生态修复就是要设法使生态系统恢复到原来的正常水平。衡量一个生态系统是否成功修复的最直接办法就是以实施生态修复前的某个时期的生态系统为参照，建立诸如生物多样性、群落结构、生态系统功能、干扰体系及生物的生态服务功能等参考对比评价体系，看每个评价因子是否恢复到参考生态系统的原有水平。

可用于描述参考生态系统的信息源包括修复区域受损前的地图资料、遥感或地面照片、要恢复状态的残迹、地方志、周边居民的口头描述、如化石、年轮之类的古生态学证据等。但这些信息往往因为时间的关系，难以收集。而且，随着经济的发展和人类的需求变化，对生态系统修复的目标是什么，有没有必要完全回到区域原始的自然生态系统，还是在恢复其基本生态功能的基础上进行改良，对参考生态系统的参照指标选择时都需要进行仔细考究。

4.1.2　城市海岸带生态系统服务功能的识别

4.1.2.1　生态系统服务基本理论

（1）生态系统服务的分类

生态系统服务（ecosystem service）是指生态系统与生态过程所形成及所维持的人类赖以生存的自然环境条件与效用。它不仅为人类提供了食品、医药及其他生产生活原料，更重要的是维持了人类赖以生存的生命支持系统，维持生命物质的生物地化循环与水文循环，维持生物物种与遗传多样性，净化环境，维持大气化学的平衡与稳定，而且在人类生存与现代文明中具有重要作用。

关于生态系统服务的分类和评估，国内外尚没有统一、公认的标准和方法。不同学者根据不同方法（功能性分组、结构性分组和描述性分组）对生态系统服务进行了不同的分组或分类，其中具有代表性的分类有三种，分别是：千年生态系统评估、De Groot 的分类方法和 Costanza 的分类方法，见表 4-1。尽管存在一些差异，但它们对生态系统服务的识别具有相当的一致性，所列出的生态系统服务种类非常相似。

表 4-1　生态系统服务分类比较

千年生态系统评估分类	De Groot 分类	Costanza 分类
供给服务：从生态系统中获得的产品	生产功能：提供自然资源	
食物和纤维	食物	生物生产
燃料	原材料	原材料
基因资源	基因资源	基因资源
生化药剂、自然药品	医药资源	
观赏资源	观赏资源	
淡水		
调节服务：从生态系统的调节作用获得收益	调节功能：维持必要的生态过程和生命支持系统	
气体调节	气体调节	气体调节
气候调节	气候调节	气候调节
风暴防护	干扰调节	干扰调节
水调节	水调节	水调节
侵蚀控制	水供给	水供应
人类疾病调节	土壤保持	侵蚀控制
净化水源和废物处理	土壤形成	土壤形成
传授花粉	营养调节	养分循环
生态控制	废物处理	废物处理
	传授花粉	传授花粉
	生态控制	生物防治
文化服务：人类从生态系统获得的非物质的收益	信息功能：提供认知发展的机会	
精神和宗教价值	审美信息	休闲娱乐
教育价值	娱乐	文化
审美价值	文化和艺术信息	
故土情	精神和历史信息	
文化遗产价值	科学和教育	
娱乐与生态旅游		
支持服务：支持和产生所有其他生态系统服务的基础服务	生境功能：为野生动植物物种提供适宜的生活空间	
初级生产	残遗保护区功能	避难所
土壤形成和保持	繁殖功能	
营养循环		
水循环		
提供生境		

（2）城市生态系统服务识别

城市生态系统的特点与自然生态系统相比，城市生态系统具有以下特点。

1）城市生态系统是人类起主导作用的生态系统。城市中的一切设施都是人制造的，人类活动对城市生态系统的发展起着重要的支配作用。与自然生态系统相比，城市生态系统的生产者绿色植物的量很少；消费者主要是人类，而不是野生动物；分解者微生物的活动受到抑制，分解功能不强。

2）城市生态系统是物质和能量的流通量大、运转快、高度开放的生态系统。城市中人口密集，城市居民所需要的绝大部分食物要从其他生态系统人为地输入；城市中的工业、建筑业、交通等都需要大量的物质和能量，这些也必须从外界输入，并且迅速地转化成各种产品。城市居民的生产和生活产生大量的废弃物，其中有害气体必然会飘散到城市以外的空间，污水和固体废弃物绝大部分不能靠城市中自然系统的净化能力自然净化和分解，如果不及时进行人工处理，就会造成环境污染。由此可见，城市生态系统不论在能量上还是在物质上，都是一个高度开放的生态系统。这种高度的开放性又导致其对其他生态系统具有高度的依赖性，同时会对其他生态系统产生强烈的干扰。

3）城市生态系统中自然系统的自动调节能力弱，容易出现环境污染等问题。城市生态系统的营养结构简单，对环境污染的自动净化能力远远不如自然生态系统。城市的环境污染包括大气污染、水污染、固体废弃物污染和噪声污染等。

随着经济的发展，城市化进程的加快，城市居民不断提高的物质文化生活与自然资源有限性的矛盾日益凸显，人们逐步意识到城市生态系统服务功能研究的重要性。国内学者对城市生态系统服务功能识别的研究见表4-2。

表4-2　城市生态系统服务功能识别

学者	案例	城市生态系统服务功能分类
宗跃光等，1999	某城市	小气候、土壤形成、水土保持、污染净化、水循环、生物调控、产业发展、提供旅游、居住、就业、文教、行政、医疗等服务
徐俏等，2003	广州	提供林产品、种植业生产、净化空气、固碳吐氧、涵养水源、土壤保育
宋治清等，2004	深圳	借鉴Costanza分类方法，强调空气净化、调节小气候、噪音削减、雨水排泄和水土保持、污水处理、游憩和文化等功能
彭建等，2005	深圳	生产生活物质提供、调节气候、固碳吐氧、涵养水源、保持土壤、净化环境、减弱噪音、精神生活的享受、生命支持系统的维持
李文楷等，2008	深圳	食物生产、原材料、气候调节、气体调节、水源涵养、土壤形成与保护、废物处理、生物多样性保护、娱乐文化
程江等，2009	上海	食物供应、原材料、基因资源、水供应、气候调节、大气调节、扰动调节、水分调节、土壤侵蚀控制、废物处理、传授花粉、生物控制、娱乐、文化、栖息地、营养物质循环

从表4-2可以看到，虽然城市生态系统服务功能与自然生态系统服务功能在分类上是大体一致

的，但城市作为一个社会-经济-自然高度复合的生态系统，其生态系统服务功能更强调的是为城市区域内的人群服务，以满足城市人群的需求功能，以社会价值占主导地位。因此，城市生态服务功能的价值评估时应对控制土壤侵蚀、固碳吐氧、涵养水源、休闲旅游等服务功能进行调整修正。

4.1.2.2　城市海岸带生态系统服务功能识别

（1）城市海岸带的生态特征

海岸带生态系统属海陆相交的过渡带，具有高生产力、高梯度变化和高脆弱性等特征。

1）海岸带是城市自然资源最丰富的地带。海岸带处在地球上水圈、气圈、岩石圈和生物圈共同作用的交汇区，这里自然环境条件优越、自然资源丰富；不仅是有纯海洋、纯陆地的资源，而且还具有海陆过渡地带的特种资源。因此，这里资源种类丰富、储量巨大，为社会经济的发展创造了优越的条件。

2）海岸带是城市自然景观最优美的空间。沙滩、矶崖、岬角，这些海岸带所特有天然的地形地貌在水体的声、光、影、色的作用下，与城市的历史文化相结合，形成了城市独特的、动人的空间景观。同时，海岸带又是城市人们与水亲切接触、感受大自然的灵感，呼吸清新空气，从而得以放松和休息的重要场所之一，是构成城市公共开放空间的重要部分。因此，海岸带也往往成为旅游者和当地居民喜好的居住、休闲区域。在提高城市环境质量、丰富城市景观和促进城市社会经济发展等方面具有极为重要的价值。

3）海岸带是城市区位优势最为明显的地带。城市海岸带地处海洋和城市陆地的接合部，其扩散效应、枢纽效应和边缘效应明显。通过便捷的海上交通和完善的陆地交通网络，发展海上贸易，搞活内地经济，有效地促进了海洋、沿海经济的发展。因此，这里往往成为人口稠密、经济发达的宝地。另一方面，海岸带还处在国防的前沿，对保卫国防、抵御外来侵略十分重要。

4）海岸带是生态脆弱、灾害较多的地带。一方面，作为海洋与陆地的交错带，海岸带长期受到人类破坏性开发利用与自然侵蚀、风暴潮、寒潮等的双重作用。另一方面，由于人类生产、生活以及地球生物自然过程产生的废弃物，最终都将汇入海洋，而绝大多数的海洋污染物又都是集中在近岸海域，这就使海岸带生态系统变得相当脆弱，极易失去平衡。

（2）城市海岸带生态系统服务功能识别

城市作为一种人口高度集中、物质和能量高度密集的生态系统，其最主要的特点就是以人为核心，是城市居民与其环境相互作用而形成的统一整体，也是人类对自然环境的适应、加工、改造而建设起来的特殊的人工生态系统。相对于自然生态系统，城市的人们对城市生态系统服务的需求，在满足以人类生存安全为目的的生命支持与调节功能的基础上，更期望能得到的是高质量的文化服务功能。因此，本书在综合分析前人对城市海岸带生态系统的研究成果的基础上，对城市海岸带生态系统服务功能进行了补充和完善，认为城市海岸带生态系统服务功能包括调节服务、文化服务、供给服务和支持服务，共 4 种类型 20 种服务，详见图 4-1。

1）供给服务。供给服务是指城市海岸带生态系统为人类提供食品、原材料等物质产品和空间资

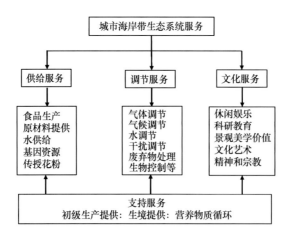

图 4-1　城市海岸带生态系统服务

源。仅指人类只需要投入少量的时间、劳动和能源就可以从海岸带生态系统中获得的服务。主要包括以下方面。

食物生产：从海岸带生态系统的植物、动物、微生物中获得的食物，如陆域部分的蔬菜、水果等农林产品以及海域的鱼、虾、蟹、贝、藻等海产品。

原材料提供：指海岸带生态系统提供的建筑和制造材料（如木材、皮毛等）、医药原料、化工原料、装饰观赏材料、燃料能源以及饲料和肥料（如磷虾、树叶和杂草等）等。

水供给：指海岸带生态系统中的河口、湿地及其河流湖泊的含水层过滤、保持和储存水。为人类活动包括消费、工农业生产提供可消费的水。

空间资源：为人类生产和生活如旅游、港口、桥梁、居住等提供的空间资源。

2）调节服务功能。调节功能是指海岸带生态系统调节人类生态环境的生态系统服务功能。主要包括以下方面。

气体调节：海岸带生态系统通过其陆域植物、红树林及海域浮游植物的光合作用吸收二氧化碳释放氧气及吸纳其他气体来维持空气的质量，并对气候调节（如温室效应）产生作用。

气候调节：海岸带生态系统通过水分及营养物质的循环调节空气湿度、温度，通过吸收和生产温室气体影响气候。

水调节：径流、洪水、储水层补充的时间和大小都受到土地覆盖变化的强烈影响。包括用农田或者城市代替湿地和红树林等改变系统储水潜力。

干扰调节：主要是指海岸带生态系统中的防护林带、沙滩、红树林和珊瑚礁等对减轻风暴和海浪对海岸、堤坝的破坏功能以及红树林和湿地的洪水控制服务。

废弃物处理：主要是指人类生产、生活产生的废水、废气及固体废弃物等通过地表径流、直接排放、大气沉降等方式进入海洋，经过海岸带的物理、化学和生物等净化过程最终转化为无害物质的功能。尤其是对氮、磷等营养元素以及重金属的吸收、转化和滞留有较高的效率，能有效地降低其在水体中的浓度。

生物控制：是指对一些有害生物与疾病的生物调节与控制，可减少相关灾害的发生概率。如在近海富营养化海区，浮游动物和养殖贝类能起到抑制赤潮生物的作用，减少对人体健康的损害。

3）文化服务功能。文化服务功能就是指人们通过精神感受、知识获取、主观印象、消遣娱乐和美学体验从海岸带生态系统中获得的非物质利益。主要包括以下方面。

休闲旅游：海岸带以其水陆交界的独特而不可多得的地域特色和丰富的自然资源，为人类提供游玩、观光、游泳、划船、垂钓、潜水等服务。

景观美学：人们在海岸带生态系统不同方面发现的美学或者审美价值，反映在支持公园的建设、房屋地点的选择等。

科学和教育：海岸带是海洋与陆地的过渡带，也是生境极其脆弱的地带。自然资源丰富，又受到自然和人类双重因素的影响，海岸带生态系统、其组成及过程具有较高的科研及科普教育价值。

文化艺术：海岸带自然生态系统为人类的文学创作、影视创作以及音乐、舞蹈、美术、雕刻等艺术创造提供动力和灵感的源泉。

精神和宗教：自古以来，人类因对自然生态系统的生存依赖而产生各种的精神文化和宗教文化，成为人类社会历史文化发展的重要组成部分。

4）支持功能。支持功能是支持和保障上述其他海岸带生态系统服务所必需的基础功能。主要包括以下方面。

初级生产：陆地植被、海洋浮游植物、其他海洋植物和细菌生产固定有机碳，为海岸带生态系统提供物质和能量来源。

生境提供：为生物物种提供栖息地、繁殖地和避难所，以维持其生物和基因的多样性。

营养物质循环：指海岸带生态系统通过对营养元素的储存和循环作用，促使生物与非生物环境之间的元素交换，维持生态过程。它包含两方面：①营养物质在陆域或海域生物体、水体和沉积物内部及其相互之间的循环支撑着陆地生态系统和海洋生态系统的正常运转；②海洋生态系统在全球物质循环过程中为陆地生态系统补充营养物质。通过大气沉降、入海河流、地表径流、排污等方式进入海洋的氮、磷等营养物质被海洋生物分解、利用，进入食物链循环，通过收获水产品方式从海洋回到陆地，部分弥补陆地生态系统的损失。

在上述 4 种基本服务类型中，支持服务是供给服务、调节服务及文化服务的基础。它们之间的区别在于：支持服务对于人类的影响常常具有间接性，或者持续较长的时间，而其他服务对人类的影响常常是直接的，并且持续时间较短（MA，2003）。某些服务，例如干扰调节或气候调节、依据时间尺度的长短和对人类影响的直接性特征，既可能被认为是支持服务，也可能被认为是调节服务。

4.1.3　城市海岸带生态修复效果评估技术

4.1.3.1　生态修复效果评估技术

（1）指标直接评价

对于生态恢复效果某个具体内容的评价多采用这种途径，即根据所要评价内容的要求，选取相应的指标，或定性描述指标的变化，或用定量的方法，将生态恢复前后的数据进行对比或监测某个指标数据的连续变化趋势，以直接评价生态恢复工程对生态系统某个方面的影响或取得的效果。

这种途径的优点是思路简单明了，评价目标及结果明确，易于使用，目前多用于生态恢复过程的监测和评价，也可用多方面、多指标地直接对比来反映恢复生态系统的整体效益。

（2）综合效益评价

对于恢复生态系统的综合评价多采用这种途径。综合效益评价是多目标、多因素、多层次和多指标的评价，通常根据生态恢复项目的具体情况设定几个子目标层，适当选取各子目标的一个或多个评价指标作为指标层。在此基础上构造相应的综合指数，设计一定的算法，由指标层计算得到子目标的综合指数，再进一步得到整体的综合指数，以此来评价恢复生态系统的整体效益。

这种途径的优点是综合性强，比较具有可比性，适用于生态恢复阶段性评价与恢复地域单元之间的横向比较。在综合指数计算方面，可采用统计学方法、模糊评判法、灰色系统理论、层次分析法、专家分析法、嫡技术、系统工程分析方法等多种方法。

4.1.3.2　生态系统服务价值评估技术

生态系统服务是生态系统对人类社会贡献的集中体现，它构成了人类社会可持续发展的重要物质和能量基础。按照现行的国民经济统计方法，人们可以定期地计量每年各产业的产值，这些产值是在人类有意识地改造自然、利用自然的过程中获取的。然而，由于人类对生态系统服务的认识不足，加上这些服务对人类社会作用方式的特殊性，使得生态系统服务的价值计量比较困难。近年来，国内外学者对生态系统服务价值的评估方法进行了大量的研究。这些研究为科学地评估生态系统服务的价值、生态系统对人类福利的贡献奠定了基础。

根据徐中民等（2003）学者对于生态系统服务价值评估方法的分类体系，本书将海洋生态系统服务的价值评估方法主要分为三类：常规市场评估方法、替代市场评估方法和假想市场评估方法。

（1）常规市场评估方法

常规市场评估技术把生态系统服务或环境质量看作是一个生产要素，生产要素的变化将导致生产率和生产成本的变化，进而影响价格和产出水平的变化，而价格和产出水平的变化是可以观测的。因此，常规市场评估方法是以直接市场价值计算生态系统服务价值及其变化。该方法具体包括以下6种。

1）市场价格法。该方法适用于有实际市场价格的生态系统服务的价值评估，例如海洋生态系统食品生产服务的评估。由于市场价格法是基于可观察的市场行为和数据，评估出来的价值具有客观性、可接受性等优点。但市场价格法也有其局限性，表现在以下方面：①适用范围窄，只有少数生态系统服务具有市场交易；②由于市场失灵的存在，市场有时并不能反映生态系统服务的全部价值，从而导致评估结果的不准确性。

2）替代成本法。替代成本法通过提供替代服务的成本来评估某种海洋生态系统服务的价值，例如海洋生态系统水质净化服务价值可采用污水处理厂的污水处理成本来估算。该方法的有效性主要取决于以下条件：①替代品提供的服务与原物品相同；②替代品的成本应该是最低的；③有足够的证据证明这种成本最低的替代品是人类所需的。该方法的缺点是生态系统的许多服务是无法用技术手段代替和难以准确计量的。

3）机会成本法。所谓机会成本，是指做出某一决策而不做出另一决策时所放弃的利益。任何一种资源的使用，都存在许多相互排斥的待选方案，为了做出最有效的选择，必须找出生态经济效益或社会净效益最优方案。资源是有限的，选择了这种使用机会就会失去另一种使用机会，也就失去了后一种获得效益的机会，人们把失去使用机会的方案中能获得的最大收益称为该资源选择方案的机会成本。目前该方法还未在我国海洋生态系统服务价值评估中得到应用。机会成本法可用下式表示：

$$C_k = \max\{E_1,\ E_2,\ E_3,\ \cdots,\ E_t\}$$

式中：C_k——K 方案的机会成本；

　　　$E_1,\ E_2,\ E_3,\ \cdots,\ E_t$——$K$ 方案以外其他方案的效益。

4）影子工程法。当海洋生态系统的某种服务价值难以直接估算时，采用能够提供类似服务的替代工程或影子工程的价值来估算该种服务价值。例如海洋生态系统干扰调节服务的价值可采用影子工程法，即如果通过修建堤坝减轻风暴潮、台风对海岸的破坏，以修建堤坝的费用作为干扰调节服务的价值。影子工程法的数学表达式为：

$$V = G = \sum X_i(i = 1,\ 2,\ \cdots,\ n)$$

式中：V——海洋生态系统服务价值；

　　　G——替代工程的造价；

　　　X_i——替代工程中 i 项目的建设费用。

影子工程法的优点是：通过这种技术将本身难以用货币表示的生态系统服务价值用其"影子工程"来计量，将不可知转化为可知。但该方法也有一定的局限性：①替代工程的非唯一性。由于替代工程措施的非唯一性，所以工程造价有很大的差异，因此必须选择便于计价的影子工程；②两种功能效用的异质性。因此，运用影子工程法不能完全替代海洋生态系统给人类提供的服务。

5）人力资本法。人力资本法亦称工资损失法，该方法通过市场价格和工资多少来确定个人对社会的潜在贡献，并以此来估算生态环境变化对人体健康影响的损益。人类资本法可用于评估海洋生态系统有害疾病的生物控制服务。

美国经济学家莱克（R. G. Ridker）最早将人力资本法付诸应用，他对过早死亡和医疗费用开支的计算公式如下：

$$V_x = \sum_{n=x}^{\infty} \frac{(P_x^n)_1 (P_x^n)_2 (P_x^n)_3 Y_n}{(1+r)^{n-x}}$$

式中：V_x——年龄为 X 的人的未来总收入的现值；

　　　$(P_x^n)_1$——该人活到年龄 n 的概率；

　　　$(P_x^n)_2$——该人在 n 年龄内具有劳动能力的概率；

　　　$(P_x^n)_3$——该人在 n 年龄内具有劳动能力期内被雇佣的概率；

　　　Y_n——该人在 n 年龄时收入；

　　　r——贴现率。

人力资本法的出现为生命价值的计算找到了一条出路，但该方法在其发展过程中也受到来自各方面的批评，主要包括：①伦理道德问题。人力资本法中那些退休、生病或丧失劳动能力的人，因没有工资收入，没有创造价值，他们的生命价值就变为零，这一点是难以令人接受的；②理论上的缺陷问题。人力资本法反映人们对疾病引起的痛苦等所具有的支付意愿。但所得结果不是从支付意愿演变而来的，它与支付意愿并没有必要的关系，因此其理论基础的可靠程度受到一定的怀疑。

6）防护和恢复费用法。所谓防护费用，是指人们为了消除或减少生态环境恶化的影响而愿意承担的费用。由于增加了这些措施的费用，就可以减少甚至杜绝生态环境恶化及其带来的消极影响，产生相应的生态效益。避免的损失就相当于获得的效益。因此，可以采用这种防护费用来评估海洋生态系统服务的价值。尽管防护费用法还存在一些缺点，但是该方法对生态环境问题的决策还是非常有用的，因为有些保护和改生态环境措施的效益，或生态系统服务价值的评估是非常困难的；而运用这种方法就可以将不可知的问题转化为可知的问题。

生态系统在受到污染或破坏后会给人们的生产、生活和健康造成损害。为了消除这种损害，最直接的办法就是采取措施将破坏了的生态系统恢复到原来的状况，恢复措施所需的费用即为该生态系统的价值，这种方法称为恢复费用法。防护与恢复费用法可用于评估海洋生态系统生物控制、干扰调节等服务。

（2）替代市场评估方法

海洋生态系统为人类所提供的很多服务并不进入市场，不具有市场价格和市场价值，但是这些服务的某些替代品具有市场和价格，因此可以通过估算替代品的花费来代替这些海洋生态系统服务的价值。这种方法以"影子价格"和消费者剩余来估算生态系统服务价值。替代市场评估方法包括两种：旅行费用法和资产价值法。

1）旅行费用法。旅行费用法是最早用来评估环境质量价值的非市场评估方法，旅行费用法用旅行费用（如交通费、门票、旅游景点的花费、时间的机会成本等）作为替代物来评价旅游景点或其他娱乐物品的价值。该方法可用于评估海洋生态系统旅游娱乐服务价值。旅行费用法自 20 世纪 60 年代提出以来，其方法日趋完善，并已发展出 3 种模型，即分区模型、个体模型和随机效用模型。

分区模型实际应用时，可分为以下步骤：①划区。以生态系统所在地为中心，将其周围地区划分为距离不等的同心圆区。②进行游客调查。以此确定消费者的出发地、旅行费用、旅行率和其他各种社会经济特征。③回归分析。以旅游率为因变量，以旅行费用和其他各种社会经济因素为自变量进行回归，确定方程，得到"全经验"的需求曲线。④积分求值。依据上述所得"全经验"需求曲线，采用积分法、梯形面积加和法等适当公式计算生态系统服务价值。

个体模型和随机效用模型是针对分区模型存在的问题而设计的，个体模型较适用于以当地居民为主要游客的生态系统服务价值的评估，分区模型适宜于以广大范围人口为主要游客的生态系统服务价值的评估，而随机效用模型常用于评估旅游地生态系统变化而引起的价值变化和新增景观的价值。

旅行费用法最大的优点是理论通俗易懂，所有数据可通过调查、年鉴和有关统计资料获得。但它也有其局限性，表现在以下方面：①将效益等同于消费者剩余，导致其结果难以与通过其他方法得到的货币度量结果相比较。②效益是现有收入的分配函数。在该理论中，效益是通过那些能够支付得起旅游费用的人的效益来体现的，没有考虑收入低暂时不能去旅游的人的效益。对于收入分配悬殊的地方，不能忽略这一点，否则所得结果将与实际情况偏差较大。

2）资产价值法。资产价值法是利用海洋生态系统变化对某些产品或生产要素价格的影响，评估海洋生态系统服务的价值。任何资产的价值不仅与本身特性有关，而且也与周围环境有关，例如沙滩附近的房子价格通常超过内陆地区同样类型的房子，沙滩的价值就内含在房子价格中。

资产价值法存在以下局限性：该方法要求有足够大的单一均衡的资产市场，如果市场不够大，就难以建立相应的方程；如果市场不处于均衡状态，生态价值就不完全反映人们福利的变化。另外，资产价值法需要大量的数据，包括资产特性数据、生态环境数据以及消费者个人的社会经济数据，此类数据采集是否齐全和准确，将直接影响结果的可靠性。这些局限性使得资产价值法的应用受到了限制。

（3）假想市场评估方法

生态系统所提供的很多服务是公共物品，对于这些公共物品，可人为地构造假想市场来估算其价值。其代表性的方法是条件价值法（或称意愿调查法）和选择试验法。

1）条件价值法。条件价值法是在假想市场情况下，通过直接调查和询问人们对于某种海洋生态系统服务的支付意愿（WTP），或者对某种海洋生态系统服务损失的接受赔偿意愿，来评估海洋生态系统服务的价值。与市场价值法和替代市场法不同，条件价值法不是基于可观察到的和预设的市场行为，而是基于调查对象的回答。条件价值法的基本理论依据是效用价值理论和消费者剩余理论，它依据个人需求曲线理论和消费者剩余，补偿变差及等量变差两种希克斯计量方法，运用消费者的支付意愿或者接受赔偿的愿望来度量生态系统服务价值。根据获取数据的途径不同，条件价值法可细分为投标博弈法、比较博弈法、无费用选择法、优先评价法和德尔菲法（李金昌等，1999）。

条件价值法主要用于缺乏实际市场和替代市场的商品价值评估，是目前较好的公共物品价值评估方法。但是，条件价值法也有其局限性，主要表现在以下方面：①假象性。它确定个人对环境服务的支付意愿是以假想数值为基础，而不是依据数理方法进行估算的。②可能存在很多偏差。如策略偏差、手段偏差、信息偏差、假想偏差等。

2）选择试验法。选择试验法（CE）是一种基于随机效用理论的非市场价值评估的揭示偏好技术，尚处于发展的早期阶段。选择试验法（CE）包括联合分析法（CA）和选择模型法（CM）。

联合分析法（CA）：联合分析法是市场化研究中的一种流行技术，近年来经修改引入环境物品或服务的价值评估中。该方法给参与者提供一种"复合物品"（由一系列有价值的特征组成的物品）的简洁描述，每一种描述被当作一种完整的"特征包"而与有关该物品的一种或多种特征的其他描述相区别。然后，参与者基于个人的偏好，在各种描述情景之间进行两两比较，接受或拒绝一种情景。在建立一系列这类反映以后，就有可能区分单个特征的变化对价格变化的影响。在描述情景中能够研究的特征数量受回答者处理所描述的详细特征的能力的限制，一般地，7~8 个特征数量是上限。尽管价格—质量特征之间关系的计算本身是复杂的，但是联合分析法在解决与环境价值评估相关的"效益转移"问题方面具有重要的价值。

选择模型法（CM）：选择模型法是由 Louviere 提出，并最早应用于市场分析领域以分析消费者的选择，此后该方法被应用于环境物品和服务的估价。选择模型法主要用于确定"复合物品"的某种特征质量变化对该物品价值的影响，因此在理论上就可以通过估价相关的特征质量水平对完全不同的环境地点进行评价。这需要有关评估地点的质量特征数据和通过一系列试验得到的对这些特征的需求曲线。这样，就可以把独立的质量特征效益或价值转移用于评价一个新的地点。选择模型法的主要不足在于需要复杂的调查设计，调查时间较长。

4.2 渤海湾海岸生态修复效果评估方法构建

4.2.1 渤海湾海岸生态修复的目标

渤海湾海岸生态修复的目标主要是针对天津海洋环境状况和特点，在渤海湾典型海岸带区域如滨海旅游区开展人工岸线生态修复，养护海洋生物资源和修复生态环境。通过生态潜堤鱼礁工程、海藻（草）移植试验、附礁生物保育繁殖等工程和生物技术方法，有效养护项目天津滨海旅游区海岸修复生态保护项目区域内的海洋生物资源和生态环境，发挥潜堤鱼礁的生态护岸功能；开展岸线土壤改良技术应用试验和耐盐碱植物栽植及选育试验示范，建设完善区域海岸带生态景观效果，优化滨海旅游区的海洋生态环境，为后续类似海岸带修复和生态建设项目的科学评价提供技术示范及借鉴，实现滨海新区海洋生态服务功能的可持续开发利用。

根据上述天津滨海旅游区海岸修复生态项目实施的具体目标，并结合第 2 章对城市海岸带生态系统服务功能的识别，本项目将本次海岸修复的具体目标与城市海岸带生态系统服务功能相结合，将其生态修复的目标定位在部分或全部恢复天津滨海旅游区海岸带原有的基本生态服务功能，即生命支持服务功能的基础上，修复并提升生态系统的文化服务，使其能有效地、可持续性地为人类的生存、发展和精神文化生活提供服务。具体来说，它包含生态目标和文化目标两个方面。

4.2.1.1　生态目标

生态修复的生态目标就是要恢复城市海岸带的基本生态功能，使其能为人类提供生命支持服务，即支持服务、供给服务和调节服务，以满足人类的基本生存需要。它包括：①对残留的现有生态系统或生态斑块进行合理利用和保护，维持其服务功能；②修复退化的生境；③提高退化土地上的生产力；④在被保护的景观内去除干扰以加强保护。

4.2.1.2　文化目标

生态修复的文化目标就是要修复并提升生态系统的文化服务功能，满足人类日益增长的精神文化需求。具体包括：保护传统文化和历史、发展休闲旅游业、提高教育机会、保护或改善人类健康、提高环境景观美感等。

4.2.2　渤海湾海岸带生态系统服务功能识别

根据渤海湾天津市海岸带的基本化学、生物要素调查，对渤海湾天津周边区域的社会经济调查分析以及目前可能找到的文献资料等信息，渤海湾天津市海岸带生态系统服务功能主要有以下几类。

（1）食物生产功能

渤海湾天津市海岸带食物生产功能主要包括陆域部分的蔬菜、水果等农林产品，海域部分主要包括捕捞的海产品和养殖的海产品。2000 年天津市海岸带景观类型和面积分别为：林地 10.33 km^2，草地 68.60 km^2，湿地 463.09 km^2，农业用地（旱地和鱼塘）315.08 km^2，城建用地 256.67 km^2，盐田 264.07 km^2，其中林地、农业用地和盐田等为人类提供了蔬菜、水果、鱼类、食用盐等食品。渤海湾是多种经济洄游鱼、虾类如对虾、小黄鱼、鳓鱼、带鱼等及地方性品种如鲆鱼、鲽鱼、鳎鱼、梭鱼、鲈鱼等产卵场主体部位；潮下带是渤海三大毛蚶场之一；潮间带更是蕴藏着丰富的贝类生物资源。该区域海洋生物资源一直是天津市重要的渔业经济区，曾以"天然鱼池"而闻名。2011 年天津市海水捕捞总量为 17 051 t，其中鱼类 10 242 t，甲壳类 2 218 t，贝类 3 066 t；2011 年天津滨海新区海水养殖面积为 3 877 hm^2，海水养殖总量为 13 305 t，渔业总产值为 10.29 亿元。2013 年 6 月，天津市水产局会同滨海新区汉沽水产主管部门放置了 500 个抗风浪网箱，投放了 1.3×10^4 kg 的半滑舌鳎、芽鲆、海参三种海珍品苗种。2013 年汉沽大神堂贝类增养殖区总面积为 1 500 km^2，主要养殖生物种类为毛蚶、菲律宾蛤仔、青蛤和栉孔扇贝，养殖方式为底播增养殖，养殖产量为 3 000 t。

（2）原材料提供

海岸带蕴藏着大量的宝贵资源，是人类生产生活的重要原料来源，为人类提供着丰富的化工原料、医药原料和装饰观赏材料。如利用部分不可食用的海洋鱼类生产鱼肝油、深海鱼油、鱼粉等；

甲壳类提供几丁质、畜禽饲料或添加剂等；也包括贝壳、鱼皮、珊瑚等装饰观赏材料。渤海湾天津海域同样具有上述提供原材料的功能。

（3）水供给

渤海湾天津市海岸带河口岸线总长度 31.48 km，汇集了 9 个河口及渠口；2000 年天津市海岸带湿地面积为 46 309 hm²，河渠为 4 277.99 hm²，湖泊水库为 5 749.88 hm²，这些能很好保持和储存水，为沿岸人类活动包括消费、工农业生产提供了可消费的水。

（4）空间资源

空间资源主要包括深水岸线、航道、锚地、近海水体、滩涂等，渤海湾天津沿岸为天津市沿海人类活动诸如港口货物运输等提供了多条航道和锚地，如天津港航道、大沽沙航道、大沽口南锚地、大沽口北锚地、大沽口散化锚地、10 万吨级锚地等。天津沿岸滩涂面积为 22 938.0 km²（2000 年），这些滩涂面积为人类提供了一定的居住空间。

（5）气体与气候调节

海洋是生物圈循环中碳元素的最大储藏库，海洋与大气之间不断地进行着二氧化碳的交换过程，在全球的碳循环和对气温的影响方面都起着重要作用。渤海湾天津海域通过浮游植物等的光合作用和呼吸作用与大气交换二氧化碳和氧气，在一定程度上维持了大气中的二氧化碳和氧气的动态平衡。天津海域海洋浮游植物、各种大型藻类等种类丰富，数量较大，2013 年 5 月天津海域浮游植物平均细胞数量为 $4.26×10^6$ cells/m³，8 月为 $5.87×10^7$ cells/m³，海水中数量巨大的浮游植物通过光合作用吸收二氧化碳释放氧气对气候调节产生作用。同时天津海岸带陆域植被如芦苇等也通过光合作用参与气候调节。

（6）水调节

渤海湾天津沿岸径流、湿地等储水层对整个水循环具有一定的调节功能。

（7）干扰调节

海岸带生态系统对各种环境波动起到容纳、衰减和综合的作用。例如草滩、红树林和珊瑚礁可有效减少风暴潮、台风等自然灾害所造成的损害。渤海湾是半封闭型海湾，又属超浅海湾，天津市沿海地区位于渤海湾的西海岸，由于地理位置所致，极易受到风暴潮的袭击，因此沿海的海岸线及堤线的防潮作用显得尤为重要。

（8）废弃物处理

废弃物处理功能主要指海水的自净作用。海洋通过自身的物理、化学和生物作用，使排放到其中的污染物很快被海水分解，污染物浓度不断降低，海洋生态系统对排入到其中的有害物质具有自然净化作用和容纳功能。海水自净作用可分为以下三类。

1）物理自净：污染物进入水体后，不溶性固体逐渐沉至水底形成污泥；悬浮物、胶体和溶解性污染物则因混合稀释而逐渐降低浓度。

2）化学自净：污染物进入水体后，经络合、氧化还原、沉淀反应等而得到净化。如在一定条件下水中难溶性硫化物可以氧化为易溶性的硫酸盐。

3）生物自净：在生物的作用下，污染物的数量减少，浓度下降，毒性减轻，直至消失。

目前渤海湾天津沿岸海域正处在开发中，建成了很多大型能源、交通设施，会产生大量废物废料排入海洋，该海域对排放的污染物在一定程度上起到了净化和稀释作用。

（9）生物控制

生物控制是指对一些有害生物与疾病的生物调节与控制，可减少相关灾害的发生概率。比如浮游动物和贝类对有毒藻类的摄食，起到抑制赤潮生物的作用，可减少赤潮发生的概率。渤海湾天津海域 2013 年 5 月浮游动物平均密度为 112 889.5 ind/m^3，8 月为 34 846.8 ind/m^3，数量巨大的浮游动物对浮游植物的摄食，对于赤潮的发生具有一定的抑制作用。

（10）休闲旅游

休闲旅游是指海洋提供给人们游泳、垂钓、潜水、游玩、观光等功能，包括旅游功能和为当地居民提供的休闲功能。天津滨海新区以其优越的地理位置、独有的海洋资源，厚重的历史文化内涵和近现代工业发展的一脉相承，近年来旅游业得到快速发展，沿海开发了诸如滨海航母主题公园、妈祖观光园、极地海洋世界、东疆沙滩、邮轮母港等滨海旅游景区。2009—2012 年天津市接待入境旅游外汇收入分别为 118 264 万美元、141 951 万美元、175 560 万美元、222 641 万美元。

（11）景观美学

人们在海岸带生态系统不同方面发现的美学或者审美价值，渤海湾天津海岸带生态系统同样为人类提供了美学欣赏价值。

（12）科学和教育

海岸带科研价值是指海岸带提供的科研场所和材料的功能。天津大神堂牡蛎礁被称为"活化石"，牡蛎礁时空分布及与泥质沉积物的关系，揭示了渤海湾的海、陆演化过程，是全新世海面与海洋环境变化的地址与古生物遗迹，具有重要的科学考察价值。天津市七里海湿地是鸟类从东南亚迁往西伯利亚的重要驿站，具有国家 I 级重点保护鸟类 3 种，国家 II 级重点保护鸟类 25 种，列入"世界濒危鸟类红皮书"的有 6 种，它们对研究生物的演替进化及生物多样性等方面具有极为重要的学术意义、科学研究和文化价值，也是教学单位的重要实验材料，具有较高的学术研究价值。

（13）文化艺术

渤海湾天津海岸带自然生态系统可为人类的文学创作、影视创作以及音乐、舞蹈、美术、雕刻等艺术创造提供动力和灵感的源泉。渤海湾天津海域美丽的沿海风景、具有海防历史印记的大沽炮台等古朴厚重的历史文化都能为人类提供一定的文化功能服务。

（14）初级生产

初级生产是海岸带生态系统的最基本的功能，陆地植被、海洋浮游植物、其他海洋植物和细菌生产固定有机碳，为海岸带生态系统提供物质和能量来源。渤海湾天津海域丰富的浮游植物及其他海洋植物和细菌为渤海湾提供了物质和能量。

（15）生境提供

指为生物物种提供栖息地、繁殖地和避难所，以维持其生物和基因的多样性。渤海湾天津海域和滩涂为海洋浮游植物、浮游动物、鱼类、潮间带生物等生物提供了栖息、繁殖和避难所；天津大神堂牡蛎礁体本身的结构及其表面附着生物所造成的孔隙、洞穴等，亦成为鱼类、虾蟹及其他海洋生物栖息、产卵及索饵生产的良好场所。

（16）营养物质循环

营养物质循环是海洋生态系统的重要组成部分，它促进了营养盐的无机和有机之间的转换，是海洋生态系统内在的动力机制和海陆大循环的重要一环，同时对于研究沿岸区域赤潮和富营养化发生的原因及防治有重要意义。

（17）物种多样性维持

渤海湾天津海域生存有大量的浮游植物，如硅藻、甲藻等。丰富的植物资源为大量的动物提供了丰富的食物和栖息地。2013 年渤海湾天津海域鉴定出浮游植物 53 种、浮游动物 42 种、大型底栖生物 75 种、潮间带生物 29 种。

4.2.3　渤海湾海岸生态修复效果评价指标的构建

城市海岸带生态系统作为城市生态系统与自然海岸带生态系统的复合体，使得我们在考量其生态系统服务功能之时，有必要更多地考虑服务功能对满足城市人群需求的贡献率。尽管截至今日我们还并不知道城市海岸带生态系统受损退化的程度与其对服务功能的影响是什么样的一种关系，也不了解其恢复到什么程度才算是具备最佳服务功能，但本书还是基于城市海岸带的生态修复目标，提出一个生态系统的服务功能框架，希望修复后的生态系统应尽量具备这些服务功能，使其在具备海岸带基本生态特征、提供人类基本生存需求服务的基础上，能满足城市人群日益增长的精神文化需求。

4.2.3.1　评价指标选取的原则

在海岸带生态修复效果评价中，指标体系起着举足轻重的作用，它的类别、数量和精确度直接影响评价结果的客观性。指标的选取不仅能客观、科学、充分地反映海岸带的特征及其生态修复的效果，还应考虑现有的技术水平、数据的易获性等。因此指标的选取应遵循以下原则。

1）科学性。指标的选择、权重赋值等都要建立在科学的基础上。

2）全面性。选择的指标要有较强的综合性，既能简化指标体系，又能全面地反映城市海岸带生态系统服务价值。

3）代表性。指标应能代表城市海岸带生态系统的特征及其服务功能特征，应选择对城市海岸带生态修复效果影响较大，起制约或主导作用的关键因子。

4）独立性。城市海岸带是极其复杂的生态系统，构建的指标体系一般由相互关联、具有层次结构的指标组成，但评价指标应注意相对独立，整个评价体系中的各个指标都要保持其各自的独立性，含义不交叠重复，有其各自独特的作用。

5）可操作性。评价指标的选择均要符合我国现有生产力水平和监测技术水平，应立足于现有可监测、可搜集、可统计和可加工的资料数据。

4.2.3.2　评价指标体系的构建

海岸带生态修复效果评价指标体系的构建，首先应结合指标选取原则和相关研究文献，初步预选多个指标作为预选指标集；然后再根据海岸带具体特征、功能和生态修复工程实施所获效益的本质特征，考虑指标体系内部各子系统之间的相互关系与数据资料的获取情况，最终筛选确定整个评价指标体系。本书主要通过"指标归类—初步筛选—最终确定"等程序识别海岸带生态修复效果的表征因子，构建评价指标体系。其基本程序为：①充分调研国内外海岸带生态修复效果评价方法和实践，初步识别海岸带生态修复效果评价可能使用的表征因子，作为评价指标筛选的基础数据库，并对主要因子及其评价指标进行归纳和分类；②结合区域自然社会条件和生态修复目标等，通过向专家和管理部门咨询，对指标进行详细分析、评估和筛选，选择适宜于海岸带生态修复效果的评价指标。

（1）国内相关海洋及海岸带生态系统服务功能评价指标体系

虽然近年来国内学者对海岸带生态系统服务的研究逐渐增多，但是，对海岸带生态系统的综合服务价值方面的研究相对还是较少，而与之相关的海洋生态系统服务价值及海岸带具体生境的服务价值等方面的研究则相对较多。由于本书构建的海岸带生态修复效果评价指标体系是从生态系统服务功能方面选取指标，因此相关海洋及海岸带生态系统服务功能评价指标体系对本书指标体系的构建具有较好的指导意义，相关海洋及海岸带生态系统服务功能评价指标体系见表4-3。

表4-3　海洋及海岸带生态系统服务功能评价指标体系

生态系统类型	生态系统服务功能指标体系		来源
城市海岸带	供给服务：食物生产、原材料提供、水供给		程建华，2010
	调节服务：气体及气候调节、干扰调节、水调节、废弃物处理、生物控制		
	文化服务：休闲娱乐、景观美学、科研教育		
	支持服务：初级生产、生境提供、营养物质循环		
海洋生态系统	供给服务：养殖生产、捕捞生产、氧气生产		《海洋生态资本评估技术导则》GB/T 28058-2011
	调节服务：气候调节、废弃物处理		
	文化服务：休闲娱乐、科研价值		
	支持服务：物种多样性维持、生态系统多样性维持		
渤海海域	供给功能：食品生产、提供基因资源		吴姗姗等，2008
	调节功能：气候调节、生物控制、废弃物处理		
	文化功能：休闲娱乐、科研文化		
	支持功能：初级生产、物种多样性维持		

生态系统类型	生态系统服务功能指标体系		来源
曹妃甸海域	供给功能：食品生产 调节功能：气候调节、污染物净化、空气质量调节 娱乐功能：休闲娱乐、知识扩展 支持功能：生物多样性维持		索安宁等，2012
海洋生态系统	供给功能：食品生产 调节功能：气体调节、废弃物处理 文化功能：科研文化 支持功能：营养物质循环、物种多样性		张慧等，2009
海岸带 生态系统	供给功能：食物、原材料、基因资源、医药资源、观赏资源、水供给、空间资源 调节功能：气体调节、气候调节、水调节、干扰调节、废弃物处理、传花授粉、生物 　　　　　控制 文化功能：审美信息、娱乐旅游、文化艺术、精神宗教、科学教育 支持功能：初级生产、土壤形成、养分循环、生境服务、生物多样性		陈伟琪等，2009
海洋生态系统	供给功能：食品生产、原料生产、氧气提供、提供基因资源 调节功能：气候调节、废物处理、生物控制、干扰调节 文化功能：休闲娱乐、文化用途、科研价值 支持功能：初级生产、营养物质循环、物种多样性维持		陈尚等，2006
海洋生态系统	供给功能：食品生产、原料生产、基因资源 调节功能：氧气生产、气候调节、水质净化、生物控制、干扰调节 文化服务：旅游娱乐、文化用途、知识扩展服务 支持服务：初级生产、物质循环、生物多样性维持		郑伟，2008

从表4-3中可以看出不同的学者根据不同地区、不同生态系统类型以及不同的管理和恢复角度选取生态系统服务功能评价指标，但基本上均从供给功能、调节功能、文化功能和支持功能四方面选取指标，且这些指标的选取均存在较多的共同点，以下将这些指标从上述四方面功能进行归类（表4-4）。

表 4-4　海洋及海岸带生态系统服务功能评价指标体系归类

生态系统服务功能指标	具体指标
供给服务	食品生产（养殖生产、捕捞生产）、原材料（观赏资源、医药资源）、基因资源、空间资源、水供给、氧气生产
调节服务	传花授粉、废弃物处理（污染物净化、水质净化）、干扰调节、气候调节（气体调节、空气质量调节）、生物控制、水调节
文化服务	精神宗教、景观美学（审美信息）、科学教育（科研价值、科研文化、知识扩展）旅游娱乐（休闲娱乐）、文化艺术（文化用途）
支持服务	初级生产、生境提供、生物多样性维持（物种多样性维持、生态系统多样性维持）土壤形成、营养物质循环

（2）基于生态系统服务功能的海岸生态修复效果评价指标体系

本书从生态系统供给服务、调节服务、文化服务和支持服务四方面考虑选取和组织指标，从目标层、准则层和指标层构建评价指标体系框架（图 4-2）。该指标体系框架结构简单明确、可根据评价的目的对各种类型的指标进行组织和调整，也有利于根据不同的需求补充新指标，扩展指标体系。

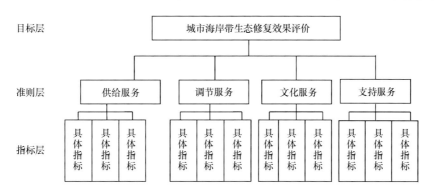

图 4-2　基于生态系统服务功能的海岸生态修复效果评价指标体系

1）目标层。目标层为城市海岸带生态修复效果评价，反映了生态修复效果的程度，是该评价指标体系的最高层。通过系统分析方法，对供给服务、调节服务、文化服务和支持服务进行综合评价，可获得城市海岸带生态修复效果评价结果。

2）准则层。准则层是对目标层的进一步说明，包括供给服务、调节服务、文化服务和支持服务四方面。供给服务是指城市海岸带生态系统为人类提供食品、原材料等物质产品和空间资源。仅指人类只需要投入少量的时间、劳动和能源就可以从海岸带生态系统中获得的服务。调节服务是指海岸带生态系统调节人类生态环境的生态系统服务功能。文化服务功能是指人们通过精神感受、知识获取、主观印象、消遣娱乐和美学体验从海岸带生态系统中获得的非物质利益。支持服务是支持和保障上述其他海岸带生态系统服务所必需的基础功能。

3）指标层。指标层是指定义清晰，可通过直接计算或从统计资料中获得的指标变量。指标层是构成城市海岸带生态修复效果评价的最基本元素。根据评价的目的和指标选取原则，参考国内外海洋和海岸带生态系统服务功能评价现有指标体系，结合专家咨询法等，并分析和论证各项指标的有效性及相关性等，进一步确定具体指标。

城市海岸带生态修复效果评价的总体框架对于一般的海岸带生态系统都是适用的，但是，由于海岸带生态系统具有时变性和空间变异性特征，在不同时间和不同区域下，海岸带生态系统存在的问题和为解决问题而采取的措施也会有所差异，因此，对于具体指标的选取，要根据评价目的和评价区域的不同特点，具体问题具体分析。

a）供给服务指标的选取。目前学者们采用的海洋和海岸带生态系统服务功能评价供给服务指标见表4-4。

食品生产（养殖生产和捕捞生产）：天津滨海旅游区海岸生态修复运用生态潜堤鱼礁构建技术，建立生态型潜堤鱼礁群，开展附礁生物保育繁殖，以拓展海洋生物栖息环境空间，增加海洋生物群体数量，有效养护海域生物资源，由此可知采用生态潜堤鱼礁构建技术可增加海洋生态系统向人类提供鱼、虾、蟹、贝、藻等海产品，故采用食品生产指标来表征从海岸带生态系统获得的食物，而食品生产和捕捞生产已经包含在食品生产功能中，故舍去这两个评价指标。

原材料（观赏资源、医药资源）：原材料是指海岸带生态系统提供的建筑和制造材料（如木材、皮毛等）、医药原料、化工原料、装饰观赏材料、燃料能源以及饲料和肥料（如磷虾、树叶和杂草等）等，因此原材料指标包括观赏资源和医药资源两个指标。天津滨海旅游区海岸生态修复工程开展岸线土壤改良技术应用试验和耐盐碱植物栽植及选育试验示范，建设完善区域海岸带生态景观效果，优化滨海旅游区的海洋生态环境，由此可知该示范性工程可为人类提供相关的装饰观赏材料，种植的植物其树枝、树叶等可为人类提供相关的建筑和制造材料、肥料等。故综合考虑采用原材料指标，而舍去观赏资源、医药资源这两个指标。

基因资源：指海洋生物所携带的基因和基因信息。例如，海洋野生动物为改良养殖品种提供基因资源，但由于目前的科学技术还没有充分认识到基因资源的价值，故该指标相关的计算方法较少，因此根据评价指标选取的可操作性原则，舍去该指标。

空间资源：指为人类生产和生活如旅游、港口、桥梁、居住等提供的空间资源。虽然天津滨海旅游区海岸生态修复工程可为人类提供旅游空间，但由于该指标的相关计算方法较少，可操作性不强，故舍去。

水供给：指海岸带生态系统中的河口、湿地及其河流湖泊的含水层过滤、保持和储存水。包括为人类活动、工农业生产提供可消费的水。直接计算水供给指标存在很大的困难，可借鉴 Costanza 等（1997）对全球各种生态系统服务的平均价值计算成果对研究区域的供给服务价值进行评估。天津滨海旅游区海岸生态修复工程可改善该区域海岸生态环境，其含水层可过滤、保持和存储水，故采用该指标来表征海岸带生态系统的水供给服务功能。

氧气生产：主要指海岸带陆域植物和海洋植物通过光合过程生产的氧气，进入大气中提供人类享用，同时对调节大气中氧气和二氧化碳的平衡起着至关重要的作用。有的研究也把氧气生产这个指标归在调节服务功能中。氧气生产的物质量应采用陆域植物和海洋植物通过光合作用过程生产的氧气的数量；陆域植物主要包括该评价区域海岸种植的相关植物初级生产提供的氧气；海洋植物主要包括浮游植物初级生产提供的氧气和大型藻类初级生产提供的氧气。因此氧气生产这个指标与支持服务功能中的初级生产指标具有一定的重复性，根据评价指标选取的独立性原则，舍去氧气生产指标。

b）调节服务指标的选取。

传花授粉：该指标较难量化，本着指标选取的可操作性原则，本书舍去该指标。

废弃物处理（污染物净化、水质净化）：废弃物处理主要是指人类生产、生活产生的废水、废气及固体废弃物等通过地表径流、直接排放、大气沉降等方式进入海洋，经过海岸带的物理、化学和生物等净化过程最终转化为无害物质的功能。污染物净化主要指陆源入海污染物质通过海岸带生态系统的生物、化学、水文等一系列生态过程而转化为无毒无害的物质，其作用的性质与污水处理工厂相似。水质净化指进入海洋的各种污染物经过海洋生物的分解还原、生物转移等过程最终转化为无害物质的服务。由此可知这三个指标含义相同，采用一个指标即可，本书采用废弃物处理指标。

干扰调节：主要是指海岸带生态系统中的防护林带、沙滩、红树林和珊瑚礁等对减轻风暴和海浪对海岸、堤坝破坏的功能以及红树林和湿地的洪水控制服务。根据天津滨海旅游区海岸修复项目内容，本项目海岸种植的防护林带具有对减轻风暴和海浪对海岸、堤坝破坏的功能，故保留干扰调节指标。

气候调节（气体调节、空气质量调节）：气候调节指海岸带生态系统通过水分及营养物质的循环调节空气湿度、温度，通过吸收和生产温室气体影响气候。气体调节指海岸带生态系统通过其陆域植物、红树林及海域浮游植物的光合作用吸收二氧化碳释放氧气及吸纳其他气体来维持空气的质量，并对气候调节（如温室效应）产生作用。空气质量调节指海岸带生态系统通过其陆域植物、红树林及海域浮游植物的光合作用吸收二氧化碳释放氧气及吸纳其他气体来维持空气的质量。由此可知这三个指标含义基本相同，多数学者在评价时仅采用其中的一个指标，本着指标选取的独立性原则，本项目采用气候调节指标。

生物控制：指在近海富营养化海区，浮游动物和养殖贝类能起到抑制赤潮生物的作用，减少对人体健康的损害。海岸带生态系统包括海洋生态系统，其浮游动物同样能起到抑制赤潮生物的作用，故保留生物控制指标。

水调节：径流、洪水、储水层补充的时间和大小都受到土地覆盖变化的强烈影响，天津滨海旅游区海岸修复工程将开展岸线土壤改良技术应用试验和耐盐碱植物栽植，因此会改变原来该区域土地的覆盖类型，由此将会影响到该区域径流、洪水、储水层补充的时间和大小，故保留水调节指标。

c）文化服务指标的选取。

精神宗教：自古以来，人类因对自然生态系统的生存依赖而产生的各种精神文化和宗教文化，成为人类社会历史文化发展的重要组成部分。但由于该指标比较难量化，相关的计算方法较少，本着指标选取的可操作性，本项目舍去该指标。

景观美学（审美信息）：景观美学和审美信息均指人们在海岸带生态系统不同方面发现的美学或

者审美价值，反映在支持公园的建设、房屋地点的选择等。本着指标选取的独立性原则，本项目采用景观美学指标。

科学教育（科研价值、科研文化、知识扩展）：科学教育主要指海岸带是海洋与陆地的过渡带，也是生境极其脆弱的地带。自然资源丰富，又受到自然和人类双重因素的影响，海岸带生态系统及其组成与过程具有较高的科研及科普教育价值。科研价值和科研文化主要指海岸带提供的科研场所和材料功能。知识扩展主要指由于海岸带生态系统的复杂性和多样性而产生和吸引的科学研究以及对人类知识的补充等生态系统知识扩展服务。由此可知以上四个指标含义具有一定的重合性，本着指标选取的独立性原则，本书选取科学教育指标来表征天津滨海旅游区海岸带提供的科研及科普教育价值。

旅游娱乐（休闲娱乐）：旅游娱乐和休闲娱乐均指海岸带提供人们游玩、观光、游泳、垂钓、潜水等方面的功能，天津滨海旅游区海岸生态修复工程开展岸线土壤改良技术应用试验和耐盐碱植物栽植及选育试验示范，建设完善区域海岸带生态景观效果，优化滨海旅游区的海洋生态环境，该项目的实施能为天津滨海旅游区提供更多的休闲娱乐功能，同时本着指标选取的独立性原则，本书采用休闲娱乐指标来体现该生态修复工程提供的休闲娱乐功能。

文化艺术（文化用途）：文化艺术主要指海岸带自然生态系统为人类的文学创作、影视创作以及音乐、舞蹈、美术、雕刻等艺术创造提供动力和灵感的源泉。文化用途主要指海岸带提供影视剧创作、文学创作、教育、美学、音乐等的场所和灵感的功能。由此可知这两个指标含义相同，但该指标比较难量化，故本书舍去该指标。

d）支持服务指标的选取。

初级生产：指陆地植被、海洋浮游植物、其他海洋植物和细菌生产固定有机碳，为海岸带生态系统提供物质和能量来源；天津滨海旅游区海岸生态修复工程所在区域同样具有陆地植被、海洋浮游植物、其他海洋植物和细菌等，具有初级生产的功能，因此本书采用该指标。

生境提供：指为生物物种提供栖息地、繁殖地和避难所，以维持其生物和基因的多样性。天津滨海旅游区海岸生态修复工程不但建立生态型潜堤鱼礁群，开展附礁生物保育繁殖，以拓展海洋生物栖息环境空间，同时还种植耐盐碱植物，同样能为生物物种提供栖息地、繁殖地和避难所，故本书采用该指标。

生物多样性维持（物种多样性维持、生态系统多样性维持）：生物多样性包括物种多样性和生态系统多样性两个方面，本项目主要是针对海岸带生态系统开展生态修复，仅涉及海岸带生态系统，故舍去生态系统多样性指标。同时本项目的开展能为生物物种提供栖息地、繁殖地和避难所，以维持其生物和基因的多样性，故采用物种多样性指标。

土壤形成：该指标主要针对围填海对海岸带或海洋生态系统的影响而言，本项目不涉及围填海活动，故舍去该指标。

营养物质循环：指海岸带生态系统通过对营养元素的储存和循环作用，促使生物与非生物环境之间的元素交换，维持生态过程。本项目针对海岸带生态系统开展生态修复，会影响到海岸带营养物质的循环功能，因此保留营养物质循环指标。

综上可知，基于生态系统服务功能的天津滨海旅游区海岸生态修复效果评价指标体系见表4-5。

表 4-5 基于生态系统服务功能的天津滨海旅游区海岸生态修复效果评价指标体系

目标层	准则层	指标层
基于生态系统服务功能的天津滨海旅游区海岸生态修复效果评价指标体系 A	供给服务 B1	食品生产 C1
		原材料 C2
		水供给 C3
	调节服务 B2	废弃物处理 C4
		干扰调节 C5
		气候调节 C6
		生物控制 C7
		水调节 C8
	文化服务 B3	景观美学 C9
		科学教育 C10
		休闲娱乐 C11
	支持服务 B4	初级生产 C12
		生境提供 C13
		物种多样性维持 C14
		营养物质循环 C15

4.2.4 评价指标权重的确定

4.2.4.1 评价指标权重确定方法的选择

目前确定指标权重的方法一般可分为主观赋权法和客观赋权法两类。主观赋权法主要根据人们对各评价指标的重视程度来确定其权重，反映了决策者的意向，但权重值的确定具有一定的主观性。客观赋权法主要是利用较完善的数据理论与方法，根据指标的实测数据来确定其权重，但它忽略了决策者的主观信息，没有考虑指标本身的相对重要性程度。主观赋权一般有专家评价法和层次分析法等；客观赋权法一般有主成分分析法、因子分析法和熵权法等。

主观赋权中的专家评分法主要是依据专家的经验与专业知识对各评价指标的权重大小进行打分，权重值存在的主观因素较强；层次分析法是一种将定性因素与定量因素相结合的决策方法，根据指标体系的层次分别赋权，提高了权重确定的准确性，简化了赋权过程。由于层次分析法确定指标权重的有效性和实用性，使其在许多方面得到了广泛应用。本项目建立的天津滨海旅游区海岸生态修复效果评价指标体系是一个多因素、多层次的结构体系，考虑层次分析法的优点，选用层次分析法来确定评价指标的权重值。

4.2.4.2 层次分析法简介

层次分析法（AHP）的基本原理是将一个复杂问题分解为一系列简单的判断指标，请有关专家依据他们积累的丰富经验和知识作出逻辑判断和比较，并通过一定的方法把它们组合起来，得到对原始问题的分析判断。即该方法将与决策有关的元素分解成目标、准则、因素等层次，并在此基础之上进行定性和定量分析；其主要特点是将人的主观判断用数量形式来表达和处理。层次分析法把各个组成因素按支配关系分组，形成递阶层次结构，并通过两两比较的方法确定层次中诸因素的相对重要性；然后综合专家的判断，确定每个因素相对重要性的总排序。其计算步骤如下。

（1）建立系统结构

分析系统中各因素间的关系，建立系统的递阶层次结构。

（2）构造判断矩阵

判断矩阵表示本层次与上一层次相关的各因素之间的相对重要性，采用1~9及其倒数的标度来表示人们对各因素相对重要性的判断，方法见表4-6。

表4-6　两两比较量化标度判据

标度	含义
1	两个因素一样重要
3	一个因素比另一个因素稍微重要
5	一个因素比另一个因素明显重要
7	一个因素比另一个因素强烈重要
9	一个因素比另一个因素绝对重要
2, 4, 6, 8	上述判断的中间值
1~9 的倒数	因素 i 与 j 比较的判断为 h_{ij}，则因素 j 与 i 比较的判断为 $h_{ji} = 1/h_{ij}$

（3）计算单一准则下元素的相对权重

本书采用特征根方法计算权重值，其计算步骤如下。

计算矩阵各行各元素乘积：

$$m_i = \prod_{i=1}^{n} a_{ij} \quad i = 1, 2, \cdots, n$$

计算 n 次方根：

$$w_i = \sqrt[n]{m_i}$$

对向量 $W = (W_1, W_2, \cdots, W_n)^{\mathrm{T}}$ 进行规范化：

$$\overline{w_i} = \frac{w_i}{\displaystyle\sum_{j=1}^{n} w_j} \quad j = 1, 2, \cdots, n$$

向量 $\overline{w} = (\overline{w_1}, \overline{w_2}, \cdots, \overline{w_n})^{\mathrm{T}}$ 即为所求权重向量。

（4）进行一致性检验

单个判断矩阵的一致性检验。以上得到的特征向量 $\overline{w} = (\overline{w_1}, \overline{w_2}, \cdots, \overline{w_n})^{\mathrm{T}}$ 即为所求权重向量，权重分配是否合理，需要对判断矩阵进行一致性检验，步骤如下。

计算判断矩阵的最大特征根 $\lambda_{\max}$：

$$\lambda_{\max} = \frac{1}{n} \sum_{i=1}^{n} \frac{(A\overline{w})_i}{\overline{w_i}} \quad i = 1, 2, \cdots, n$$

式中：$(A\overline{w})_i$——向量 $A\overline{w}$ 的第 i 个元素。A 为判断矩阵，$A\overline{w}$ 为判断矩阵 A 和向量矩阵 $\overline{W}$ 的积。

计算判断矩阵的一般性一致性指标 CI：

$$CI = \frac{\lambda_{\max} - n}{n - 1}$$

计算矩阵随机一致性比率 CR：

$$CR = \frac{CI}{RI}$$

式中：RI——平均随机一致性指标，其值见表 4-7。

当 $CR < 0.10$ 时，即认为判断矩阵具有满意的一致性，说明权重的分配是合理的；否则需重新调整判断矩阵，直到取得符合的一致性要求为止。

表 4-7　平均随机一致性指标 RI 值

阶数	1	2	3	4	5	6	7	8	9	10	11	12	13	14	15
RI	0	0	0.58	0.90	1.12	1.24	1.32	1.41	1.45	1.49	1.52	1.54	1.56	1.58	1.59

层次总权重值的一致性检验。从最高层次到最低层次逐层计算同一层次所有元素相对上一层次的相对重要性称为层次总排序权重值，其计算方法见表 4-8。

表 4-8　总排序权重值计算方法

层次	$A_1, A_2, \cdots, A_n$ $a_1, a_2, \cdots, a_n$				层次总排序
B_1	$b_1^{(1)}$	$b_1^{(2)}$	$\cdots$	$b_1^{(n)}$	$\sum\limits_{i=1}^{m} a_i b_1^{(i)}$
B_2	$b_2^{(1)}$	$b_2^{(2)}$	$\cdots$	$b_2^{(n)}$	$\sum\limits_{i=1}^{m} a_i b_2^{(i)}$
$\vdots$	$\vdots$	$\vdots$	$\vdots$	$\vdots$	$\vdots$
B_n	$b_n^{(1)}$	$b_n^{(2)}$		$b_n^{(n)}$	$\sum\limits_{i=1}^{m} a_i b_n^{(i)}$

对层次总排序的权重值进行一致性检验仍按照从高层到低层逐层进行，计算公式如下：

$$CR = \frac{\sum\limits_{j=1}^{m} CI_{(j)} a_j}{\sum\limits_{j=1}^{m} RI_{(j)} a_j}$$

式中：$CI_{(j)}$（$j=1$，2，$\cdots$，m）——层次单排序一致性指标；

　　　　$RI_{(j)}$——相应的平均随机一致性指标。

当 $CR < 0.10$ 时，认为层次总排序结果具有较满意的一致性并接受该分析结果。

4.2.4.3　层次分析法确定指标权重

（1）建立层次模型

利用层次分析法进行系统分析时，必须把问题层次化、条理化。根据问题性质和达到的目标，将问题分解为不同的组成因素，并根据其相互关系按不同层次组合，形成层次模型。表4-5中，A层为最高层，即目标层，B中间层，即准则层，C层为最低层，即指标层。

（2）评价指标相对重要性及其标度

向国家海洋环境监测中心、国家海洋局第一海洋研究所、国家海洋信息中心、国家海洋局北海分局等有关专家发放征询问卷7份，专家专业涵盖了海洋生物、海洋化学、海洋生态环境、海洋信息经济、海洋管理、海洋水文等；根据专家征询结果，确定各层指标相对于上层指标的重要程度，按照层次分析法1~9标度（表4-6）给出了重要度标度，即为括号内的数值。

1）B层评价指标：不管何种生态系统，其保障人类生存需求的支持服务和调节服务都是生态修复的重点和基点，对应于城市人群对生态系统服务的需求，满足城市人群的精神文化需求的文化服务成为城市海岸带生态修复所要关注和提升的重点，而对于供给服务的需求在城市海岸带生态系统服务中被认为处于次要地位，因此其重要性由大到小排序为：

支持服务 B4（4）、文化服务 B3（3）、调节服务 B2（2）、供给服务 B1（1）

2）C层评价指标：

供给服务 B1：在生态系统供给服务中，经专家咨询，认为生态系统给人类活动提供可消费的水较重要，其次为生态系统人类提供的食品生产，最后为生态系统提供的建筑、制造材料、装饰观赏等原材料，故其重要性由大到小排序为：

水供给 C3（3）、食品生产 C1（2）、原材料提供 C2（1）

调节服务功能 B2：在生态系统中，生物可调节控制整个生态系统的物质和能量流动，对于调节生态系统结构和功能起到很好的作用，在调节服务功能中，生物控制最重要；水调节指海岸带生态系统对径流、洪水、储水层补充的时间和大小的影响，在海岸带生态系统中处于较为重要的地位；废弃物处理功能起到将各种污染物最终转化为无害物质，减少对人类健康的损害，其重要性稍微低于生物控制；干扰调节和气候调节功能主要指海岸种植的防护林带具有对减轻风暴和海浪对海岸、堤坝的破坏功能以及海岸带生态系统通过水分及营养物质的循环调节空气湿度、温度，通过吸收和生产温室气体影响气候，这两者的重要性均低于生物控制、水调节和废弃物处理功能，故其重要性由大到小排序为：

生物控制 C7（4）、废弃物处理 C4（3）、水调节 C8（3）、干扰调节 C5（2）、气候调节 C6（1）

文化服务 B3：天津滨海旅游区海岸生态修复工程主要目标之一就是要提高修复并提升海岸带生态系统的文化服务功能，满足人类日益增长的精神文化需求，并发展休闲旅游业，故休闲娱乐功能最重要；其次为科研教育，最后为景观美学，故其重要性由大到小排序为：

休闲娱乐 C11（3）、科学教育 C10（2）、景观美学 C9（1）

支持服务 B4：在生态系统中，生境提供为生物物种提供栖息地、繁殖地和避难所，以维持其生物和基因的多样性，是初级生产、物种多样性及营养物质循环的基本，故在支持服务中最重要；其次为物种多样性维持；初级生产是为生态系统提供物质和能量的来源，营养物质循环能促进生物与非生物环境之间的元素交换，维持生态过程，在支持服务中处于重要性略低于生境提供和物种多样性维持；故其重要性由大到小排序为：

生境提供 C13（4）、物种多样性维持 C14（3）、初级生产 C12（2）、营养物质循环 C15（1）

（3）单一准则下元素相对权重的计算及一致性检验

根据天津滨海旅游区海岸带特点，通过专家咨询，确定各层指标相对于上层指标的重要程度，按照层次分析法 1~9 标度（表 4-6）给出了重要度标度，由各指标的标度得出 A-B、B1-C、B2-C、B3-C、B4-C 的判断矩阵，根据层次分析法的计算方法，计算判断矩阵的特征根和特征向量，并检验判断矩阵的一致性，确定的权系数结果见表 4-9 至表 4-13。

表 4-9　A-B 判断矩阵及权系数结果

A	B1	B2	B3	B4	权系数 W_i	一致性检验
B1	1	1/2	1/3	1/4	0.095 3	
B2	2	1	1/2	1/3	0.160 3	$\lambda_{max} = 4.030\,98$；$CI = 0.010\,326$
B3	3	2	1	1/2	0.277 6	
B4	4	3	2	1	0.466 8	$RI = 0.90$；$CR = 0.011\,47 < 0.1$；通过

表 4-10　B1-C 判断矩阵及权系数结果

B1	C1	C2	C3	权系数 W_i	一致性检验
C1	1	2	1/2	0.297 0	
C2	2	1	1/3	0.163 4	$\lambda_{max} = 3.009\,20$；$CI = 0.004\,601$
C3	2	3	1	0.539 6	$RI = 0.58$；$CR = 0.007\,933 < 0.1$；通过

表 4-11　B2-C 判断矩阵及权系数结果

B2	C4	C5	C6	C7	C8	权系数 W_i	一致性检验
C4	1	2	3	1/2	1	0.215 4	
C5	1/2	1	2	1/3	1/2	0.120 8	$\lambda_{max}=4.996\ 394$；$CI=0.004\ 085$
C6	1/3	1/2	1	1/4	1/3	0.073 5	
C7	2	3	4	1	2	0.375 0	$RI=1.12$；$CR=0.003\ 648<0.1$；通过
C8	1	2	3	1/2	1	0.215 4	

表 4-12　B3-C 判断矩阵及权系数结果

B3	C9	C10	C11	权系数 W_i	一致性检验
C9	1	1/2	1/3	0.163 4	
C10	2	1	1/2	0.297 0	$\lambda_{max}=3.009\ 20$；$CI=0.004\ 601$
C11	3	2	1	0.539 6	$RI=0.58$；$CR=0.007\ 933<0.1$；通过

表 4-13　B4-C 判断矩阵及权系数结果

B4	C12	C13	C14	C15	权系数 W_i	一致性检验
C12	1	1/3	1/2	2	0.160 3	
C13	3	1	2	4	0.466 8	$\lambda_{max}=4.030\ 98$；$CI=0.010\ 326$
C14	2	1/2	1	3	0.277 6	$RI=0.90$；$CR=0.011\ 473<0.1$；通过
C15	1/2	1/4	1/3	1	0.095 3	

（4）组合权重的计算及一致性检验

依据表 4-8 中组合权重的计算方法，计算层次总排序权重值，结果见表 4-14，并通过上述公式进行总的一致性检验，即 $CR = \dfrac{\sum\limits_{j=1}^{m} CI_{(j)}a_j}{\sum\limits_{j=1}^{m} RI_{(j)}a_j} = 0.008\ 318<0.1$，满足一致性检验。

经过专家咨询和层次分析法计算出对于修复城市海岸带生态系统的供给服务、调节服务、文化服务和支持服务的权重值分别为：0.095 3、0.160 3、0.277 6、0.468 8，由此可知修复城市海岸带生态系统其支持服务和调节服务是修复的重点和基点，对应于城市人群对生态系统服务的需求，满足城市人群的精神文化需求的文化服务成为城市海岸带生态修复所要关注和提升的重点，而对供给服务的需求已在城市海岸带生态系统服务中处于次要地位。

本书将海岸生态修复的目标定位在部分或全部恢复天津滨海旅游区海岸带原有的基本生态服务功能，即生命支持服务功能的基础上，修复并提升生态系统的文化服务，使其能有效地、可持续性地为人类的生存、发展和精神文化生活提供服务。

因此通过上述分析，确定的指标权重值与本项目城市海岸带生态修复目标是相一致的。

表 4-14 基于生态系统服务功能的海岸生态修复效果评价指标权重值

目标层	准则层	指标层	组合权重值
基于生态系统服务功能的天津滨海旅游区海岸生态修复效果评价指标体系 A	供给服务 B1 0.095 3	食品生产 C1 0.297 0	0.028 3
		原材料 C2 0.163 4	0.015 6
		水供给 C3 0.539 6	0.051 4
	调节服务 B2 0.160 3	废弃物处理 C4 0.215 4	0.034 5
		干扰调节 C5 0.120 8	0.019 4
		气候调节 C6 0.073 5	0.011 8
		生物控制 C7 0.375 0	0.060 1
		水调节 C8 0.215 4	0.034 5
	文化服务 B3 0.277 6	景观美学 C9 0.163 4	0.045 4
		科学教育 C10 0.297 0	0.082 4
		休闲娱乐 C11 0.539 6	0.149 8
	支持服务 B4 0.466 8	初级生产 C12 0.160 3	0.074 8
		生境提供 C13 0.466 8	0.217 9
		物种多样性维持 C14 0.277 6	0.129 6
		营养物质循环 C15 0.095 3	0.044 5

4.2.5　天津滨海旅游区海岸生态修复效果评估方法

4.2.5.1　供给服务价值估算

城市海岸带供给服务包括食品生产、原材料提供和水供给；一般可采用市场价值法、影子工程法、条件价值法或收益转移法进行估算。

(1) 采用全球各种生态系统服务的平均价值计算

由于海岸带生态系统既包含了多种陆地生态系统，也包括多种海洋生态系统，生态服务功能具有多样性，研究人员往往很难将所有产品及相关资料数据收集齐全，即便能收集全，也要投入大量的人力、物力和时间。因此，为了快速、便捷地对研究区域的生态修复效果作对比评估，往往选用生态系统中占较大比例或具有代表性产品或生态价值来代表整个系统的供给服务及调节服务价值。或采用收益转移法，例如直接借鉴 Costanza 等（1997）对全球各种生态系统服务的平均价值计算成果对研究区域的供给及调节服务价值进行评估。其中美元对人民币的汇率以 1997 年的汇率 8.289 8 计取。Costanza 等（1997）对全球各种生态系统服务的平均价值见表 4-15。

表4-15　全球各种生态系统服务的平均值

生物群落	面积（×10^6 hm²）	1 气体调节	2 气候调节	3 干扰调节	4 水调节	5 水供给	6 防侵蚀	7 土壤形成	8 养分循环	9 废弃物处理	10 传粉	11 生物控制	12 栖息地	13 食物生产	14 原材料	15 遗传	16 休闲	17 文化	每1 hm²价值	全球总价值
海洋	36.302	38												15					577	20.949
外海	33.200	3.102							118			5		93	0			76	252	8.381
海岸带	3.102	180		88					3.677			38	8		4		82	62	4.052	12.568
河口	188	200		567					21.100			78	131	521	25		381	29	22.832	4.110
海草/海藻	200								19.002						2			1	19.004	3.801
珊瑚礁	62			2.750						58		5	7	220	27		3.008		6.057	375
大陆架	2.660								1.431			39		68	2			70	1.610	4.283
陆地	15.323																		804	12.319
森林	4.855		141	2	2	3	96	10	361	87		2		43	138	16	66	2	969	4.706
热带林	1.900		223	5	6	8	245	10	922	87				32	315	41	112	2	2.007	3.813
温带/北方林	2.922		88		0			10		87		4		50	25		36	2	302	894
草原/牧场	3.898	7	0		3	3.8	29	1		87	25	23		67		0	2		232	906
湿地	300	133		4.539	15					4.117			304	256	106		574	881	14.785	4.879
潮间带/红树林	165			1.839						6.696			169	466	162		658		9.990	1.648
沼泽/泛滥平原	165													47	49		491	1.761	19.580	3.231
湖泊/河流	200				5.445	2.117				665				41			230		8.498	1.700
荒漠	1.925																			
苔原	743																			
冰层/岩石	1.640																			
耕地	1.400										14	24		54				—	92	128
城市	322																	—	—	
总计	541.625	1341	684	1.779	1.115	1.692	576	53	17.075	2.277	117	417	124	1.386	721	79	815	3.015	—	33.628

注：单位为美元/（hm²·a）。"—"表示已知该生态系统无此项服务功能或可忽略不计，空格表示缺少有关信息。

（2）采用市场价格法

1）食品生产：指从海岸带生态系统的植物、动物、微生物中获得的食物，如陆域部分的蔬菜、水果等农林产品以及海域的鱼、虾、蟹、贝、藻等海产品。对于本项目天津滨海旅游区海岸带修复的区域，食品生产中海域获得的鱼、虾、蟹、贝、藻等海产品，采用市场价格法计算，计算公式参照《海洋生态资本评估技术导则》（GB/T 28058-2011）。

$$FV = \sum (Q_{smi} \times P_{Mi}) \times 10^{-1} + \sum (Q_{sci} \times P_{ci}) \times 10^{-1}$$

式中：FV——海岸带生态系统为人类提供食品的价值，万元/a；

　　　　Q_{smi}——第 i 类养殖水产品的产量，t/a，$i=1$，2，3，4，5，分别代表鱼类、甲壳类、贝类、藻类和其他；

　　　　P_{Mi}——第 i 类养殖水产品的平均市场价格，元/kg；

　　　　Q_{sci}——第 i 类水产品的产量，t/a，$i=1$，2，3，4，5，分别代表鱼类、甲壳类、贝类、藻类和其他；

　　　　P_{ci}——第 i 类水产品的平均市场价格，元/kg。

2）原材料：采用市场价格法评估，计算公式如下：

$$MV = \sum L_i P_i$$

式中：MV——海岸带生态系统为人类提供的各种原料的价值；

　　　　L_i——海岸带提供的第 i 类原料的数量，包括医药原料、化工原料和装饰观赏材料等；

　　　　P_i——第 i 类原料的市场价格扣除成本后的单位价值。

3）水供给：采用市场价格法，按供水量及供水成本进行货币化估算，计算公式为：

$$DV = Q \times (C_2 - C_1) \times S$$

式中：DV——海岸带生态系统为人类提供的水资源价值；

　　　　Q——单位面积湿地年供水量，t/（a·hm²）；

　　　　C_1——从湿地取水的成本，元/t；

　　　　C_2——从其他最经济的可能得到的替代水源取水的成本，元/t；

　　　　S——海岸带具有水供给功能的湿地面积，hm²。

4.2.5.2　调节服务价值估算

调节服务包含气体调节、气候调节、水调节、干扰调节、废弃物处理、生物控制等。一般可采用市场价值法、影子工程法、条件价值法或收益转移法进行估算。

（1）采用全球各种生态系统服务的平均价值计算

采用收益转移法，例如直接借鉴 Costanza 等（1997）对全球各种生态系统服务的平均价值计算成果对研究区域的调节服务价值进行评估。其中美元对人民币的汇率以 1997 年的汇率 8.289 8 计取。Costanza 等（1997）对全球各种生态系统服务的平均价值见表 4-15。

（2）采用替代成本法、影子工程法、机会成本法等计算

1）废弃物处理：采用替代成本法进行评估，计算公式参照《海洋生态资本评估技术导则》（GB/T 28058-2011）。

$$PV = Q_{SWT} \times P_W \times 10^{-4}$$

式中：PV——废弃物处理的价值量，万元/a；

Q_{SWT}——废弃物处理的物质量，t/a；

P_W——人工处理废水（COD、氮、磷等）的单位价格，元/t。

人工处理废水（COD、氮、磷等）的单位价格宜采用评估海域毗邻行政区评估年份废水（COD、氮、磷等）处理设施的运行费用除以当年的废水（COD、氮、磷等）处理量，计算公式为：

$$P_W = \frac{Q_{WC}}{Q_{WT} \times \eta}$$

式中：P_W——人工处理废水（COD、氮、磷等）的单位价格，元/t；

Q_{WC}——评估海域毗邻行政区（省、市、县）评估年份废水（COD、氮、磷等）处理设施的运行费用，万元/a；

Q_{WT}——评估海域毗邻行政区（省、市、县）评估年份废水（COD、氮、磷等）产生量，$\times 10^4$ t/a；

η——评估海域毗邻行政区（省、市、县）的废水（COD、氮、磷等）处理率。

2）干扰调节：干扰调节的价值可采用影子工程法评价，即如果通过修建堤坝减轻风暴潮、台风对海岸的破坏，以修建堤坝的费用作为干扰调节服务的价值。

$$V_{er} = \frac{C_e \times L(1 + 2\% n)}{n}$$

式中：V_{er}——干扰调节服务的价值，万元/a；

C_e——人工岸线的工程造价，万元/km；

L——天然岸线长度，km；

n——工程使用年限，a，每年的维护成本按工程造价的2%计。

3）气候调节：渤海湾天津海域通过浮游植物等的光合作用和呼吸作用与大气交换二氧化碳和氧气，在一定程度上维持了大气中的二氧化碳和氧气的动态平衡。采用替代市场价格法进行评估，计算公式参照《海洋生态资本评估技术导则》（GB/T 28058-2011）。根据光合作用公式，气候调节价值包括产生氧气的价值和吸收的二氧化碳价值。

$$Q_V = Q_{O_2} \times P_{O_2} \times 10^{-4} + Q_{CO_2} \times P_{CO_2} \times 10^{-4}$$

式中：Q_V——气候调节价值，万元/a；

Q_{O_2}——氧气生产的物质量，t/a；

P_{O_2}——人工生产氧气的单位成本，元/t；

Q_{CO_2}——吸收二氧化碳的物质量，t/a；

P_{CO_2}——二氧化碳排放权的市场交易价格，元/t；

二氧化碳排放权的市场交易价格宜采用评估年份我国环境交易所或类似机构二氧化碳排放权的平均交易价格。

浮游植物初级生产提供氧气的计算公式为：

$$Q_{O_2} = Q_{O_2}' \times S \times 365 \times 10^{-3}$$

式中：Q_{O_2}——氧气生产的物质量，t/a；

　　　Q_{O_2}'——单位时间单位面积水域浮游植物产生的氧气量，mg/（m^2·d）；

　　　S　——评估海域的水域面积，km^2；

其中 $Q_{O_2}' = 2.67 \times Q_{PP}$

式中：Q_{PP}——浮游植物的初级生产力，mg/（m^2·d）。

浮游植物固定二氧化碳的量，计算公式为：

$$Q_{CO_2} = Q_{CO_2}' \times S \times 365 \times 10^{-3}$$

式中：Q_{CO_2}——二氧化碳生产的物质量，t/a；

　　　Q_{CO_2}'——单位时间单位面积水域浮游植物产生的二氧化碳量，mg/（m^2·d）；

　　　S　——评估海域的水域面积，km^2；

其中 $Q_{CO_2}' = 3.67 \times Q_{PP}$。浮游植物的初级生产力数据宜采用评估海域实测初级生产力数据的平均值。

4）生物控制：生物控制是指对一些有害生物与疾病的生物调节与控制，例如浮游动物、贝类对有毒藻类的摄食，可减少赤潮发生的概率。生物控制服务可采用人力资本法、防护费用法、机会成本法等方法评估。海洋生态系统通过生物间的相互作用而减少的灾害损失，通过比较渤海湾天津海域内的损失与渤海区域的平均损失差异而获得，利用机会成本法，计算公式为：

$$V_{OH} = \sum (D_{Ai} - D_{Li})$$

式中：V_{OH}——生物控制的服务价值；

　　　D_{Ai}——第 i 类灾害损失的平均值；

　　　D_{Li}——在渤海湾天津海域内第 i 类灾害损失值。

5）水调节：可采用影子工程法进行估算，即用人工建造一个水分调节系统所付出的总费用来替代。

4.2.5.3　文化服务价值估算

（1）休闲娱乐和景观美学价值

旅游价值部分一般采用替代市场法，如旅行费用法进行评价。滨海地区当地居民提供的休闲娱乐功能和景观美学价值，可采用条件价值法，通过询问相关人群对不同环境质量水平下的休闲娱乐的支付意愿来估算其价值。

1）休闲娱乐：其计算方法可参照《海洋生态资本评估技术导则》（GB/T 28058-2011）：

休闲娱乐服务价值量评估有两个方法可以选用：

a）若评估海域旅游景区较少（少于8个），则休闲娱乐服务的价值量宜采用分区旅行费用法或个人旅行费用法进行评估。休闲娱乐服务价值等于总旅行费用加上总消费者剩余。

b）若评估海域旅游景区较多（多于8个），难以针对每个景区开展问卷调查，则休闲娱乐服务的价值量宜使用收入替代法进行评估。

基于分区旅行费用法的休闲娱乐服务价值量计算公式为：

$$YV = \sum \int_0^Q F(Q)$$

式中：YV——休闲娱乐服务的价值量，万元/a；

　　　　$F(Q)$——通过问卷调查数据回归拟合得到的旅游需求函数。

$F(Q)$通过旅行费用问卷调查法获得。调查问卷应包括旅行者出发地、旅游次数、旅行费用、家庭收入等调查项目。

基于个人旅行费用法的休闲娱乐服务价值量计算公式为：

$$YV = (\overline{TC} + CS) \times P$$

式中：YV——休闲娱乐服务的价值量，万元/a；

　　　　$\overline{TC}$——单个游客旅行费用的平均值，元/人；

　　　　CS——单个游客的消费者剩余，元/人；

　　　　P——旅游景区接待的旅游总人数，万人/a。

TC通过旅行费用问卷调查法获得，CS通过对游客旅行次数和旅行费用等参数回归分析后得到。

收入替代法的计算公式为：

$$YV = \sum_j^m \sum_i^n (V_{Tj} \times F_{ji})$$

式中：YV——休闲娱乐服务的价值量，万元/a；

　　　　V_{Tj}——评估海域毗邻的第 j 个沿海市（县）某年的旅游收入，万元/a；

　　　　F_{ji}——评估海域内第 i 个海洋旅游景区对其所在市（县）j 的旅游收入的调整系数；

　　　　m——评估海域毗邻沿海市（县）个数；

　　　　n——评估海域某个沿海市（县）的海洋旅游景区数。

F_{ji} 由景区海岸线长度系数 P_{ji} 和景区级别系数 Q_{ji} 组成，计算公式为：

$$F_{ji} = \frac{P_{ji} + Q_{ji}}{2}$$

式中：P_{ji}——景区海岸线长度系数；

　　　　Q_{ji}——景区级别系数。

景区海岸线长度系数计算公式为：

$$P_{ji} = \frac{L_i}{\sum_i L_{ji}}$$

式中：L_i——评估海域内第 i 个海洋旅游景区的海岸线长度，km；

$\sum_i L_{ji}$——第 i 个海洋旅游景区所在市（县）j 的主要海洋旅游景区海岸线长度总和，km。

景区级别系数计算公式为：

$$Q_{ji} = \frac{D_i}{\sum_i D_{ji}}$$

式中：D_i——评估海域内第 i 个海洋旅游景区的景区级别分值；

$\sum_i D_{ji}$——第 i 个海洋旅游景区所在市（县）j 的主要海洋旅游景区的景区级别分值总和。

D_i 指根据国家旅游局评定的景区级别，赋以其一定分值。5A 级景区赋值 6 分，4A 级景区赋值 5 分，依次类推，直到 1A 级景区赋值 2 分，未定景区级别但是在评估海域又相对重要的景区赋值 1 分，其他赋值 0 分。

（2）科研教育服务价值

估算科研教育价值十分困难，尤其是基础科研，其经济效益不明显，而且在短期内难以见效，目前也没有现成的科研投资与经济效益比率。可采用替代价值法来评估其服务价值；或者采用直接成本法进行评估，其计算公式参照《海洋生态资本评估技术导则》（GB/T 28058—2011）：

$$KV = Q_{SR} \times P_R$$

式中：KV——科研服务的价值量，万元/a；

Q_{SR}——科研服务的物质量，篇/a；

P_R——每篇海洋类科技论文的科研经费投入，万元/篇。

科研服务采用科研成本法评估。科研服务的物质量宜采用公开发表的以评估海域为调查研究区域或实验场所的海洋类科技论文数量进行评估。评估海域的科研论文数量应通过科技文献检索引擎查询筛选获得。

每篇海洋类科技论文的科研经费投入数据宜采用国家海洋局海洋科技投入经费总数与同年发表海洋类科技论文总数之比。

4.2.5.4　支持服务价值估算

（1）初级生产价值

海岸带的初级生产能力体现为陆地植被、海洋浮游植物以及其他植物（如红树林等）的净初级生产力。植被净初级生产力（Net Primay Productivity，NPP）是指绿色植物在单位面积、单位时间内所累积的有机物量，表现为光合作用固定的有机碳中扣除本身呼吸消耗的部分，这一部分用于植被的生长和生殖，也称净第一性生产力。

根据 Whittaker 等 1975 年估算出全球第一性生产力为 333g/（m²·a）。表 4-16 是 Whittaker 等估

算的结果。

　　根据研究区内的景观类型，按照表 4-16 计算净初级生产量，再加上生物量得出有机质总量后，用碳税法计算出它的价值。碳税法是一种许多国家制定的旨在削减温室气体排放的税收制度，对二氧化碳的排放进行收费。首先利用光合作用的方程式将有机质总量转算成吸收二氧化碳的量：

$$6CO_2（264）+6H_2O（108）\rightarrow C_6H_{12}O_6（180）+6O_2（192）\rightarrow 多糖（162）$$

有机质与二氧化碳的转化关系为：有机质总量/CO_2 = 162/264。

　　同时，植物还进行呼吸作用，除了在生长过程中与光合作用抵消之外，还包括凋落物层每年通过呼吸而释放的二氧化碳的量，取 327t/km²，根据面积求出。从上述吸收二氧化碳的量中减掉这一部分，得到净固定量。

表 4-16　地球上各类生态系统的净第一性生产力和生物量

生态系统类型	面积 /($\times10^6$ km²)	单位面积净初级生产量 /[g/ (m²·a)]		全球净初级生产量 /($\times10^9$ t/a)	单位面积的生物量 /(kg/m²)		全球生物量 /($\times10^9$ t)
		范围	平均		范围	平均	
热带雨林	17	1 000~3 500	2 200	37.4	6~80	45	765
热带季雨林	7.5	1 000~2 500	1 600	12	6~60	35	260
亚热带常绿林	5	600~2 500	1 300	6.5	6~200	35	175
温带落叶阔叶林	7	600~2 500	1 200	8.4	6~60	30	210
北方针叶林	12	400~2 000	800	9.6	6~40	20	240
疏林及灌丛	8.5	250~1 200	700	6	2~20	6	50
热带稀树草原	15	200~2 000	900	13.5	0.2~15	4	60
温带禾草草原	9	200~1 500	600	5.4	0.2~5	1.6	14
苔原及高山植被	8	10~400	140	1.1	0.1~3	0.6	5
荒漠与半荒漠	18	10~250	90	1.6	0.1~4	0.7	13
石块地及冰雪地	24	0~10	3	0.07	0.02	0.02	0.5
耕地	14	100~3 500	650	9.1	0.4~12	1	14
沼泽与湿地	2	80~3 500	2 000	4	3~50	15	30
湖泊和河流	2	100~1 500	250	0.5	0~0.1	0.02	0.05
陆地总计	149		773	115		12.3	1 837
外海	332	2~40	125	41.5	0~0.005	0.003	1
潮汐海潮区	0.4	4 000~10 000	500	0.2	0.005~0.1	0.02	0.008
大陆架	26.6	200~600	360	0.6	0.001~0.04	0.01	0.27
珊瑚礁及藻类养殖场	0.6	500~4 000	2 500	1.6	0.04~4	2	1.2
河口	1.4	200~3 500	1 500	2.1	0.01~6	1	1.4
海洋总计	361		152	55		0.01	3.9
地球总计	510		333	170		3.6	1 841

注：生物量、生产量均以干物质重量计。

资料来源：Whittaker *et al*，1975。

计算式：

$$V_p = \sum_{i=1}^{n} \{ [(NPP_A \times A_i + B_i) \times 264/162 - E_{CO_2}] \times P_{CO_2} \}$$

式中：V_p——所求的第一性生产价值，万元/a；

NPP_A——单位面积净初级生产量，g/（$m^2 \cdot$ a）；

A_i——第 i 种景观斑块的面积，m^2；

B_i——第 i 种景观中生物的生物量，t/a；

264/162——二氧化碳与有机质总量的换算比；

E_{CO_2}——生物释放的二氧化碳的量，t/a；

P_{CO_2}——碳税价格，元/t。

碳税率值可以用造林成本法（指利用营造可以吸收同等数量的二氧化碳的林地成本来代替其他途径吸收二氧化碳的功能价值）来替代。中国的造林成本为 250 元/t（碳）。

（2）生境提供价值

条件价值法。海岸带生态系统的生境提供服务对维护生态系统的生物或基因多样性的作用是不可替代的。生境的改变，必然会使海岸带各种生物的生存环境受到破坏，进而减少生物的多样性。因此，生境提供价值可采用条件价值法，以野生濒危物种的存在来代表生境提供。先用支付意愿调查法对研究区域所在海域的野生濒危物种的价值进行评估，然后建立研究区域对野生濒危物种生存的贡献模型，从而得到研究区域生境提供的服务功能价值。计算式：

$$V_h = \sum_{i=1}^{n} V_i \times S_i$$

$$V_i = \frac{P_i \times Q_i}{S_c}$$

式中：V_h——生境提供服务能价值，万元/a；

V_i——区域单位面积对野生濒危物种生存的贡献价值，元/km^2；

S_i——对维护 i 种生物有贡献的海岸带面积，km^2；

P_i——一个人为保护 i 种生物不受破坏愿意支付的金额的平均值，元；

Q_i——与 i 种生物的利益相关者数量；

S_c——对维护生态多样性有贡献的海域与海岸带面积，km^2；

i——代表各种生物，$i=1$，2，3，…，n。

影子工程法、市场价格法。海岸带生态系统具有给生物提供繁殖与栖息场所的功能，繁殖与栖息地服务是海洋鱼类和贝类生存的条件，其最终价值也体现在海洋捕捞数量和质量上，因此可以根据海域初级生产力与软体动物的转化关系、软体动物与贝类产品重量关系及贝类产品在市场上的销售价格、销售利润率来确定生物繁殖栖息地功能的价值。具体评估模型如下：

$$P_{hr} = \frac{P_0 E}{N} K P_s M$$

式中：P_{hr}——单位面积生物栖息地功能的价值，元/a；

$\quad\quad\quad P_0$——单位面积海域的初级生产力（以碳计），mgC/（m^2·d）；

$\quad\quad\quad E$——转化效率，即初级生产力转化为软体动物的效率，%；

$\quad\quad\quad P_s$——贝类产品平均市场价格，元/kg；

$\quad\quad\quad K$——贝类重量与软体组织重量比（通过这个系数，可以将软体组织的重量转化为贝类产品的重量）；

$\quad\quad\quad M$——贝类产品销售利润率，%；

$\quad\quad\quad N$——贝类产品混合含碳率，%。

（3）营养物质循环价值

海岸带生态系统包含陆地及海洋生态系统，对维持全球氮、磷、硫、钾等营养物质的循环有着重要作用。其中，海洋生态系统对营养物质循环的服务包含两方面内容，一方面是通过营养物质的循环，提供海洋与陆地生物所需要的营养；另一方面在于海洋对氮、磷等营养元素的汇集作用。如果没有海洋与海岸带生态系统存在，人类将不得不重建此功能，以去除来自地表径流的氮、磷等营养盐，来实现氮、磷在海陆之间的循环。对于第一种服务价值，在海岸带生态系统的其他服务功能价值（如产品提供、生境提供等）已有体现，因此，这里我们重点对第二种服务功能的价值进行估算。同时，为简化估算，我们以去除营养元素氮、磷为主要研究对象，而略去其他营养物质如硫、钾、硅等的循环，对海洋岸生态系统的营养物质循环价值作一个保守的估算。采用替代成本法，即用人工处理含氮、磷等营养盐污水所需的成本来替代海岸带提供的营养物质循环服务的价值。

计算模型为：

$$V_{nr} = P_{nr} \times S_i$$

$$P_{nr} = \frac{QC}{S}$$

式中：V_{nr}——营养物质循环服务价值，万元/a；

$\quad\quad\quad P_{nr}$——单位面积海岸带的去除氮、磷的营养循环服务价值，元/km^2；

$\quad\quad\quad S_i$——研究区域海水面积，km^2；

$\quad\quad\quad Q$——海域所接纳的含氮、磷的污水量，m^3；

$\quad\quad\quad C$——单位体积污水中氮、磷的去除成本，元；

$\quad\quad\quad S$——接纳污水的海域面积，km^2。

陆地生态系统的营养物质循环价值采用借鉴 Costanza 等（1997）的研究成果值进行估算。

（4）物种多样性维持

条件价值法。物种多样性维持采用条件价值法进行评价，其计算方法可参照《海洋生态资本评估技术导则》（GB/T 28058—2011）。

采用评估海域毗邻行政区（省、市、县）的城镇人口对该海域内的海洋保护物种以及当地有重要价值的海洋物种的支付意愿来评估物种多样性维持的价值。计算公式为：

$$WV = \sum WTP_j \times \frac{P_j}{H_j} \times \eta$$

式中：WV——物种多样性维持的价值量，万元/a；

　　　　WTP_j——物种多样性维持支付意愿，即评估海域内第 j 个沿海行政区（省、市、县）以家庭为单位的物种保护支付意愿的平均值，元/（户·a）；

　　　　P_j——评估海域内第 j 个沿海行政区（省、市、县）的城镇人口数，万人；

　　　　H_j——评估海域内第 j 个沿海行政区（省、市、县）的城镇平均家庭人口数，人/户；

　　　　η——被调查群体的支付率。

成果参照法。参考国内有关研究，单位面积海域物种多样性维持功能价值为 0.21 万元/（hm·a），则物种多样性维持的价值量为：

$$WV = 0.21 \times S$$

式中：WV——物种多样性维持的价值量，万元/a；

　　　　S——海域面积，hm。

4.2.5.5　生态修复效果评估

通过研究区域不同时期的生态系统服务总价值估算及对比、分析，评估研究区域生态修复效果。生态服务的总价值就是由各项生态系统服务价值的总和。计算式为：

$$V_u = \sum_{i=1}^{n} V_{ui}$$

式中：V_u——研究区域的生态系统服务总价值；

　　　　V_{ui}——第 i 项服务功能价值。

第 5 章　研究示范区海岸修复效果评估

5.1　渤海湾海岸带生态修复示范案例

5.1.1　盐生植物翅碱蓬修复石油烃污染的河口海岸带

该试验区位于渤海湾沿岸地区天津市海防公路以西，大沽排污河南岸，大沽排污口附近，面积约 5 000 m²。由于该区盐碱度高、受到石油烃等污染物的污染，在试验前仅有零星的翅碱蓬分布，没有其他物种生长，植被覆盖率不足 5%。于 2006 年 3 月在试验区大面积播撒翅碱蓬种子后，任翅碱蓬自然生长，没有进行施肥及其他管理。经过 3 年的修复，与无碱蓬对照点相比，种植翅碱蓬各点盐碱土壤种石油烃含量明显下降，降幅达 51.6～191.6 μg/g，石油烃降解率逐年增加，降解率平均达到 49.5%。试验区种植翅碱蓬进行修复后，翅碱蓬生长情况良好，试验区恢复了地表植被，而且有野生动物出没，其生态系统得到了修复。

5.1.2　天津港碱渣山北侧潮间带碱蓬—互花米草生态示范区

该区地处 38°33′ — 40°14′N，116°42′ — 118°03′E，位于天津市东部，渤海湾西岸，天津经济技术开发区东侧，属新港到北塘段海挡的一部分，直接与滨海新区相关联。该区海岸线周边分布着众多盐池和海水养殖场，滩涂闲置土地多为裸地，无植被覆盖，仅有盐地碱蓬、滨藜、白刺、地肤等盐生植物零星分布。在该示范区种植互花米草后，潮间带滩面明显升高，土地露出水面，成陆现象十分明显，多种藜科植物如盐地碱蓬、碱蓬、滨藜、白刺、地肤及獐毛等盐生植物随之进入裸地，形成盐生植物草甸植被。该示范区的建设构建了自然演替的生态系统，削减了排污明渠入海污染物，净化了水质，营造了野生动物栖息地，使得滩涂景观得以改善，互花米草大量繁殖，夏秋季郁郁葱葱，吸引大量的鸟类在该地栖息。

5.1.3　天津港东疆港区潮间带大型底栖生物生态系统重建

东疆港区位于天津港港区陆域的东北部，北临永定新河口南治导线，西北与集装箱物流中心衔接形成与陆域的连接；南临天津新港主航道，西临规划反 F 形港池，东临渤海湾海域。由于东疆港人工沙滩是在原近岸海域的基础上从外地搬运沙子修建而成，基本上属于无生命区。该区域主要实施生态系统修复与重建技术，2010 年在人工沙滩防波堤内实施人工增殖放流，主要增殖适合沙滩生活的底栖贝类如菲律宾蛤仔和毛蚶。据调查，在 39°00′29.1″N、117°49′17.6″E 和 39°00′26.1″N、117°49′19.5″E 处底播菲律宾蛤 500 kg，平均个体大小 2.38 g/个；毛蚶 300 kg，平均个体大小 0.61 g/个。人工沙滩外侧由防波堤和自然潮间带组成，由于围海造陆疏浚工程的实施使原本脆弱的潮间带几乎成为无生命区。因此在该区主要实施生态系统修复与重建技术，2010 年在 38°59′21.5″N、117°49′47.1″E；38°59′20.0″N、117°49′48.9″E；38°59′17.2″N、117°49′49.3″E；38°59′15.3″N、117°49′49.1″E 和 38°59′14.0″N、117°49′49.1″E 处底播菲律宾蛤 500 kg，平均个体大小 2.38 g/个；毛蚶 700 kg，平均个体大小 0.61 g/个。在 38°59′20.8″N、117°49′35.2″E 底播青蛤 150 kg，平均个体大小 1.25 g/个；蟶蛏 75 kg，平均个体大小 1.04 g/个。东疆湾示范区经过半年多的修复之后，大型底栖生物生态系统得以修复。修复区域和空白区域的生物量均有提高，主要经济种类的生物量增加了 103.1%，经济效益显著。本海域的优势种类在修复前后发生了变化，重建了防波堤周围的岩石质海岸生态系统：牡蛎–藤壶生态系统、人工沙滩菲律宾蛤–四角蛤蜊–毛蚶生态系统和防波堤外潮间带滩涂青蛤–蟶蛏–四角蛤蜊–毛蚶生态系统，区域环境状况开始得到改善。

5.2　研究区域海岸修复效果评估

以 1983 年海岸带海涂调查时的天津市渤海湾为环境生态本底，根据天津市天津滨海旅游区海岸修复生态保护项目实施的时间，分别计算 2005 年和 2012 年的生态系统服务价值。根据本项目构建的城市海岸带生态修复效果评估方法，分别对天津市渤海湾海岸带三个年份的生态服务价值指标进行估算，再运用修复效果评估模型估算三个年份的生态服务总价值。通过对比，对天津市渤海湾海岸生态修复的效果进行评估。

5.2.1　天津市渤海湾海岸生态修复指标估算

天津市海岸带滩涂开发利用状况主要分为林地、草地、湿地、农业用地、城建用地、盐田和未利用地，其中农业用地主要包括旱地和鱼塘。郑丙辉等统计了天津市海岸带 6 个年份的景观类型面积（郑丙辉等，2013），见表 5-1。

表 5-1　天津市海岸带景观类型面积　　　　　　　　　　　　　　　　单位：hm²

年份	高功能景观			低功能景观			
	林地	草地	湿地	农业用地	城建用地	盐田	未利用地
1954	3 991	22 236	86 645	9 627	1 757	12 471	1 058
1970	730	2 820	46 323	31 067	7 357	29 424	20 062
1981	978	6 639	50 243	29 905	15 244	31 805	2 969
1990	1 967	9 206	51 454	25 478	16 748	31 316	1 614
2000	1 033	6 860	46 309	31 508	25 667	26 407	0
2010	1 580	6 882	23 351	36 625	36 361	25 711	15 547

5.2.1.1　供给服务价值估算

（1）食品生产——成果参照法、市场价格法

天津市渤海湾海岸带食品生产陆域部分采用 Costanza 等（1997）对全球各种生态系统生态服务功能平均值进行计算，海域部分食品生产采用市场价格法计算。

1）陆域部分：对照 Costanza 等（1997）对全球各种生态系统的分类，天津市海岸带陆域林地的生态服务功能平均值取热带森林的生态服务平均价值的一半；农业用地和盐田取耕地的生态服务功能平均值。由于收集的数据不全，将 1981 年、2000 年和 2010 年三个年份天津市海岸带林地、草地、湿地及农业用地等面积作为 1983 年、2005 年和 2012 年的面积，由此得到天津市渤海湾海岸带 1983 年、2005 年和 2012 年陆域部分的食品生产服务价值分别为 13 806.6 万元/a、12 814.9 万元/a 和 8 149.2 万元/a（表 5-2）。

表 5-2　天津市渤海湾海岸带陆域食品生产价值估算

评估时期		生态系统类型单位价值/[美元/（hm²·a）]					合计
		林地	草地	湿地	农业用地	盐田	
		16	67	256	54	54	
1983 年	面积/hm²	978	6 639	50 243	29 905	31 805	119 570
	价值/（万元/a）	13.0	368.7	10 662.5	1 338.7	1 423.7	13 806.6
2005 年	面积/hm²	1 033	6 860	46 309	31 508	26 407	112 117
	价值/（万元/a）	13.7	381.0	9 827.6	1 410.5	1 182.1	12 814.9
2012 年	面积/hm²	1 580	6 882	23 351	36 625	25 711	94 149
	价值/（万元/a）	21.0	382.2	4 955.5	1 639.5	1 151.0	8 149.2

2）海域部分：海域部分食品生产价格采用市场价格法计算，为了消除人民币消费价格的影响，水产品价格统一采用 2011 年水产品价格。从中国产业信息网中可知 2011 年海水鱼平均价格为

28.36 元/kg，虾蟹类平均价格为 96.08 元/kg，贝类平均价格为 7.73 元/kg。由于收集的数据不全，1983 年海水产品采用 1981 年的数据，2012 年海水产品采用 2011 年的数据，则 1983 年、2005 年和 2012 年天津市海岸带海域食品生产价值分别为：115 745.1 万元/a、213 275.7 万元/a 和 161 461.9 万元/a（表 5-3）。

表 5-3　天津市渤海湾海岸带海域食品生产价值估算

评估时期		类群单位价值/（元/kg）			合计
		鱼类	虾蟹类	贝类	
		28.36	96.08	7.73	
1983 年	产量/t	18 688	6 135	4 917	29 740
	价值/万元	52 999.2	58 945.1	3 800.8	115 745.1
2005 年	产量/t	27 198	13 506	8 249	48 953
	价值/万元	77 133.5	129 765.6	6 376.5	213 275.7
2012 年	产量/t	15 226	12 064	3 066	30 356
	价值/万元	43 180.9	115 910.9	2 370.0	161 461.9

综上可知，1983 年、2005 年和 2012 年天津市渤海湾海岸带食品生产价值分别为：129 551.7 万元/a、226 090.6 万元/a 和 169 611.1 元/a。

（2）原材料——成果参照法

天津市海岸带原材料供给服务价值采用 Costanza 等（1997）对全球各种生态系统生态服务功能平均值进行计算，渤海湾海域生态系统服务功能取河口生态服务功能平均值的一半。由此得出三个年份天津市海岸带原材料供给服务价值分别为：7 651.3 万元/a、6 173.0 万元/a 和 4 227.0 万元/a（表 5-4）。

表 5-4　天津市渤海湾海岸带原材料供给价值估算

评估时期		生态系统类型单位价值/[美元/（hm²·a）]			合计
		林地	湿地	海湾	
		157.5	106	12.5	
1983 年	面积/hm²	978	50 243	300 000	351 221
	价值/（万元/a）	127.7	4 414.9	3 108.7	7 651.3
2005 年	面积/hm²	1 033	46 309	190 000	47 342
	价值/（万元/a）	134.9	4 069.3	1 968.8	6 173.0
2012 年	面积/hm²	1 580	23 351	190 000	24 931
	价值/（万元/a）	206.3	2 051.9	1 968.8	4 227.0

（3）水供给——成果参照法

天津市海岸带水供给服务价值采用 Costanza 等（1997）对全球各种生态系统生态服务功能平均值进行计算，由此得出三个年份天津市海岸带水供给服务价值分别为：164.8 万元/a、152.8 万元/a和 84.1 万元/a（表 5-5）。

表 5-5　天津市渤海湾海岸带水供给价值估算

评估时期		生态系统类型单位价值/[美元/（hm² · a）]		合计
		林地	湿地	
		8	3.8	
1983 年	面积/hm²	978	50 243	51 221
	价值/（万元/a）	6.5	158.3	164.8
2005 年	面积/hm²	1 033	46 309	47 342
	价值/（万元/a）	6.9	145.9	152.8
2012 年	面积/hm²	1 580	23 351	24 931
	价值/（万元/a）	10.5	73.6	84.1

5.2.1.2　调节服务价值估算

（1）废弃物处理——成果参照法

天津市海岸带废弃物处理服务价值采用 Costanza 等（1997）对全球各种生态系统生态服务功能平均值进行计算，由此得出三个年份天津市海岸带废弃物处理服务价值分别为：685.6 万元/a、690.1 万元/a 和 633.0 万元/a（表 5-6）。

表 5-6　天津市渤海湾海岸带废弃物处理价值估算

评估时期		生态系统类型单位价值/[美元/（hm² · a）]			合计
		林地	草地	湿地	
		43.5	87	4.117	
1983 年	面积/hm²	978	6 639	50 243	57 860
	价值/（万元/a）	35.3	478.8	171.5	685.6
2005 年	面积/hm²	1 033	6 860	46 309	54 202
	价值/（万元/a）	37.3	494.8	158.0	690.1
2012 年	面积/hm²	1 580	6 882	23 351	31 813
	价值/（万元/a）	57.0	496.3	79.7	633.0

（2）干扰调节——成果参照法

天津市海岸带干扰调节服务价值采用 Costanza 等（1997）对全球各种生态系统生态服务功能平均值进行计算，由此得出三个年份天津市海岸带干扰调节服务价值分别为：70 695.8 万元/a、44 829.3 万元/a 和 44 744.2 万元/a（表 5-7）。

表 5-7　天津市渤海湾海岸带干扰调节价值估算

评估时期		生态系统类型单位价值/［美元/（hm²·a）］			合计
		林地	湿地	海湾	
		2.5	4.539	283.5	
1983 年	面积/hm²	978	50 243	300 000	351 221
	价值/（万元/a）	2.0	189.1	70 504.7	70 695.8
2005 年	面积/hm²	1 033	46 309	190 000	237 342
	价值/（万元/a）	2.1	174.2	44 653.0	44 829.3
2012 年	面积/hm²	1 580	23 351	190 000	214 931.0
	价值/（万元/a）	3.3	87.9	44 653.0	44 744.2

（3）气体与气候调节——成果参照法与替代成本法

天津市渤海湾海岸带气候调节包括陆域植被如芦苇等通过光合作用参与气候调节，同时还包括海域中的浮游植物等通过光合作用和呼吸作用参与气候调节。陆域植被气候调节价值采用 Costanza 等（1997）对全球各种生态系统生态服务功能平均值进行计算，海域部分气候调节价值采用替代成本法计算。

1）陆域部分：天津市海岸陆域植被气候调节服务价值采用 Costanza 等（1997）对全球各种生态系统生态服务功能平均值进行计算，由此得出三个年份天津市海岸带气候调节服务价值分别为：382.0 万元/a、364.2 万元/a 和 281.5 万元/a（表 5-8）。

表 5-8　天津市渤海湾海岸带陆域气候调节价值估算

评估时期		生态系统类型单位价值/［美元/（hm²·a）］		合计
		林地	湿地	
		111.5	7	
1983 年	面积/hm²	978	50 243	51 221
	价值/（万元/a）	90.4	291.6	382.0
2005 年	面积/hm²	1 033	46 309	47 342
	价值/（万元/a）	95.5	268.7	364.2
2012 年	面积/hm²	1 580	23 351	24 931
	价值/（万元/a）	146	135.5	281.5

2）海域部分：海域部分食品生产价格采用替代成本法计算，主要计算海域浮游植物产生的氧气和吸收的二氧化碳。1983 年天津市管辖海域面积为 3 000 km²；2005 年和 2012 年均为 1 900 km²。

1983 年渤海湾春、夏季初级生产力分别为 98 mg/（m²·d）、400 mg/（m²·d）（费尊乐等，1991），取其平均值 249 mg/（m²·d）作为 1983 年渤海湾初级生产力。根据上文的计算公式计算天津海域浮游植物产生的氧气的价值：

$$Q_{O_2}' = 2.67 \times Q_{pp} = 2.67 \times 249 = 664.83 \text{ mg/（m}^2 \cdot \text{d）}$$

$$Q_{O_2} = Q_{O_2}' \times S \times 365 \times 10^{-3} = 664.83 \times 3\,000 \times 365 \times 10^{-3} = 727\,988.9 \text{ t/a}$$

采用工业制氧价格估算氧气的经济价值，工业制氧的现价按 400 元/t（王如松等，2004），则 1983 年天津海域浮游植物产生的氧气价值量为：

$$V_{O_2} = Q_{O_2} \times P_{O_2} \times 10^{-4} = 727\,988.9 \times 400 \times 10^{-4} = 29\,119.6 \text{ 万元/a}$$

根据上文的计算公式计算天津海域浮游植物吸收的二氧化碳的价值：

$$Q_{CO_2}' = 3.67 \times Q_{pp} = 3.67 \times 249 = 913.83 \text{ mg/（m}^2 \cdot \text{d）}$$

$$Q_{CO_2} = Q_{CO_2}' \times S \times 365 \times 10^{-3} = 913.83 \times 3\,000 \times 365 \times 10^{-3} = 1\,000\,643.9 \text{ t/a}$$

根据目前国际上通用的碳税率标准和我国的实际情况，采用国际碳税标准 150 美元/t（1 155 元/t）和我国的造林成本 250 元/t 的平均值 703 元/t 作为固碳的单价，则 1983 年天津海域浮游植物吸收二氧化碳的价值为：

$$Q_V = Q_{CO_2} \times P_{CO_2} \times 10^{-4} = 1\,000\,643.9 \times 703 \times 10^{-4} = 70\,345.3 \text{ 万元/a}$$

由此可知 1983 年天津海域气候调节服务价值为：99 464.8 万元/a。

2005 年春季天津海域叶绿素 a 平均含量为 11.53 μg/L，夏季为 6.14 μg/L；采用 Cadée 和 Hegem an（1974）提出的简化公式估算初级生产力含量，得出 2005 年春季初级生产力为 167.39 mg/（m²·d），夏季为 88.32 mg/（m²·d），取其平均值为 127.86 mg/（m²·d）；根据前面气候调节计算公式计算出 2005 年天津海域气候调节服务价值为：32 347.2 万元/a（表 5-9）。

2012 年春季天津海域叶绿素 a 平均含量为 4.50 μg/L，夏季为 18.0 μg/L；采用 Cadée 和 Hegem an（1974）提出的简化公式估算初级生产力含量，得出 2012 年春季初级生产力为 217.23 mg/（m²·d），夏季为 949.41 mg/（m²·d），取其平均值为 583.32 mg/（m²·d）作为 2012 年渤海湾初级生产力。根据前面气候调节计算公式计算出 2012 年天津海域气候调节服务价值为：147 573.8 万元/a（表 5-9）。

综上可知，三个年份天津市海岸带陆域和海域总的气候调节价值分别为：99 846.8 万元/a、32 711.4 万元/a、147 855.3 万元/a。

表 5-9　天津市渤海湾海岸带海域气候调节价值估算

		氧气生产		吸收二氧化碳		合计
1983 年	Q_{pp}/[mg/(m²·d)]	249	Q_{pp}/[mg/(m²·d)]	249		—
	Q_{O_2}'/[mg/(m²·d)]	664.83	Q_{CO_2}'/[mg/(m²·d)]	913.83		—
	S/km²	3 000	S/km²	3 000		—
	Q_{O_2}/(t/a)	727 988.9	Q_{CO_2}/(t/a)	1 000 643.9		—
	氧气生产成本/(元/t)	400	固碳单价/(元/t)	703		—
	氧气生产价值量/(万元/a)	29 119.6	二氧化碳生产价值量/(万元/a)	70 345.3		99 464.8
2005 年	Q_{pp}/[mg/(m²·d)]	127.86	Q_{pp}/[mg/(m²·d)]	127.86		—
	Q_{O_2}'/[mg/(m²·d)]	341.39	Q_{CO_2}'/[mg/(m²·d)]	469.25		—
	S/km²	1 900	S/km²	1 900		—
	Q_{O_2}/(t/a)	236 751.3	Q_{CO_2}/(t/a)	325 422.2		—
	氧气生产成本/(元/t)	400	固碳单价/(元/t)	703		—
	氧气生产价值量/(万元/a)	9 470.1	二氧化碳生产价值量/(万元/a)	22 877.2		32 347.2
2012 年	Q_{pp}/[mg/(m²·d)]	583.32	Q_{pp}/[mg/(m²·d)]	583.32		—
	Q_{O_2}'/[mg/(m²·d)]	1 557.46	Q_{CO_2}'/[mg/(m²·d)]	2 140.78		—
	S/km²	1 900	S/km²	1 900		—
	Q_{O_2}/(t/a)	1 080 101.6	Q_{CO_2}/(t/a)	1 484 634.0		—
	氧气生产成本/(元/t)	400	固碳单价/(元/t)	703		—
	氧气生产价值量/(万元/a)	43 204.1	二氧化碳生产价值量/(万元/a)	104 369.8		147 573.8

（4）生物控制——成果参照法

天津市海岸带生物控制服务价值采用 Costanza 等（1997）对全球各种生态系统生态服务功能平均值进行计算，由此得出三个年份天津市海岸带生物控制服务价值分别为：10 422.3 万元/a、6 902.1 万元/a 和 7 005.2 万元/a（表 5-10）。

表 5-10　天津市渤海湾海岸带生物控制价值估算

评估时期		生态系统类型单位价值 [美元/(hm²·a)]				合计
		林地	草地	农业用地	海湾	
		2	23	24	39	
1983 年	面积/hm²	978	6 639	29 905	300 000	337 522
	价值/(万元/a)	1.6	126.6	595.0	9 699.1	10 422.3
2005 年	面积/hm²	1 033	6 860	31 508	190 000	229 401.0
	价值/(万元/a)	1.7	130.8	626.9	6 142.7	6 902.1
2012 年	面积/hm²	1 580	6 882	36 625	190 000	235 087.0
	价值/(万元/a)	2.6	131.2	728.7	6 142.7	7 005.2

（5）水调节——成果参照法

天津市海岸带水调节服务价值采用 Costanza 等（1997）对全球各种生态系统生态服务功能平均值进行计算，由此得出三个年份天津市海岸带水调节服务价值分别为：643.7 万元/a、595.5 万元/a 和 311.4 万元/a（表 5-11）。

表 5-11　天津市渤海湾海岸带水调节价值估算

评估时期		生态系统类型单位价值/[美元/（hm²·a）]			合计
		林地	草地	湿地	
		3	3	15	
1983 年	面积/hm²	978	6 639	50 243	57 860
	价值/（万元/a）	2.4	16.5	624.8	643.7
2005 年	面积/hm²	1 033	6 860	46 309	54 202
	价值/（万元/a）	2.6	17.1	575.8	595.5
2012 年	面积/hm²	1 580	6 882	23 351	31 813
	价值/（万元/a）	3.9	17.1	290.4	311.4

5.2.1.3　文化服务价值估算

（1）休闲娱乐——成果参照法、旅行费用法

1983 年天津市旅游收入没有查到相关数据，采用 Costanza 等（1997）对全球各种生态系统的生态服务功能平均值进行计算，由于海域面积只有很少部分提供休闲娱乐功能，故可忽略不计，由此得出 1983 年天津市海岸带休闲娱乐价值为 23 936.8 万元/a（表 5-12）。

表 5-12　1983 年天津市渤海湾海岸带休闲娱乐价值估算

评估时期		生态系统类型单位价值/[美元/（hm²·a）]			合计
		林地	草地	湿地	
		56	2	574	
1983 年	面积/hm²	978	6 639	50 243	57 860
	价值/（万元/a）	45.4	11.0	23 907.4	23 963.8

2005 年天津市旅游外汇收入为 5.09 亿美元，即 416 957.5 万元；2012 年为 21.47 亿美元，即 1 355 293.8 万元；取 30% 作为滨海新区旅游收入占天津市旅游收入的比值，则 2005 年和 2012 年滨海新区旅游外汇收入分别为：125 087.3 万元和 406 588.1 万元。旅游净收入按总收入的 20% 计算，则 2005 年和 2012 年滨海新区旅游净收入分别为：25 017.5 万元和 81 317.6 万元。

（2）景观美学——成果参照法

根据洪华生等（2004）及彭本荣等（2006）的研究成果，厦门市西海域景观损害的价值为

3.5 元/（m² · a），即 35 000 元/（hm² · a）；天津市海岸带景观资源的观赏美学价值可类比采用
3.5 元/（m² · a）来计算。天津市海岸带土地利用类型主要为林地、草地、湿地、农业用地和盐田，
因此采用林地、草地和湿地作为具有景观美学价值用地，由此得到三个年份天津市海岸带景观美学
服务价值分别为：202 510.0 万元/a、189 707.0 万元/a 和 111 345.5 万元/a（表 5-13）。

表 5-13　天津市渤海湾海岸带景观美学价值估算

评估时期		生态系统类型单位价值/[美元/（hm² · a）]			合计
		林地	草地	湿地	
		35 000			
1983 年	面积/hm²	978	6 639	50 243	57 860
	价值/（万元/a）	3 423.0	23 236.5	175 850.5	202 510.0
2005 年	面积/hm²	1 033	6 860	46 309	54 202
	价值/（万元/a）	3 615.5	24 010.0	162 081.5	189 707.0
2012 年	面积/hm²	1 580	6 882	23 351	31 813
	价值/（万元/a）	5 530.0	24 087.0	81 728.5	111 345.5

（3）科研教育服务——成果参照法

渤海湾是个半封闭海湾，在科学研究上具有特殊的地位，因此以渤海湾作为研究对象或主体的
科研项目较多，而且来源于不同部门，科研经费总数很难统计，故采用成果参照法进行估算。对于
海岸带教育与科研价值，采用我国单位面积生态系统的平均科研价值 382 元/hm² 和 Costanza 等
（1997）人对全球湿地生态系统科研文化价值 881 美元/hm² 的平均值 3 803.1 元/hm²，代表天津市海
岸带的科研价值。天津市海岸带土地利用类型主要为林地、草地、湿地、农业用地和盐田，因此采
用林地、草地和湿地以及海域的面积作为具有科研教育服务功能用地，由此得到三个年份天津市海
岸带科研教育服务价值分别为：136 097.7 万元/a、92 872.5 万元/a 和 84 357.7 万元/a（表 5-14）。

表 5-14　天津市渤海湾海岸带科研教育价值估算

评估时期		生态系统类型单位价值/[美元/（hm² · a）]				合计
		林地	草地	湿地	海湾	
		3 803.1				
1983 年	面积/hm²	978	6 639	50 243	300 000	357 860.0
	价值/（万元/a）	371.9	2 524.9	19 107.9	114 093.0	136 097.7
2005 年	面积/hm²	1 033	6 860	46 309	190 000	244 202.0
	价值/（万元/a）	392.9	2 608.9	17 611.8	72 258.9	92 872.5
2012 年	面积/hm²	1 580	6 882	23 351	190 000	221 813.0
	价值/（万元/a）	600.9	2 617.3	8 880.6	72 258.9	84 357.7

5.2.1.4　支持服务价值估算

（1）初级生产——成果参照法

根据 Whittaker 等 1975 年对全球生态系统的分类，天津市海岸带中林地、草地、湿地、耕地第一性初级生产力的价值计算见表 5-15。海域初级生产力价值在气候调节中已经体现，在此不再重复计算其价值。由此可得出天津市海岸带三个年份的第一性生产价值分别为 369 527.4 万元/a、343 874.6 万元/a 和 191 233.7 万元/a（表 5-15）。

表 5-15　天津市渤海湾海岸带景观第一性生产的价值估算

景观类型		林地	草地	湿地	耕地	合计
		单位面积净初级生产量/[g/（m²·a）]				
		700	600	2 000	650	
		单位面积生物量/（kg/m²）				
		6.0	1.6	15.0	1.0	
1983 年	面积/hm²	978	6 639	50 243	29 905	87 765.0
	净初级生产量/（t/a）	6 846	39 834	1 004 860	194 383	1 245 923.0
	生物量/（t/a）	58 680	106 224	7 536 450	299 050	8 000 404.0
	有机质总量/（t/a）	65 526	146 058	8 541 310	493 433	9 246 327.0
	吸收二氧化碳量/（t/a）	106 783.1	238 020.4	13 919 171.9	804 112.2	15 068 087.6
	释放二氧化碳量/（t/a）	3 198.1	21 709.5	164 294.6	97 789.4	286 991.6
	二氧化碳净固定量/（t/a）	103 585.0	216 310.9	13 754 877.3	706 322.8	14 781 096.0
	价值/（万元/a）	2 589.6	5 407.8	343 871.9	17 658.1	369 527.4
2005 年	面积/hm²	1 033	6 860	46 309	31 508	85 710.0
	净初级生产量/（t/a）	7 231.0	41 160.0	926 180.0	204 802.0	1 179 373.0
	生物量/（t/a）	61 980.0	109 760.0	6 946 350.0	315 080.0	7 433 170.0
	有机质总量/（t/a）	69 211.0	150 920.0	7 872 530.0	519 882.0	8 612 543.0
	吸收二氧化碳量/（t/a）	112 788.3	245 943.7	12 829 308.1	847 215.1	14 035 255.2
	释放二氧化碳量/（t/a）	3 377.9	22 432.2	151 430.4	103 031.2	280 271.7
	二氧化碳净固定量/（t/a）	109 410.4	223 511.5	12 677 877.7	744 184.0	13 754 983.6
	价值/（万元/a）	2 735.3	5 587.8	316 946.9	18 604.6	343 874.6
2012 年	面积/hm²	1 580	6 882	23 351	36 625	68 438.0
	净初级生产量/（t/a）	11 060.0	41 292.0	467 020.0	238 062.5	757 434.5
	生物量/（t/a）	94 800.0	110 112.0	3 502 650.0	366 250.0	4 073 812.0
	有机质总量/（t/a）	105 860.0	151 404.0	3 969 670.0	604 312.5	4 831 246.5
	吸收二氧化碳量/（t/a）	172 512.6	246 732.4	6 469 091.9	984 805.6	7 873 142.5
	释放二氧化碳量/（t/a）	5 166.6	22 504.1	76 357.8	119 763.8	223 792.3
	二氧化碳净固定量/（t/a）	167 346.0	224 228.3	6 392 734.1	865 041.8	7 649 350.2
	价值/（万元/a）	4 183.6	5 605.7	159 818.4	21 626.0	191 233.7

（2）生境提供——成果参照法、影子工程法、市场价格法

根据天津市海岸带土地利用类型，具有生境提供功能的有湿地和海域，湿地部分采用成果参照法计算，海域部分采用影子工程法和市场价格法计算。

1）陆域部分：天津市海岸带湿地生境提供服务价值采用 Costanza 等（1997）对全球各种生态系统生态服务功能平均值进行计算，由此得出三个年份天津市海岸带湿地生境提供服务价值分别为：12 661.7 万元/a、11 670.3 万元/a 和 5 884.7 万元/a（表 5-16）。

表 5-16　天津市渤海湾海岸带生境提供价值估算

评估时期		生态系统类型单位价值/[美元/（hm²·a）]
		湿地
		304
1983 年	面积/hm²	50 243
	价值/（万元/a）	12 661.7
2005 年	面积/hm²	46 309
	价值/（万元/a）	11 670.3
2012 年	面积/hm²	23 351
	价值/（万元/a）	5 884.7

2）海域部分：根据前面初级生产力与软体动物的转化关系、软体动物与贝类产品重量关系及贝类产品在市场上的销售价格、销售利润率来确定生物繁殖栖息地功能的价值。为了消除人民币消费价格的影响，水产品价格统一采用 2011 年水产品价格；从中国产业信息网中可知 2011 年贝类平均价格为 7.73 元/kg。

1983 年天津海域平均初级生产力为 249mg/（m²·d），根据 Tait（1981）对近岸海域生态系统能流的分析，10% 的初级生产力会转化为软体动物；卢振彬等人（1999）的研究表明，软体动物混合含碳率为 8.33%，各类软体动物与其外壳的平均重量比为 1:5.52；贝类产品的平均市场价格为 7.73 元/kg，销售利润率取 25%，将这些数据代入评估模型可以算出 1983 年天津市海岸带面积生物栖息地功能的损害价值为 38 196.9 元/（km²·a），1983 年天津海域面积为 3 000 km²，则 1983 年天津海域生境提供价值为 11 459.1 万元/a。

同理计算出 2005 年和 2012 年天津海域生境提供价值为 3 726.6 万元/a 和 17 001.6 万元/a。

综上三个年份天津市海岸带生境提供价值分别为 24 120.8 万元/a、15 396.9 万元/a、22 886.3 万元/a。

（3）营养物质循环——成果参照法、替代成本法

1）陆域部分：采用 Costanza 等（1997）研究成果，取森林的养分循环价值 361 美元（hm²·a），即 2 992.6 元/（hm²·a）作为天津市海岸带林地的单位面积养分循环价值。

2）海域部分：根据彭本荣等（2006）对厦门海域填海造地损害价值的研究成果，厦门海域营养循环损害价值为 1.09 元/（m²·a）。换个角度说明，厦门海域单位面积的营养循环功能价值为 1.09 元/（m²·a），即 10 900 元/（hm²·a）。天津渤海湾海域营养物质循环单位价值参考该数据。

综上可知三个年份天津市海岸带营养物质循环服务价值分别为 327 292.7 万元/a、207 409.1 万元/a、207 572.8 万元/a（表 5-17）。

表 5-17　天津海岸带营养物质循环价值估算

评估时期	生态系统类型	海域	林地	合计
	单位价值	10 900 元/（hm²·a）	2 992.6 元/（hm²·a）	
1983 年	面积/hm²	300 000	978	300 978.0
	价值/（万元/a）	327 000.0	292.7	327 292.7
2005 年	面积/hm²	190 000	1 033	191 033.0
	价值/（万元/a）	207 100.0	309.1	207 409.1
2012 年	面积/hm²	190 000	1 580	191 580.0
	价值/（万元/a）	207 100.0	472.8	207 572.8

（4）物种多样性维持——成果参照法

天津市海岸带林地、草地、湿地及其海域等均有物种多样性维持的功能，根据成果参照法，一律采用单位面积物种多样性维持功能价值为 0.21 万元/（hm²·a）。则天津市海岸带三个年份物种多样性维持服务价值分别为 75 150.6 万元/a、51 282.4 万元/a、46 580.7 万元/a（表 5-18）。

表 5-18　天津海岸带物种多样性维持服务价值估算

评估时期		生态系统类型单位价值/[美元/（hm²·a）]				合计
		林地	草地	湿地	海湾	
		0.21				
1983 年	面积/hm²	978	6 639	50 243	300 000	357 860.0
	价值/（万元/a）	205.4	1 394.2	10 551.0	63 000	75 150.6
2005 年	面积/hm²	1 033	6 860	46 309	190 000	244 202.0
	价值/（万元/a）	216.9	1 440.6	9 724.9	39 900	51 282.4
2012 年	面积/hm²	1 580	6 882	23 351	190 000	221 813.0
	价值/（万元/a）	331.8	1 445.2	4 903.7	39 900.0	46 580.7

5.2.2　天津市渤海湾海岸生态修复效果评估

5.2.2.1　天津市渤海湾海岸带生态系统服务价值评估结果

天津市渤海湾海岸带 1983 年、2005 年和 2012 年的生态系统服务价值汇总情况见表 5-19。

表 5-19　天津市渤海湾海岸带三个年份生态系统服务价值　　　　单位：万元/a

	1983 年	2005 年	2012 年
供给服务价值			
食品生产	129 551.7	226 090.6	169 611.1
原材料	7 651.3	6 173	4 227
水供给	164.8	152.8	84.1
小计	137 367.8	232 416.4	173 922.2
调节服务价值			
废弃物处理	685.6	690.1	633.0
干扰调节	70 695.8	44 829.3	44 744.2
气候调节	99 846.8	32 711.4	147 855.3
生物控制	10 422.3	6 902.1	7 005.2
水调节	643.7	595.5	311.4
小计	182 294.2	85 728.4	200 549.1
文化服务价值			
景观美学	202 510.0	189 707.0	111 345.5
科学教育	136 097.7	92 872.5	84 357.7
休闲娱乐	23 936.8	25 017.5	81 317.6
小计	362 544.5	307 597.0	277 020.8
支持服务价值			
初级生产	369 527.4	343 874.6	191 233.7
生境提供	24 120.8	15 396.9	22 886.3
物种多样性维持	75 150.6	51 282.4	46 580.7
营养物质循环	327 292.7	207 409.1	207 572.8
小计	796 091.5	617 963.0	468 273.5
总计	1 478 298.0	1 243 704.8	1 119 765.6

（1）1983 年天津市渤海湾海岸带生态系统服务价值评估结果

1983 年天津市渤海湾海岸带生态系统服务总价值为 1 478 298.0 万元/a，其中供给服务价值为

137 367.8 万元/a，占总服务价值的 9.3%；调节服务价值为 182 294.2 万元/a，占总服务价值的 12.3%；文化服务价值为 362 544.5 万元/a，占总服务价值的 24.5%；支持服务价值为 796 091.5 万元/a，占总服务价值的 53.9%。1983 年天津市海岸带生态系统服务功能以支持服务为主（图 5-1）。

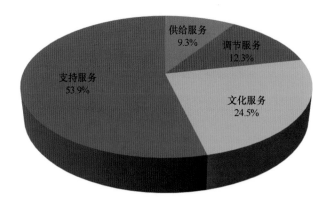

图 5-1　1983 年天津市海岸带生态系统各类服务价值比例

供给服务价值：以食品生产服务价值为主，食品生产服务价值为 129 551.7 万元/a，占供给服务价值的 94.3%；其次为原材料供给和水供给服务价值。

调节服务价值：以气候调节服务价值为主，气候调节服务价值为 99 846.8 万元/a，占调节服务价值的 54.8%；其次为干扰调节，占 38.8%；生物控制、废弃物处理、水调节所占比重较小。

文化服务价值：以景观美学服务价值为主，为 202 510.0 万元/a，占文化服务价值的 55.9%；其次为科学教育，占 37.5%，休闲娱乐占 6.6%。

支持服务价值：以初级生产和营养物质循环服务价值为主，分别为 369 527.4 万元/a 和 327 292.7 万元/a，分别占支持服务价值的 46.4%和 41.1%；物种多样性维持和生境提供所占比重较小。

（2）2005 年天津市渤海湾海岸带生态系统服务价值评估结果

2005 年天津市渤海湾海岸带生态系统服务总价值为 1 243 704.8 万元/a，其中供给服务价值为 232 416.4 万元/a，占总服务价值的 18.7%；调节服务价值为 85 728.4 万元/a，占总服务价值的 6.9%；文化服务价值为 307 597.0 万元/a，占总服务价值的 24.7%；支持服务价值为 617 963 万元/a，占总服务价值的 49.7%。2005 年天津市海岸带生态系统服务功能以支持服务为主（图 5-2）。

供给服务价值：以食品生产服务价值为主，食品生产服务价值为 226 090.6 万元/a，占供给服务价值的 97.3%；其次为原材料供给和水供给服务价值。

调节服务价值：以干扰调节和气候调节服务价值为主，其服务价值分别为 44 829.3 万元/a 和 32 711.4 万元/a，各占调节服务价值的 52.3%和 38.2%；其次为生物控制、废弃物处理和水调节。

文化服务价值：以景观美学和科学教育服务价值为主，其服务价值分别为 189 707.0 万元/a 和 92 872.5 万元/a，各占文化服务价值的 61.7%和 30.2%；休闲娱乐仅占 8.1%。

支持服务价值：以初级生产和营养物质循环服务价值为主，其服务价值分别为 343 874.6 万元/a 和 207 409.1 万元/a，各占支持服务价值的 55.6%和 33.6%；物种多样性维持、生境提供所占比重

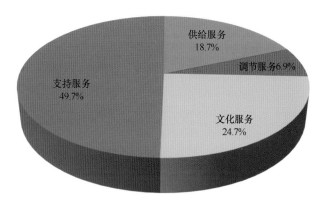

图 5-2　2005 年天津市海岸带生态系统各类服务价值比例

较小。

（3）2012 年天津市渤海湾海岸带生态系统服务价值评估结果

2012 年天津市渤海湾海岸带生态系统服务总价值为 1 119 765.6 万元/a，其中供给服务价值为 173 922.2 万元/a，占总服务价值的 15.6%；调节服务价值为 200 549.1 万元/a，占总服务价值的 17.9%；文化服务价值为 277 020.8 万元/a，占总服务价值的 24.7%；支持服务价值为 468 273.5 万元/a，占总服务价值的 41.8%。2012 年天津市海岸带生态系统服务功能以支持服务为主（图 5-3）。

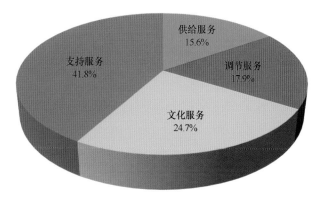

图 5-3　2012 年天津市海岸带生态系统各类服务价值比例

供给服务价值：以食品生产服务价值为主，食品生产服务价值为 169 611.1 万元/a，占供给服务价值的 97.5%；原材料供给和水供给服务价值较小。

调节服务价值：以气候调节和干扰调节服务价值为主，其服务价值分别为 147 855.3 万元/a 和 44 744.2 万元/a，各占调节服务价值的 73.7% 和 22.3%；生物控制、废弃物处理、水调节所占比重较小。

文化服务价值：景观美学服务价值为 111 345.5 万元/a，占文化服务价值的 40.2%；科学教育服务价值为 84 357.7 万元/a，占 30.5%；休闲娱乐服务价值为 81 317.6 万元/a，占 29.3%。

支持服务价值：以初级生产和营养物质循环服务价值为主，其服务价值分别为 191 233.7 万元/a

和 207 572.8 万元/a，各占支持服务价值的 40.8% 和 44.3%；物种多样性维持和生境提供所占比重较小。

综上分析表明天津市海岸带生态系统服务功能以支持功能为主，但目前文化服务、调节服务价值所占比重较 1983 年升高，主要是渤海湾生态修复实施后以及天津市海岸带旅游景区的不断开发，导致其休闲旅游价值不断升高，天津市旅游业收入呈不断上升趋势，生态修复的文化目标基本能实现。

5.2.2.2　天津市渤海湾海岸带生态系统服务功能价值构成分析

生态系统服务功能的效用称为服务价值，通常以货币单位来度量。生态系统的服务是以人的需求为出发点，要求满足人的需要。因此，计算服务价值的大小时，只计算对人有正效益的那部分。

根据现代资源环境经济学的观点，生态系统服务功能的价值由三部分构成：现实利用价值、选择价值和存在价值。

1）现实利用价值可以划分为直接利用价值和间接利用价值。所谓直接利用价值是指生态系统服务功能直接进入当前的消费和生产活动中的那部分价值，有的可以在市场上直接获得，如鱼类、矿产资源等的市场价格；间接利用价值是指生态系统服务功能的价值并非直接用于生产和消费的经济价值，没有直接的市场价格，其价值只能间接地表现出来，如海水具有调节温度、改善气候等作用。

2）选择价值指人类为了保护或保存某一海洋生态资源而愿意做出的预先支付。例如，人们为了保护海洋珍稀动物、海洋环境等而形成的支付意愿。选择价值衡量的是未来的直接或间接使用价值，以确保在未来不确定的情况下资源的供给。海洋生态资源的选择价值是随着人类科学技术的发展而不断提高的。

3）存在价值即以天然方式存在时表现出的价值，实质上是一种生态领域的价值。存在价值是与人和使用目的无关的价值，是一种非商业功能价值，或一种尚未发现的使用价值，如海洋具有文化等方面的价值。

基于以上所述，本书将海岸带生态系统服务功能价值分为三部分：直接利用价值、间接利用价值和非利用价值（选择价值和存在价值）。即海岸带生态系统服务功能的总价值=直接利用价值+间接利用价值+非利用价值。

前面建立的海岸带生态系统修复评价指标体系中，根据生态系统服务功能价值构成分析，其服务功能价值构成为：

直接利用价值：食品生产、原材料、水供给、休闲娱乐；

间接利用价值：废弃物处理、干扰调节、气候调节、生物控制、水调节、初级生产、生境提供和营养物质循环；

非利用价值：景观美学、科学教育、物种多样性维持。

1983 年天津市渤海湾海岸带生态系统直接利用价值为 161 304.6 万元/a，占总服务价值的 10.9%；间接利用价值为 903 235.1 万元/a，占总服务价值的 61.1%；非利用价值为 413 758.3 万元/a，占总服务价值的 28.0%。价值构成中以间接利用价值为主（图 5-4，表 5-20）。

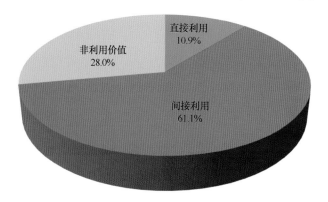

图 5-4　1983 年天津市海岸带生态系统各类服务价值构成比例

2005 年天津市渤海湾海岸带生态系统直接利用价值为 257 433.9 万元/a，占总服务价值的 20.7%；间接利用价值为 652 409.0 万元/a，占总服务价值的 52.5%；非利用价值为 333 861.9 万元/a，占总服务价值的 26.8%。价值构成中以间接利用价值为主（图 5-5，表 5-20）。

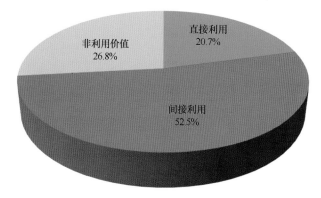

图 5-5　2005 年天津市海岸带生态系统各类服务价值构成比例

2012 年天津市渤海湾海岸带生态系统直接利用价值为 255 239.8 万元/a，占总服务价值的 22.8%；间接利用价值为 622 241.9 万元/a，占总服务价值的 55.6%；非利用价值为 242 283.9 万元/a，占总服务价值的 21.6%。价值构成中以间接利用价值为主（图 5-6，表 5-20）。

1）直接利用价值：三个年份天津市海岸带生态系统直接利用价值呈上升趋势，2005 年和 2012 年分别是 1983 年的 1.60 倍和 1.59 倍，表明人类一直在不断地利用海岸带生态系统直接利用的服务功能（图 5-7）。

2）间接利用价值：三个年份天津市海岸带生态系统间接利用价值呈下降趋势，2005 年和 2012 年分别比 1983 年下降了 27.8% 和 31.1%，表明由于生态系统的直接利用价值在不断地被利用，导致了其间接利用价值如海水具有调节温度、改善气候等服务功能呈退化趋势（图 5-8）。

3）非利用价值：三个年份天津市海岸带生态系统非利用价值呈下降趋势，2005 年和 2012 年分别比 1983 年下降了 19.3% 和 41.4%，表明由于生态系统的直接利用价值在不断地被利用，导致了其非利用价值如景观美学、科学教育、物种多样性维持等服务功能呈退化趋势（图 5-9）。

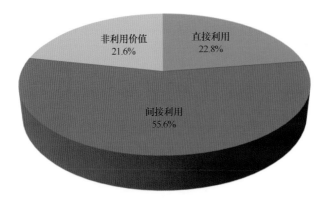

图 5-6　2012 年天津市海岸带生态系统各类服务价值构成比例

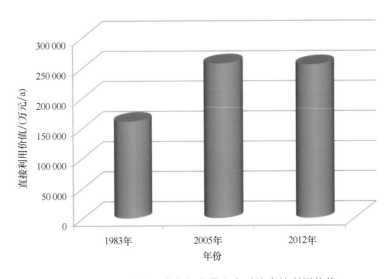

图 5-7　三个年份天津市海岸带生态系统直接利用价值

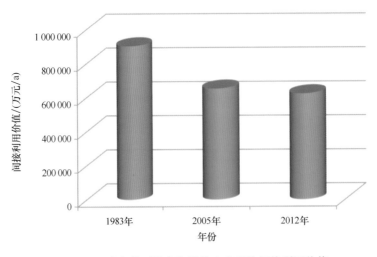

图 5-8　三个年份天津市海岸带生态系统间接利用价值

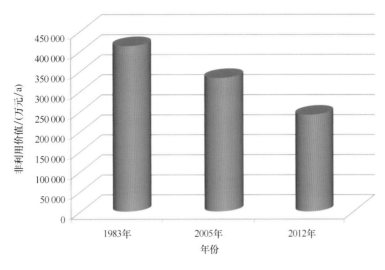

图 5-9 三个年份天津市海岸带生态系统非利用价值

综上可知，三个年份天津市海岸带生态系统服务价值主要由间接利用价值构成，由此可以看出天津市海岸带生态系统的间接利用价值远远大于直接使用价值，如果没有间接使用价值的存在，生态系统的服务功能也将随之消失。与 1983 年相比，2005 年和 2012 年直接利用价值呈升高趋势，间接利用和非利用价值呈下降趋势，表明由于人类对海岸带生态系统直接利用价值的不断开发利用，导致其间接利用和非利用价值呈下降趋势。

表 5-20 天津市渤海湾海岸带三个年份生态系统服务价值

价值构成类型	1983 年	比例（%）	2005 年	比例（%）	2012 年	比例（%）
直接利用价值/（万元/a）	161 304.6	10.9	257 433.9	20.7	255 239.8	22.8
间接利用价值/（万元/a）	903 235.1	61.1	652 409.0	52.5	622 241.9	55.6
非利用价值/（万元/a）	413 758.3	28.0	333 861.9	26.8	242 283.9	21.6

5.2.2.3 天津市渤海湾海岸生态修复效果评估

1983 年、2005 年和 2012 年天津市海岸带生态系统服务总价值分别为 1 478 298.0 万元/a、1 243 704.8 万元/a 和 1 119 765.6 万元/a。结果表明：以 1983 年为基准年，作为天津市海岸带自然生态系统为参考生态系统，2005 年和 2012 年生态系统服务总价值分别比 1983 年下降了 15.9% 和 24.3%，由此可知目前天津市海岸带生态系统服务功能与 1983 年相比呈退化趋势（图 5-10）。

该评价结果除了数据取舍的准确性导致评价结果有一定的误差之外，也从侧面反映了从 2005 年之后，天津市海岸带生态系统服务功能价值损失较大，主要是因为 2006 年之后，随着滨海新区纳入国家战略和新一轮总规《天津滨海新区城市总体规划（2009—2020）》的实施，滨海新区围海造地的速度迅速加快，围海造地遍及整个海岸线，自然景观面积萎缩，对自然景观的侵扰程度不断加大；同时滨海新区社会经济发展给海岸带带来的压力不断增大，陆源排污压力居高不下，滨海湿地面积不断萎缩，导致近海海域生态环境状况不容乐观（详见 2.4.1 节"存在的生态环境问题"），上述原因导致目前天津滨海新区海岸带生态系统服务功能不断下降。虽然已经经过局部生态修复，但是生态修复效果在短时期内难以弥补整个海岸带不断退化带来的巨大损失。

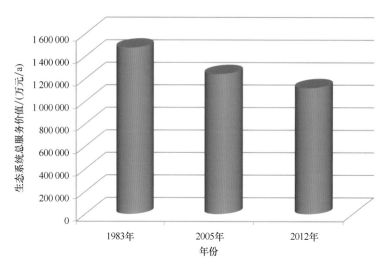

图 5-10　三个年份天津市海岸带生态系统服务价值

（1）供给服务

三个年份天津市海岸带供给服务均以食品生产为主，均占供给服务价值的 95% 以上，其中 2005 年供给服务价值最高，其次为 2012 年，1983 年供给服务价值最低（图 5-11），2005 年和 2012 年供给服务价值分别是 1983 年的 1.69 倍和 1.27 倍。食品生产价值 2005 年和 2012 年均高于 1983 年，由此决定了供给服务价值的变化趋势；食品生产中陆域部分的价值呈下降趋势，但海域部分价值呈上升趋势，主要是 2005 年和 2012 年渔获量和海水养殖产量均高于 1983 年，导致其供给服务价值高于 1983 年。

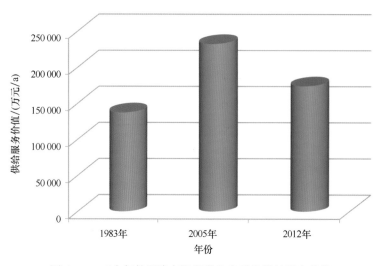

图 5-11　三个年份天津市海岸带生态系统供给服务价值

1983 年、2005 年和 2012 年供给服务每个指标变化趋势如下。

食品生产服务价值：总体呈上升趋势，2005 年和 2012 年分别是 1983 年的 1.75 倍和 1.31 倍。

原材料服务价值：呈下降趋势，2005 年和 2012 年分别比 1983 年下降了 19.9% 和 44.8%。

水供给服务价值：呈下降趋势，2005 年和 2012 年分别比 1983 年下降了 7.3% 和 49.0%。

（2）调节服务

三个年份天津市海岸带调节服务均以气候调节和干扰调节为主；2005 年调节服务价值最低，是 1983 年的 0.47 倍，2012 年略高于 1983 年，是 1983 年的 1.10 倍（图 5-12），主要是因为 2012 年海域浮游植物细胞数量较大，初级生产力较高，因此产生氧气和吸收二氧化碳的量较大，故其气候调节价值较高。

1983 年、2005 年和 2012 年调节服务每个指标变化趋势如下。

废弃物处理服务价值：2005 年与 1983 年相比，变化不大；2012 年低于 1983 年，是 1983 年的 0.92 倍。

干扰调节服务价值：呈下降趋势，2005 年和 2012 年均比 1983 年下降了 60% 以上。

气候调节服务价值：2005 年最低，2012 年最高，其中 2005 年比 1983 年下降了 67.2%，2012 年是 1983 年的 1.48 倍。

生物控制服务价值：呈下降趋势，2005 年和 2012 年分别比 1983 年下降了 33.8% 和 32.8%。

水调节服务价值：呈下降趋势，2005 年和 2012 年分别比 1983 年下降了 7.5% 和 51.6%。

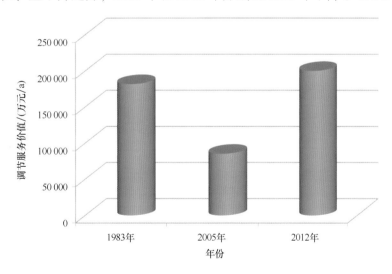

图 5-12　三个年份天津市海岸带生态系统调节服务价值

（3）文化服务

三个年份天津市海岸带文化服务均以景观美学和科学教育为主，总体呈下降趋势，2005 年和 2012 年文化服务价值比 1983 年分别下降了 15.2% 和 23.6%（图 5-13）。值得注意的是，休闲娱乐服务功能呈上升趋势，主要原因在于目前生态修复比较注重提升生态系统的休闲娱乐功能，但相较于自然生态系统，人工景观的景观美学价值及科研价值均有所下降。

1983年、2005年和2012年文化服务每个指标变化趋势如下。

景观美学服务价值：呈下降趋势，2005年和2012年分别比1983年下降了6.3%和45.0%。

科学教育服务价值：呈下降趋势，2005年和2012年分别比1983年下降了31.8%和38.0%。

休闲娱乐服务价值：呈上升趋势，2005年和2012年分别是1983年的1.05倍和3.40倍。

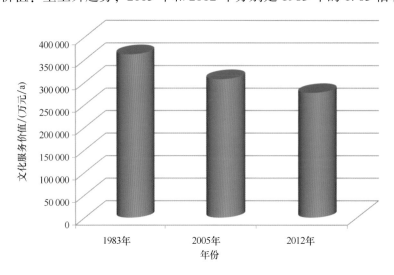

图5-13　三个年份天津市海岸带生态系统文化服务价值

（4）支持服务

三个年份天津市海岸带支持服务均以初级生产力和营养物质循环为主，2005年和2012年支持服务均低于1983年。因区域的城市化进程，自然生态用地大量被转化为人工建设用地，天津市海岸带已不可能完全恢复到原海湾自然生态系统的服务状态。虽然经过局部一些地区的生态修复，但总体而言天津市整个海岸带生态系统支持服务功能一直处于退化状态，在所有的服务功能中，支持服务价值是下降最剧烈的一项；2005年和2012年支持服务功能分别比1983年下降了22.4%和41.2%（图5-14）。

1983年、2005年和2012年支持服务每个指标变化趋势如下。

初级生产服务价值：呈下降趋势，2005年和2012年分别比1983年下降了6.9%和48.2%。

生境提供服务价值：呈下降趋势，2005年和2012年分别比1983年下降了36.2%和5.1%。

物种多样性维持服务价值：呈下降趋势，2005年和2012年分别比1983年下降了31.8%和38.0%。

营养物质循环服务价值：呈下降趋势，2005年和2012年分别比1983年下降了36.63%和36.58%。

综上所述，2005年和2012年供给服务价值和调节服务价值均高于1983年，而文化服务和支持服务价值均低于1983年；在价值构成分析中，2005年和2012年直接利用价值均高于1983年，而间接利用和非利用价值均低于1983年。由此表明人类一直在不断地开发利用海岸带生态系统的直接利用价值，比如食品生产和休闲娱乐价值呈上升趋势；而食品生产价值的增加主要依赖于渔获量和养殖

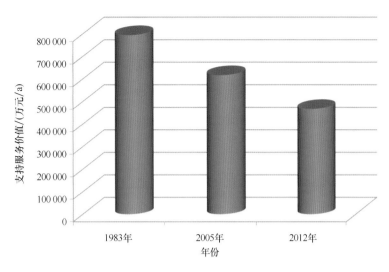

图 5-14　三个年份天津市海岸带生态系统支持服务价值

量的不断增加，休闲娱乐价值的增加主要依赖于旅游业的不断发展；海岸带生态系统的间接利用和非利用价值一直处于下降趋势，即支持服务功能一直处于退化状态，主要因为海岸带生态系统不断地被人类开发利用，而忽略了对其生命支持功能的保护。

由此可知，虽然通过生态修复，天津市海岸带生态系统的文化服务功能中休闲娱乐功能得到很快提高，基本能实现生态修复的文化目标；同时也可看出，虽然通过局部的人工修复，天津市渤海湾海岸带生态系统整体仍一直处于退化状态，生态系统的生命支持服务功能已不可能恢复到海湾历史水平。

本书中参考了国内外研究的某些成果，同时受科学技术水平、数学计量方法和研究手段的限制可能会造成一定的误差。尽管如此，生态系统服务功能的价值是真实存在的，因此，在城市化进程过程中，人类对自然生态资源的利用和开发应合理、有度，应尽可能地保护生态系统的生命支持和调节服务功能。生态受损、退化后的修复，不仅投入巨大，而且有些生态损失的是不可替代和挽回的。

第 6 章　海岸生态系统的修复与管理

6.1　海岸带生态恢复研究中存在的主要问题

6.1.1　国内 60 年来生态修复特点

我国近 60 年的生态恢复与重建研究主要表现出如下特点。

1) 注重生态修复实践，即注重单个生态系统恢复重建的试验研究，而忽视整体、区域性生态修复的尝试和努力，在实践基础上开展理性思考不够，生态修复的基础理论研究相对薄弱。

2) 注重人工重建研究，尤其是运用人工的手段和技术，恢复生态退化或生态系统受到严重破坏地区的植物群落模式试验，忽视生态系统自然恢复过程的研究。

3) 注重对恢复重建所产生的生态效益研究，特别是在废弃地上进行的人工造林重建生态系统所产生的生态效益，忽视对生态恢复重建整体生态功能和结构的综合评价。

4) 注重恢复过程植物多样性和小气候变化研究，忽视生态系统重建和恢复过程对动植物和土壤生物的影响及三者之间的互动研究，特别是微生物生态修复中的独特作用以及生态系统中各物种之间内在互相作用、相互影响的研究。

5) 注重恢复重建的快速性和短期性，急于见到生态修复所产生的成效，因而基础性工作相对薄弱，缺乏生态系统自然修复长期性的试验数据的积累。

6) 注重研究砍伐人类干扰条件下受到破坏的森林和在过度放牧干扰下的草地生态系统退化后的生物途径恢复，尤其是遭受到严重破坏的森林废弃地上植被的人工重建研究，忽视森林保护和草地生态系统承载力的研究。

7) 近年来开始加强恢复重建的生态学过程的研究。

随着生态系统退化越来越严重，直接影响到未来人类社会的生存和发展。我国顺应时代发展的潮流，也越来越重视生态建设和环境保护，坚持走全面协调可持续发展道路，大力发展和建设资源节约型、环境友好型社会，努力实现经济又好又快、持续稳健的发展已经成为基本国策。迫切需要理论创新和实践突破，统筹兼顾、协调安排"在生态修复过程中的综合效益分析及价值评估"等问题。

6.1.2　国外生态修复具体做法及经验

先有生态破坏，再有生态修复。人类社会对自然环境的干扰和破坏的程度伴随着工业革命的发展而逐渐提高。西方发达国家由于工业化革命比较早，大规模开采煤矿、铁矿、金矿等矿山也比较早，因而，生态破坏情况更为严重，生态修复也更为迫切。近半个世纪以来，世界发达国家对区域生态修复，尤其对矿区废弃地的治理非常重视。由于西方发达国家开展生态修复工程比较早，因而生态修复的技术手段及理论研究都比较成熟，成效也比较明显。

6.1.2.1　立法为前提

实行政府许可制度，政府通过颁布法律、法规，如采矿法、矿产资源法等，都对采矿后矿区恢复的规划、恢复的方向、资金来源等一并报批，否则不允许开矿。同时法律明文规定，采矿企业在采矿停止后两年内必须完成恢复工作，否则将记录在案，以后不再发放新的采矿许可证。

6.1.2.2　资金为保证

德国矿区废弃地生态恢复的资金渠道主要有：①由采矿所在地的地方政府根据具体情况，适当提供部分经费补贴，鼓励和促进生态修复工作的开展。②联邦政府在每年的预算中列入专项生态恢复资金。③根据谁破坏谁恢复的原则，通过法律明确由采矿公司必须从它开采矿产资源的收益中拿出相当一部分的修复资金存入银行作恢复费用，专款专用。这是政府批准公司开采矿物资源的前提条件之一。④地方集资或社会捐赠资金。

6.1.2.3　科技为支撑

德国在矿区废弃地生态恢复的具体实践中，边总结边推广，随时总结经验并上升为理论进而指导生态恢复的顺利开展。生态恢复必须以科技进步为基础。始终坚持以科学技术为先导。借助比较先进的专业设备。同时还培训一批有经验、适应需要的专门技术人才，从而保证了矿山废弃地生态恢复的质量和效果。同时加强基础工作和理论研究，注意收集和推广各地开展生态修复的有益经验和成熟技术，建立了广泛的科研技术和信息沟通网络，可随时提供有关信息和技术数据。在联邦科学技术委员会领导下，成立了专门的采矿后景观研究所，负责采矿后生态恢复有关的技术研究工作。研究所的主要任务是，研究矿山生态恢复前后，因各种生态因子的改变对土壤、水分、动植物的生长及环境的影响。主要开展土壤分类、温度、水分、太阳辐射的研究，林地渗透水，土壤不同深度养分成分及含铅量，不同树种在各种土壤类型上生长过程的定位以及采矿前后动植物变化等研究工作。

6.1.3　我国生态修复存在的问题

近些年来，随着环境保护深入民心。政府和民众对生态环境建设高度重视。我国生态修复工作也取得了长足的发展。但是由于资金投入和技术支持等方面的原因，我国生态恢复的基本思路是，根据地带性规律、生态演替及生态位原理选择适宜的先锋植物，构造种群和生态系统，实行土壤、植被与生物同步分级恢复，以逐步使生态系统恢复到一定的功能水平。海岸带生态恢复的总体目标是，采用适当的生物、生态及工程技术，逐步恢复退化海岸带生态系统的结构和功能，最终达到海岸带生态系统的自我持续状态。但我国的环境修复工作仍存在以下问题。

（1）我国生态修复仍然采用"先破坏、后修复"的模式

这种模式与一定阶段的经济社会发展状况有关。随着经济社会的发展，人类社会越来越重视人与自然的和谐，人与人的和谐以及自然与自然的和谐。发展是第一位的，但发展不能以牺牲环境、牺牲可持续发展为代价。就目前我国经济社会所处的历史阶段，各地区区域发展不平衡和各地对生态环境建设的重视也不尽相同的现实看，在未来相当长一个时期内，还会出现"先破坏、后修复"的情况。

（2）理论研究落后于实践发展

客观上存在着重工程实践、轻理论研究的现象。理论研究相对薄弱，一方面是从事这方面研究的理论人才相对较少；另一方面也与目前修复资金投入相对不足有关。事实上，理论研究是基于实践的理性思考和发展，是制定和实施相关政策法规的基础性工程，也是现行生态修复技术的革新和理论提高的基础，需要多学科、多部门的学者专家共同参与和联合攻关，才能扭转当前理论研究落后于工程实践的局面。

（3）重修复数量，轻修复质量

我国的生态修复工作远远落后于西方发达国家，目前还有相当大一部分矿山需要进行治理。进行生态修复和生态环境治理的主要目的是解决生态环境污染和增加可耕地；目前所采用的生态修复技术主要以单一恢复植被为主，基本未考虑进一步恢复其自然生态系统的功能，这相当于处于发达国家进行生态修复的第一个阶段。因此，我国生态恢复的整体质量和水平还有待进一步提高。

（4）政策法规不配套，实践中缺乏可操作性

在政策法规方面，尽管已制定出台了《中华人民共和国环境保护法》《中华人民共和国土地管理法》《中华人民共和国矿产资源法》《中华人民共和国水土保持法》《中华人民共和国海洋环境保护法》等相关法律法规，但相应的配套政策和法规还不够健全，在具体操作时存在相互交叉、可操作性差等诸多问题，在一定程度上也制约了社会资金进入生态修复领域。因此，需要深入各地加强调查研究，完善相关政策和法律法规，着力在生态修复政策的配套性和可操作性上下功夫，进一步提高相关政策的执行力，确保政策措施落到实处。

（5）生态修复资金投入严重不足，生态修复没有制度保证

不是根据需要开展生态修复，而是根据政府所拨付的资金决定开展生态修复的项目，有多少钱就修复多少面积。同时，由于需要生态修复的地区，往往都是生态环境比较恶劣、经济基础不是太好、财政收入相对不足的经济落后地区，上级部门拨付的少量生态修复资金还存在着截留、挪作他用等情况。生态修复资金来源没有制度保证，资金投入严重不足，即使少量资金有时也存在不能及时到位等问题，给我国生态修复工作顺利开展带来了极大的不利影响。

（6）缺乏严格的监督保障系统

目前生态修复缺乏必要的监督保障机制，难以确保各项生态修复的相关法律法规的贯彻执行；生态修复工作在一些部门还未得到应有的重视，修复资金得不到充分保障。由于生态修复的相应法律法规不配套，使本来就少的生态修复资金在使用支付方面还存在不少的漏洞和不足，因此生态修复的资金使用效率相对不高。同时，生态修复后的验收缺乏相应的国家或省市区级标准，生态修复质量和水平的参差不齐，差异较大，再加上各地开展生态修复的起点不同，投入和技术也不尽相同，在验收方面掌握的标准不统一，生态修复的整体质量和水平难以得到制度保证，给进一步做好生态修复工作、提升生态修复质量和水平带来了难度。每年都搞生态修复，每年上报的生态修复完成面积都不少，但每年还需要进行生态修复。

6.1.4　生态修复的未来发展趋势

生态环境修复应改变过去被动的"先破坏、后修复"的模式，而应转变为主动的、超前的、动态的并贯穿于矿山开发全过程的发展方向。在制定开发利用规划设计之初就全盘考虑生态修复，做到同时规划设计，同时组织落实，做到开发与生态修复同步进行，及时足额提供生态修复资金，以最小的生态代价实现生态系统的可持续发展。

6.1.4.1　建立"主动、超前、动态"的生态修复模式

"主动的"修复是指人们为了满足对资源利用和当地区域发展的需要，在开发规划之前，按照相关法律和制度要求，主动、科学地制定矿山开发、生产和生态系统恢复的详细规划方案，经相关部门批准后，严格按照矿山开发规划及其生产的时空变化，对修复区域生态系统的组成、结构、功能和破坏特征进行主动积极的调控。同时，根据生产的进展情况及时恢复重建一个高水平、可持续的生态系统，从矿区的经济结构、产业布局、社会形态、人类行为、道德伦理等多方面进行区域综合规划、客观评价、环境整治和科学管理，突出人与自然的和谐关系，追求整体协调、共生协调和发展协调。

"超前的"修复是指根据开发规划和相应的生产计划，准确科学地预测随着开发进程可能会给区域生态环境带来的破坏情况，提前做好备案工作，采取一些相应的有针对性的治理措施和修复技术，尽量降低或减轻因为开发而给生态系统、生态环境造成破坏程度和恢复难度，及时进行生态修复工作，尽早恢复受到破坏的生态环境并节约生态修复的费用，讲究生态修复效率和综合效益。超前修复不是没有破坏就开始修复，而是在没有破坏之前就提前谋划生态修复工作，尽量减轻因为开发活动而给生态系统造成的破坏和损失。

"动态的"修复是指在从开发规划、设计、基建与生产、竣工的每一阶段均同步开展相应的区域生态环境修复或重建工作，并根据开发的进展情况和生态系统的破坏程度，及时调整生态恢复治理

规划，把修复过程融合到开采过程中，使开发工作更科学合理，努力减轻对原有生态系统的影响程度，也使生态环境修复工作既经济又有效。坚持海岸开发活动结束之日，也是生态修复完成之时。在开发时开展修复工作，在修复过程中进行开发，通过边开发、边治理、边修复，在治理过程中完善生态修复方案，既促进了区域经济社会的发展，又保证了生态系统整体功能的发挥。

6.1.4.2　注重自然资源的永续利用

自然资源的永续利用是保证整个自然生态系统最佳综合效益和社会经济可持续发展的物质基础。对矿区来说，当矿产资源利用殆尽时，人类必须有能力发现和使用另外一种替代性的资源；当土地资源破坏或废弃时，必须有能力迅速将其恢复。只有这样，才能实现人类社会的可持续发展。因此，海岸带作为一个区域而言，其可持续发展也必须体现出经济建设、社会发展与生态环境相协调这一基本规律。因此，在开发利用自然资源时，必须注重自然资源的永续利用。

海岸带在制定开发资源规划的同时，必须充分考虑当地的经济社会发展规划，包括土地资源、交通等基础设施情况以及当地经济社会发展水平等，综合考虑由于资源开采用和利用所带来的显性或隐性成本，事前要进行可行性分析和环境评价，包括生态环境遭到破坏后如何修复，修复生态环境生态系统需要支付的成本，确保当地经济社会的可持续发展。如果通过测算，资源的开采利用获得的收益与支付的生态环境的代价相比，得不偿失，则资源没有必要现在进行开采。

因此，在今后的资源利用进行评估时，要始终坚持资源永续利用的原则，要把环境代价充分考虑到开采资源的成本中去。

6.2　海岸带生态修复管理对策

6.2.1　海岸带生态修复现状

由于海岸带自然要素和生态过程的复杂性，海岸带成为一个既有别于一般陆地生态系统又不同于典型海洋生态系统的独特生态系统。海岸带由于其丰富的自然资源、特殊的环境条件和良好的地理位置，成为区位优势最明显、人类社会与经济活动最活跃的地带。同时它又是鱼类、贝类、鸟类及哺乳类动物的栖息地，为大量生物种群的生存、繁衍提供了必需的物质和能量。海洋是陆上一切污水、废物的主要消纳场所，大量工业废水、生活污水以及农田化肥、农药随径流入海，使海区的富营养化程度加剧，赤潮发生频率增加。海岸带的环境管理面临着如何控制海面上升、减轻风暴潮等自然灾害，控制海岸侵蚀和海岸污染，保护滨海湿地，控制有害生物入侵，减轻海岸盐水入侵和地面下沉，维持海岸带生态系统生产力和生物多样性等若干方面的问题和任务。

1）海岸带是世界上最复杂和最不稳定的生态系统，目前虽然对生态系统退化总体原因已有所认识，但是对海岸带生态系统各部分之间以及其与海洋生态系统和陆地生态系统之间的关系和相互作用机理了解仍不够深入。

2）对海岸带生态系统健康状况的功能性指标，缺乏研究，从而导致在恢复重建技术方法的应用上的盲目性和不确定性。

3）海岸带生态系统修复和试验示范研究还停留在一些小的、局部的区域范围内或集中某一单一的生物群落或植被类型，缺乏海岸带整体系统水平出发的区域尺度综合研究与示范。

4）海岸带恢复目标主要集中在生态学过程的恢复，没有与海岸带管理法律、法规以及海岸带社会经济发展和居民福利有机地结合起来，生态修复往往难以达到最初的目标。

6.2.2　主要管理对策

从区域协调和可持续发展的观点来看，海岸带自然生态系统对于支持国民经济发展，为海岸城市提供生态服务功能，改善区域环境质量，促进区域经济的可持续发展具有重要意义。因此，加强海岸带生态建设和环境保护，协调生态系统服务功能的生态效益、经济效益和社会效益之间的关系，保证其为区域经济的可持续提供生态服务功能，成为海岸带沿线城市今后生态环境保护和建设需要重点考虑的内容。生态修复是经济社会发展到一定阶段的产物，没有经济社会的充分发展，生态修复就不可能提到日程上来。开展生态修复工作必须紧密结合当地经济社会发展实际，从体制、机制、政策和民生等方面综合考虑，才能取得预期效果。

6.2.2.1　继续加强生态保护和修复工程建设

海岸带研究区域面临的主要生态环境问题有：①沿海社会经济发展压力不断增大；②围填海面积不断增加，导致天然岸线、滩涂急剧缩减；③围填海工程导致天津沿岸海域水动力发生了改变；④滨海湿地面积不断萎缩；⑤陆源排污压力居高不下；⑥近海海域生态环境状况不容乐观；⑦岸线侵蚀海水盐渍化等。这些海洋生态环境问题，不仅给当地带来巨大的经济损失，而且给周边地区的社会经济发展带来严重的影响。造成海岸带生态环境恶化的原因有人为原因，也有自然原因，其中，不合理的资源开发利用方式是促使生态破坏加剧的主要原因。由于海岸带特殊的地理位置，其生态环境质量状况直接关系到区域海洋生态环境的生态安全。因此，制定科学合理的生态建设和修复规划，加强海岸带区域生态建设、修复因开发活动造成的环境问题显得尤为重要。

制定生态经济功能区划。通过对海岸带区域生态、地质、水文等自然环境本地条件的调查，分析不同区域生态敏感性和面临的生态风险，结合社会经济发展情况和历史背景，制定合理生态经济功能区划，确定哪些地区是应该重点进行生态保护和建设的区域，哪些地区是严格禁止开发的区域，明确不同区域的主要功能，为生态工程建设和经济建设提供决策依据。

加强岸线侵蚀保持与治理工程建设。海岸带由于特殊的地理地质条件以及人为的不合理开发活动造成水土流失严重，海水入侵并进而发生土壤盐渍化，海岸带岸线侵蚀隐患未得到全面有效的治理。因此，应继续加大对水土流失岸线侵蚀治理力度，加大对岸线防护保持的资金、技术投入，实施岸线保护综合防治工程，将水土流失岸线侵蚀防治和经济建设相结合，积极发展生态防护林业和生态旅游，从源头上消除导致水土流失岸线侵蚀的人为因素，保证水土流失得到有效控制。

实施侵蚀地生态修复工程。海岸带生态修复工程应在对受到开发影响以及岸线侵蚀地情况进行详细调查和科学分析评价的基础上，借鉴国内外矿山废弃地生态修复工程技术手段，将生态修复和社会经济发展相结合，提出符合海岸带区域实际情况的修复方案，修复受到人为破坏的生态系统，恢复其生态系统和功能，使生态效益和社会经济效益得到合理体现。

6.2.2.2　建立完善的生态补偿机制

建立一个持续稳定运行的生态效益补偿机制，不仅可以在一定程度上缓解生态修复资金严重紧缺的问题，同时，有利于促进海岸带区域海洋经济的和谐发展，实现海岸带整体生态环境与经济社会全面协调以及可持续发展。根据受益者补偿和公平合理的原则，海岸带区域生态系统提供生态服务价值功能的受益者是整个海岸带区域及其经济辐射带的周边地区。因此，生态补偿的主体应该是海岸带沿线城市。由于海岸带特殊的地理位置以及生态环境特点，决定了其在我国社会经济发展中承担的生态服务功能必然远远大于其所产生的经济功能。故此，海岸带沿线城市应当根据海岸带区域每年所提供的生态服务功能的价值对其进行合理的经济价值补偿，以帮助该地区进行生态建设、环境建设和社会建设，包括对海岸带生态环境建设和生态修复工程提供资金支持、对海岸带生态系统提供服务功能进行补偿等。

同时要坚持保障和改善民生，让当地老百姓的生存和发展有一定的保障，满足他们合理的物质需要和精神需要。具体来说，主要是对因响应政府要求而被迫关闭的传统渔场、浴场等资源性行业，给予适当、合理的生态修复补偿，包括经费补偿、物资补偿、政策补偿、教育补偿等。在经费补偿上，可以借鉴德国的做法（以中央75%、地方政府25%的出资比例，成立专门的海岸带修复公司负责恢复工作），向中央政府申请财力支持，用于海岸带受损区域生态修复，同时还要增加财政转移支付额度，确保修复资金足额到位；从地方财政所征收的海域使用金以及其他海洋生态资源使用所测资源补偿费中，提高返还生态修复地区的比例，增加资金投入；由当地政府担保，向国家开发银行申请政策性贷款支持；对投资搞开发性修复的企业实施政策性倾斜，采取税收减免或政策性补贴等措施，对参与生态修复的企业所借商业贷款利息给予补贴或补助。在政策性补偿方面上，建立海岸带区域生态修复风险投资保障金，以应对自然灾害等不可抗力或生态修复实验失败，给投资者带来的重大损失，确保生态修复投资者必要的收益。提高生态修复区域开展生态人居工程的政策灵活性，保护投资者的合法收益，为市场投资者解决好土地产权问题。在制定城市发展规划时，充分考虑海岸带受损地区交通发展的现实需求和地区经济发展的客观需要，改变当前基础设施投入不足，落后于其他区县的现状，在资金投放、项目支持等方面给予重点关注，促进区域生态农业、生态人居和生态旅游业的全面协调与可持续发展。同时，大力发展区域职业教育和下岗职工的转岗培训，加强对受损海岸带区域人民的职业技能培训，提高他们再就业的能力，鼓励他们自主择业和自我创业，努力开发新的就业岗位，为失业人员重新走上新的就业岗位创造必要的条件。

生态补偿是指通过对损害（或保护）生态环境的行为进行收费（或补偿），提高该行为的成本（或收益），从而激励损害（或保护）行为的主体减少（或增加）因其行为带来的外部不经济性（或外部经济性），达到保护生态环境的目的。由于生态环境具有很强的外部性和公共产品的属性，保护和改善生态环境所产生的结果不需要市场交换就可以满足公众的需要，除生态建设者之外，所有人都可以不通过付出任何代价就可以享受由此带来的生态效益，而却要由生态建设者承担相应的成本，因此，通过一定的政策手段实现生态保护外部性内部化，让生态保护的受益者支付生态保护的相关成本，使生态建设和保护者得到补偿，从而激励进行生态保护的行为，促进生态建设和保护工作。

开展生态补偿研究和实践的理论基础是外部性原理和公共物品理论。根据福利经济学代表人物庇古等专家的研究理论，对于正的外部影响，政府应予以补贴，以补偿外部经济生产者的成本和他们应得的利润，从而增加外部经济的供给，这也就是所谓的正外部性的内部化。生态修复的公益性特性符合应用外部性原理和公共物品理论的基本要求。因此，基于这一理论基础，政府必须通过制定政策或法律，对从事生态建设的行为进行合理的经济补贴，弥补其进行生态建设所付出的损失和代价，同时，从而实现对公益外溢的必要补偿，以调动生产者从事生态建设的积极性，保证生态建设、生态修复工程的持续、健康、稳定地进行，并最终实现生态系统、生态环境的改善，达到人与自然和谐相处的目标。

海岸带区域作为沿线经济重要的生态屏障，为我国整体经济、社会发展提供了重要的生态安全保障，而受损海岸带区域由于本身经济发展损失，以其自身力量是很难做到自我完全修复、恢复的。按照可持续发展的公平原则，人类所有成员平等地享有资源消耗和污染排放的权利。海岸带区域为了保护生态环境，承担整个社会经济生态屏障的功能，进行退耕还林、植树造林、生态修复等生态环境建设工程，创造了良好的生态效益，但是却付出了巨大的机会成本，牺牲了经济利益，因此，需要对其进行生态补偿。

生态补偿的对象主要是进行生态建设，如防护林建设、自然保护区建设、生态修复工程建设、水源涵养区保护等，另外，还应该包括因生态建设和保护，造成个人和组织的经济利益损失、就业机会丧失等。生态补偿的方式可以是资金、技术、实物、基础设施建设等，但目前受损海岸带区域生态建设和经济发展所面临的最大问题就是资金不足和基础设施条件落后，因此，补偿方式应以资金为主，辅以基础设施建设等投资倾斜政策等。

实现区域生态补偿，关键在于有足够的资金。因此，建立生态补偿基金非常必要。生态补偿基金要由省、市、区三级城府共同承担，各级政府应根据自己的经济实力、实际受益情况按照一定的比例以年度为周期定期拨出，各级政府要将生态补偿资金纳入年度国民经济财政预算体系。生态补偿基金建立以后，可以进行市场化的运作，参与证券流通和重大生态产业投资，实现生态补偿基金的保值和增值，同时，生态补偿基金可以根据国家法律的规定，接受国内外个人和组织的捐赠。

建立完善的生态补偿资金管理制度。由生态补偿基金各出资主体，共同成立一个生态补偿基金理事会，共同负责生态补偿基金的征收、管理和分配。理事会组成人员可以包括政府官员和专家学者，共同讨论决定生态补偿资金的补偿数量、资金流向等。同时，主持解决生态补偿各方的纠纷、摩擦，监督生态补偿各方的行为，促使生态补偿各方按照要求履行其义务。

6.2.2.3　加强对生态修复、生态保护和管理的制度建设

为了不断增强海岸带区域生态系统提供服务功能的能力和质量，促使对各类资源的合理利用，保证生态系统的健康，有必要制定和完善海岸带生态系统的保护和管理制度。

加强和完善能力建设与管理信息系统建设。不断完善和加强政府对生态环境管理和保护的决策能力、执行能力、危机处理能力，不断提高管理水平。按照 ISO 14000 环境管理体系的要求，积极引导区内企业开展 ISO 14000 认证，提高企业遵守环境保护的意识；按照 ISO 14000 环境管理体系建立的标准和规则程序，在有条件海岸带区域试行开展环境区域环境管理体系，加强政府对环境监督管理的力度，增强公众环境意识，加强政府环境管理策划能力。建立和完善管理信息系统，提高生态环境管理的效率和水平。加强对重点环境污染企业、生态敏感区、水源地、自然保护区等重要区域的生态环境监测，做好监测数据的管理和共享。不断完善生物多样性资源、植被状况、土地利用状况、环境监测等数据库建设，逐步建立面向不同管理对象的决策支持系统。

建立和完善战略环境影响评价和规划环境影响评价制度。不断完善环境影响评价制度，在严格执行建设项目环境影响评价制度的基础上，逐渐试行战略环境影响评价制度和规划环境影响评价制度，在区域决策、政策、规划层次上开展环境评价，使环境影响评价从"末端治理"向"过程控制"和"源头控制"转变，形成从战略决策到规划实施，再到实施后跟踪监测，全过程环境影响评价和监督管理体系。随着生态系统服务功能评估技术的不断完善，重大建设项目应该逐步发展生态系统服务功能影响评价制度，使其对生态系统的影响能够得到定量化的评价，为生态保护措施提供科学依据。

加强宣传教育，完善公众参与机制。充分利用广播电视、报纸、网络、宣传标语等各种媒介，加强对生态系统保护的宣传，使广大公众能够深刻认识到生态系统服务功能的价值，提高公众自觉保护生态环境的良好意识。积极引入国内外公众教育和公众参与的成功经验，建立和完善公众参与生态环境管理的机制，畅通公众参与的渠道，积极鼓励、引导公众参与重大生态建设和环境保护项目的决策，明确各科研机构、学术团体和非政府组织在生态环境管理中的作用，形成一个政府主导、社会和公众积极参与的决策机制，从而保证决策的科学性与合理性。

6.2.2.4　加快产业结构调整

生态修复工作的成效不仅取决于政府投入的大小和资金的使用效率，同时还与区域群众的支持是分不开的。没有当地政府的支持，区域人民群众的积极参与和大力支持，生态修复就很难达到预期目的。开展生态修复一定程度上会给当地群众带来环境的改善，但短期内很难带来实实在在的经济利益。甚至由于关闭了传统渔场、渔场等经济获利资源区域，部分相关人群会失去经济来源，造成生活困难，甚至连生产生活的必备能源都无法解决。当地政府的地方财政收入都受到了很大的影响，没有形成新的主导产业，旅游经济还没有形成规模，地方财政收入增收困难。因此，加快产业

结构调整，培育和营造适合海岸带生态环境特色、符合区域功能定位的产业发展，引导地区群众就近就业或创业致富，增强当地财政收入，不仅有利于海岸带可持续发展和生态修复工作的顺利开展，也有利于地区的稳定和生态修复成果的保持。

（1）大力推进产业结构优化升级

继续转变经济增长方式，推动产业结构优化升级。紧紧围绕以与生态修复相关度较高的种植业、养殖业、增殖放流等产业发展为主，大力推进区域产业结构调整。通过种植业的发展既可恢复对受到海水侵蚀岸线的植被修复，又可以支持发展区域经济，特别是促进当地老百姓勤劳致富。在确立种植业和养殖业的相关品种产业优势的基础上，充分利用当地独特的地形地貌，积极发展适应生态建设区要求、符合生态涵养发展区的产业，包括生态产业发展、生态文明教育、生态旅游、面向国内外市场的绿色环保型食品加工、物流、配送等，从而形成以都市型生态农业为主导生态产业群；高度重视农林废弃物的再利用和循环发展，大力发展区域循环经济，作为主导产业的有力支撑。

适时调整产业结构，努力降低生产成本，提高经济效益和生产效率。根据海岸带区域特点和特色物产品种，积极推进生态产品的集约化和产业化发展，发挥产业集群优势。依托农业龙头企业，促进生态农业产业化、规模化、集约化经营。引进相关技术、资金和人才，实现地区农特优产品的深加工和再利用，是促进农业产业化、现代化的一项重要举措。积极培植新型龙头企业，做大做强、符合区域功能定位的产业集群。积极引进国内外市场潜力大、科技含量高的农副产品加工企业，适时引导当地有基础、有条件的企业对新产品的投入，同时予以相应的配套政策支持，推动形成一批新的龙头企业，促进当地经济发展。引导龙头企业在巩固传统市场的基础上，以调整出口产品结构为主要手段，加强与大型企业的贸易合作，积极促进特色优势农产品的出口。顺应绿色产品、环保产品产业发展必然趋势，抓住机遇，努力开发和拓展生态环境附加值较高的"绿色"产业，大力发展生态型特色产业和消费产品，合理、有序地利用自然资源，促进区域社会经济的全面协调与可持续发展。在发展绿色产业的过程中，牢固树立生态环境也是生产力的理念，切实加强生态环境立法，明晰环境资产的产权，把产业活动产生的环境效应内部化，置经济发展于生态环境建设和生态修复之中，通过立法手段建立和完善生态补偿机制，确保区域经济发展和生态涵养功能区双重目标的顺利实现，推进区域社会经济的良性、可持续发展。

（2）重点突出第二产业的结构优化升级

利用现有资源优势、技术优势，加快符合区域功能定位、符合生态涵养发展区要求的开发区和工业园区的发展步伐，形成合理的产业布局和区域分工，确保区域经济持续稳定发展，为保障和改善民生提供必要的物质基础。在科技投入方面，要继续加大政府资金扶持和政策支持力度，鼓励入园企业根据市场变化和产业发展情况及时调整产品结构，依靠科技进步、管理创新和产业升级来提升企业的综合竞争力和可持续发展能力，在市场竞争中做大做强。按照区域产业发展规划，稳步推进产业结构升级；按产业修复、植被修复、生物种群修复等要求，对区域内各种生态破坏类型所涉及的修复技术、修复成效以及存在的问题和不足进行实践展示，大力推进生态修复技术创新和技术应用，凝聚国内外智力、技术、资金等各类资源优势，整合资源携手共推示范基地的建设，并逐步形成国内领先、国际一流的、比较成熟的管理体系、技术方案和创新模式，力争成为全国集生态修复技术研发、生态产业培育和生态建设管理模式为一体的示范基地，为我国其他地区甚至其他国家的生态修复、生态建设提供借鉴，促进生态修复产业化国际化。

（3）积极发展以旅游观光业为主体的第三产业

第三产业的兴旺发达是区域经济社会进步的一个重要标志，也是产业结构升级成效的衡量标准。生态涵养发展区的功能定位决定了受损海岸带区域的经济发展只能走资源节约型、环境友好型的产业发展之路。大力发展第三产业，不仅有利于促进市场培育和发展，提高服务的社会化专业化水平，进而提高经济效益和工作效率，方便和丰富人民物质文化生活，而且可以广开就业门路，提高群众收入水平，同时为区域经济结构调整转型创造有利的条件。第三产业涉及面广，行业差异大，整体抗市场冲击的能力比较强，不同的行业在区域经济社会发展中发挥的作用也不尽相同。大力发展第三产业，不仅对优化区域产业结构，同时也对促进受损海岸带区域从资源型城市向生态型城市转型具有重要的现实意义。充分发挥市场配置资源的基础性作用，抓紧抓好信息市场、金融市场、房地产市场、对外服务贸易市场以及技术、劳务、人才等市场经济发展所必需的市场体系的建设、培育和发展，为第三产业升级改造、结构转型创造有利条件。通过大力发展知识密集型、技术密集型的现代服务业，发展以信息化、标准化、连锁化的金融服务与保险业和以信息技术为基础的各种服务行业。

（4）加大技术改造力度，完善技术创新政策

科技创新是一个国家、一个民族进步发展的源泉所在，因此要结合区域产业的发展战略和发展实际，引进区域发展所需要的国内外先进技术，增强自主研发能力，缩小区域主导产业技术水平与国内外先进技术之间的差距。产业结构调整既有内因，也有外因；既源于科技进步的推进和政策的调整，也源于市场力量和企业自身发展的需要；产业结构调整是产业内在发展的需要，是随着市场的发展变化推动产业不断升级，科技创新发展不断取得新的成果，推动产业技术不断提高的过程。一方面通过现有技术设备升级改造，提高技术的先进性；另一方面要发挥后发优势，发展绿色环保产业、生态修复产业等高新技术的替代产业和"朝阳"产业。加快引进、应用和发展生态经济所必需的技术，通过新材料、新工艺、新技术的应用和推广，提高区域产品质量和生产项目的科技含量，加大生态环境的保护力度，做到发展经济与保护环境两不误、两促进。

面对新形势和新要求，政府应积极探索和改革政府支持驻区企业创新成长的新方式和新政策。不求所有，但求所在，要制定相应的配套政策，促进区域不同类型、不同规模、不同所有制企业的共同发展。目前，我国各级政府主要通过项目支持的方式支持企业技术创新和发展，将政府的一部分财政资金以项目的形式，投入到企业的技术开发、产品开发等各项活动中。如何更有效地实现公共财政的公共效益问题，已引起广泛关注。在实际操作中，民营企业、规模比较小的企业很难得到政府支持的项目。显然，通过项目方式获得财政投入的企业只能是少数国有企业或规模相对比较大的企业，发挥的作用比较有限，对更迫切需要项目支持的民营中小企业而言显失公平。当前制约企业自主创新能力的关键是市场体系不健全、中小企业融资难、信用担保体系建设滞后等问题迟迟得不到根本解决。因此，政府应加大宏观调控力度，按照市场经济的有关规则改进政府支持企业技术创新的传统做法，推进公共财政在支持企业创新中发挥出"四两拨千斤"的功效。具体来说，一要转变支持创新发展思路。由过去的"多取多给"逐步转变为"少取少给"，即对需要支持的企业，不是单纯地将财政资金直接投入到企业中去，而是通过税收优惠、税收减免等鼓励政策从企业"少取"来支持企业快速稳步成长。二要根据市场经济是信用经济的原则。加大企业创业、技术创新服务体系和信用担保体系等公用市场经济体系的建设，为企业发展提供良好的外部环境。三是加大政府采购力度。利用政府采购本地企业的产品和服务的方式支持本地企业技术创新和产业升级，相比财政补贴、税收优惠等政策而言，更有利于中小企业的发展。

（5）加大政府扶持力度，提高行政效率

产业结构调整离不开政府的大力扶持和政策引导。因此，在区域产业结构调整过程中，政府要主动协调、制定规划、完善机制、落实责任，在宏观政策调控与微观市场作用发挥互动过程中发挥市场的基础性引导作用和政府的调控作用，从一定意义上看，政府的扶持力度和管理水平直接影响着受损海岸带区域主导产业的发展和产业结构优化的质量、效率和水平。

受损海岸带区域正是由于其特有的发展背景和历史原因才造成的产业布局不合理导致生态系统受损，因此，应根据其区域发展实际，加强政策调研，及时确定主导产业，在产业布局、规模确定、土地开发利用、项目审批等方面，对替代产业采取适度的产业倾斜优惠政策，推动政府主导产业发展。一些对其他产业发展有较大带动作用的产业，要审时度势，根据市场需求、发展前景和市场空间进行科学调研，及时明确重点扶持对象，积极培育和壮大社会环境效益最大化的新兴主导产业，促使实现产业结构的顺利转变。此外，政府还需制定一系列产业支持及技术交易政策和配套法规，如技术转移、知识产权保护以及职业培训等相关配套政策，拟定科技长期发展规划，鼓励企业加大科技投入，以创新促发展，以技术进步、产品升级换代带动产业转型。

同时通过制定政策和相关措施，保证生态修复的资金来源，以法律形式明确界定省市政府和中央政府的财政资金是海岸带生态修复投融资的主要资金来源。只有这样，才能更好地激发地方政府的主观能动性和创新性，在进行生态修复、改善环境的同时，积极推进产业结构的调整与优化。尝试建立国际投资机构市场准入机制，从机制上保证生态修复的资金来源，如拓宽经费来源渠道，可以通过引入国外政府机构和金融组织贷款，用于当地基础设施的建设和相关生态环境的改善，或者直接投资于有发展潜力、经济生态效益好的替代产业的发展；政府也可考虑建立产业转型专项基金，明确集资入股的方式、贷款的发放方式、或者中央财政利税返还和地方财政资金配套等灵活多变的形式，用于支持符合发展规划的产业，特别是支持拥有高附加值、高效益、高技术含量的产业集群的发展；政府还可通过出台一些优惠政策鼓励和促进投资商的加入，促使市场高效运作。

（6）引进专业人才，处理好剩余劳动力转移问题

发展是硬道理，稳定是硬任务。如何在产业结构调整中，在保持社会稳定的前提下顺利实现产

业结构的升级，这不仅是企业应该考虑的问题，更是政府必须统筹考虑的问题。产业结构在调整过程中，必然会带来企业内部工作岗位的调整，引起大量在岗人员流进流出，这既涉及淘汰落后产业所需要的过剩劳动人员安置与转岗培训，又牵涉替代产业所需专业技术人员的引进和培养。如果没有科学合理的工作预案，没有适当可行的措施作保证，不能妥善解决下岗职工的转岗再就业问题，必然不利于产业结构优化升级的顺利实现，进而影响整个社会和谐稳定。随着经济的发展和社会的进步，劳动力随着产业结构的调整进行有序流动已成为一种社会现象。产业结构优化升级强调对产业结构进行动态的、合理的调整，从劳动密集型向知识密集型转移，从而满足人们不断增长的物质文化需求和企业升级优化过程。其动力一方面来自于产业自身的发展需求，另一方面是产业竞争、社会需求和科技发展等外面环境的压力。由于受损海岸带区域经济发展方式相对不均衡，基本上属于资源劳动密集型产业，区域人口素质整体偏低，另外，城市基础设施比较落后，教育、文化、卫生、体育等社会资源相对不足，许多高学历、高素质的创新人才为了孩子上学有好学校、家属工作离家近等实际情况而不愿意到周边区域工作，客观上造成生产技术及科研水平相对落后。因此，从政府层面上要创新人才管理和选人用人机制，强化对全区职工文化、技能、管理等专业技能的教育培训，引进多专业强、综合素质高的复合型人才，为优秀人才提供公平、公开、公正地施展才华的平台，进而稳定和提高科研队伍是实现海岸带区域全面协调可持续发展的长期任务。用事业留人，用发展留人，用感情留人。进一步加强人才引进和使用工作，拓宽引智引才渠道，加强产业规划与人才规划的对接，不断引进区域产业发展所需的前沿技术人才和带项目人才，努力做到人尽其才，物尽其用，在促进项目落地的同时，实现人才集聚和产业集群的目标；加强人才政策调研，出台相应的激励措施，建立健全以培养、评价、流动、使用、激励、保障为主要内容的人才政策体系；创新农业科研、教育和培训推广体系，依托区域特有的科研优势，加强海岸带环境恢复教育、培训和推广机构，整合区域资源并纳入统一管理。通过加强教育培训，增强农业劳动力的综合素质，增强整个社会的创新观念，提高创新能力。紧紧依靠科技和管理创新，努力将受损海岸带区域潜在的比较优势变成显性的现实竞争优势。在推进产业升级，引导积极参加职工转岗培训，努力再就业方面，积极做好以下工作：①完善社会保障体系，解除企业下岗或富余人员的后顾之忧；②建立健全再就业服务中心网络，及时提供市场劳动力需求信息；③拓宽分流安置和再就业渠道，开发并提供新的适合下岗职工素质要求的岗位；④加大政府财政支持，加大转产培训工作力度，使原有产业的从业人员能够具备进入新兴产业就业的素质和要求；⑤加强劳动力市场建设，进一步完善下岗职工再就业服务体系；⑥在大力引进和积极培育新兴产业的人才方面，走对掌握高新技术的必需人才进行大力引进和现有人员素质不断培训提高相结合的道路。

　　综上所述，随着生态修复工程建设的不断深入发展和区域功能定位的实现，受损海岸带的产业结构调整与转型势在必行。必须建立在"生态开发性修复"基础之上，走全面协调可持续发展的道路，慎重决策，科学规划，努力实现产业调整的成本和效益最优配置。根据区域的历史文化条件和现有自然资源特点，同时依托区位优势和部分产业—人才—资源集中的优势，发展高新技术等新兴产业和符合生态涵养发展区要求的生态产业，重点发展生态产业园建设，走自然、社会与人和谐相处的可持续发展道路。发展为了人民，发展依靠人民，发展成果由人民享受。

只有始终站在人民群众的利益上去考虑和解决问题，我们才能顺利实现受损海岸带区域生态修复的最终目标，实现区域产业结构的调整与转型，使海岸带区域真正发挥生态涵养发展区功能作用，为我国整体生态环境的改善、市民休闲观光需求和经济社会发展做出应有的贡献。

参考文献

陈尚, 张朝晖, 马艳, 等. 2006. 我国海洋生态系统服务功能及其价值评估研究计划 [J]. 地球科学进展, 21 (11): 1127-1133.

陈伟琪, 王萱. 2009. 围填海造成的海岸带生态系统服务损耗的货币化评估技术探讨 [J]. 海洋环境学, 28 (6): 749-754.

陈伟琪, 张路平, 洪华生, 等. 1999. 近岸海域环境容量的价值及其价值量评估初探 [J]. 厦门大学学报 (自然科学版), 28 (6): 896-901.

陈仲新, 张新时. 2000. 中国生态系统效益的价值 [J]. 科学通报, 45 (1): 17-22.

陈恩波. 2007. 生态退化及生态重建研究进展 [J], 中国农学通报, 23 (4): 335-338.

程江. 2007. 上海中心城区土地利用/土地覆被变化的环境水文效应研究 [D]. 上海: 华东师范大学.

程娜. 2008. 海洋生态系统的服务功能及期价值评估研究 [D]. 大连: 辽宁师范大学.

程健华. 2010. 基于生态系统服务的城市海岸带生态修复效果评估研究——以厦门五缘湾为例 [D]. 厦门: 国家海洋局第三海洋研究所.

崔爽, 周启星. 2008. 生态修复研究评述 [J]. 草业科学, 25 (1): 87-90.

张祖群, 王波. 2014. 基于环境污染治理的生态修复与实践路径--以北京园博会为例 [J]. 上海城市管理, (1): 42-47.

丁成. 2003. 原生动物评价废水生态治理工程运行效果研究 [J]. 盐城工学院学报 (自然科学版), 16 (1): 46-48.

代宏文. 1995. 矿山废地复垦与绿化 [M]. 北京: 中国林业出版社, 194-204.

樊胜岳, 周立华, 赵成章. 2005. 中国荒漠化治理的生态经济模式与制度选择 [M]. 北京: 科学出版社, 45-58.

费尊乐, 毛兴华, 朱明远, 等. 1991. 渤海生产力研究——叶绿素 a、初级生产力与渔业资源开发潜力. 海洋水产研究, 12: 55-69.

冯朝阳, 高吉喜, 韩永利, 等. 2009. 京西门头沟典型生态系统服务功能及其价值评估 [J]. 水土保持研究, 16 (3): 230-234.

高彦华, 汪宏清, 刘琪璟. 2003. 生态恢复评价研究进展 [J]. 江西科学, 21 (3): 168-174.

郭伟, 朱大奎. 2005. 深圳围海造地对海洋环境影响的分析 [J]. 南京大学学报, 41 (3): 286-296.

国家海洋局第一海洋研究所. 2006. 科技部公益项目典型海洋生态系统服务价值研究及应用示范研究报告 [R]. 青岛: 国家海洋局第一海洋研究所.

国土资源部土地整理中心. 2003. 土地开发整理项目管理 [M]. 北京: 中国人事出版社.

宫渊波. 2006. 广元市严重退化生态系统不同植被恢复模式生态效益研究 [D]. 雅安: 四川农业大学.

陈翠雪. 2009. 厦门筼筜湖环境污染特征调查和微生物修复的初步研究 [D]. 厦门: 厦门大学.

韩维栋, 高秀梅, 卢昌义, 等. 2000. 中国红树林生态系统生态价值评估 [J]. 生态科学, 19 (1): 40-46.

韩永伟, 拓学森, 高吉喜, 等. 2007. 门头沟生态系统土壤保持功能及其辐射效应评价研究 [A] //2007 中国环境科学学会学术年会优秀论文集（上卷）［C］，1021-1024.

侯元兆，吴水荣．2005．森林生态服务价值评价与补偿研究综述［J］．世界林业研究，18（3）：1-5.

黄贤金．1993．海涂资源经济评价的理论与方法［J］．海洋与海岸带开发，10（2）：5-8.

黄长志，任海．2007．恢复生态学中的人文观［J］．生态科学，26（3）：170-175.

黄凯，郭怀成，刘永，等．2007．河岸带生态系统退化机制及其恢复研究进展［J］．应用生态学报，18（6）：1373-1382.

黄铭洪，骆永明．2003．矿山土地修复与生态重建［J］．土壤学报，40（2）：161-169.

何东进，洪伟，胡海清．2003．景观生态学的基本理论及中国景观生态学的研究进展［J］．江西农业大学学报，25（2）：276-282.

张明发，王强，曾月娥．2015．厦门市生态环境与社会经济协调发展研究［J］．福建师范大学学报（自然科学版），（6）：99-108.

胡耽．2004．从生产资产到生态资产：资产—资本完备性［J］．地球科学进展，19（2）：289-294.

胡永宏，贺思辉．2000．综合评价方法［M］．北京：科学出版社.

胡振琪．1996．采煤沉陷地的土地资源管理与复垦［M］．北京：煤炭工业出版社.

贾怡然．2006．填海造地对胶州湾环境容量的影响研究［D］．青岛：中国海洋大学.

姜伟新，张二力．2001．投资项目后评价［M］．北京：中国石化出版社.

康玲玲，王云璋，王霞，等．2002．小流域水土保持综合治理效益指标体系及其应用［J］．土壤与环境，11（3）：274-275.

李加林，张忍顺．2003．互花米草海滩生态系统服务功能及其生态经济价值评估——以江苏为例［J］．海洋科学，27（10）：68-72.

李金昌，姜文来，靳乐山，等．1999．生态价值论［M］．重庆：重庆大学出版社.

李铁军．2007．海洋生态系统服务功能价值评估研究［D］．青岛：中国海洋大学.

李静．2007．河北省围填海演进过程分析与综合效益评价［D］．石家庄：河北师范大学.

李智广，李锐，杨勤科，等．1998．小流域治理综合效益评价指标体系研究［J］．水土保持通报，18（7）：71-75.

李巧，陈又清，郭萧，等．2006．节肢动物作为生物指示对生态修复的评价［J］．中南林学院学报，26（3）：117-122.

李娜，杨锋杰，吕建升．2007．植物光谱效应在尾矿生态恢复评价中的应用［J］．国土资源遥感，（2）：75-77.

李文华，欧阳志云，赵景柱．2002．生态系统服务功能研究［M］．北京：气象出版社.

赵军．2005．生态系统服务的条件价值评估：理论、方法与应用［D］．上海：华东师范大学.

李文华．2008．生态系统服务功能价值评估的理论、方法与应用［M］．北京：中国人民大学出版社.

李文楷，李天宏，钱征寒．2008．深圳土地利用变化对生态服务功能的影响［J］．自然资源学报，28（3）：440-446.

李红柳，李小宁，侯晓珉，等．2003．海岸带生态恢复技术研究现状及存在问题［J］．城市环境与城市生态，16（6）：36-37.

李洪远，鞠美庭．2005．生态恢复的原理与实践［M］．北京：化学工业出版社.

李小云，靳乐山．2007．生态补偿机制：市场与政府的作用［M］．北京：社科文献出版社.

李果．2007．区域生态修复的空间规划方法研究［D］．北京：北京林业大学.

李元．1997．落实中央精神推进土地整理工作［J］．中国土地，（7）：15-17.

黎锁平．1994．水土保持综合治理效益的灰色系统评价［J］．水土保持通报，14（5）：13-18.

廉晓娟，李明悦，王艳，等．2012．基于 GIS 的天津滨海新区土壤盐渍化空间分布研究［J］．安徽农业科学，40（5）：2746-2748.

林运东，门宝辉，贾文善，等．2002．熵权系数法在水体营养类型评价中的应用［J］．西北水资源与水工程，13（3）：51-52．

林勇，张万军，吴洪桥．2001．恢复生态学原理与退化生态系统生态工程［J］．中国生态农业学报，9（2）：35-37．

刘大海．2006．围海造地综合损益评价体系探讨［J］．海岸工程，25（2）：93-99．

刘容子．1994．我国滩涂资源价值量核算初探［J］．海洋开发与管理，11（4）：25-30．

刘康，李团胜．2004．生态规划——理论、方法与应用［M］．北京：化学工业出版社．

卢振彬．1999．厦门沿岸海域贝类适养面积和可养量的估算［J］．台湾海峡，18（2）：199-204．

罗思东．2002．美国城市的棕色地块及其治理城市问题［J］．城市问题，（6）：64-67．

苗丽娟．2007．围填海造成的生态环境损失评估方法初探［J］．环境与可持续发展，（3）：47-49．

米文宝，谢应忠．2006．生态恢复与重建研究综述［J］．水土保持研究，13（2）：49-53．

倪晋仁，秦华鹏．2003．填海工程对潮间带湿地生境损失的影响评估［J］．环境科学学报，23（3）：345-349．

欧阳志云，王效科，苗鸿．1999．中国陆地生态系统服务功能及其生态经济价值的初步研究［J］．生态学报，19（5）：607-613．

欧阳志云，王如松，赵景柱．1999．生态系统服务功能及其生态经济评价［J］．应用生态学报，19（5）：635-640．

欧维新，杨桂山，于兴修．2005．海岸带自然资源价值评估的研究现状与趋势［J］．海洋通报，24（5）：79-85．

彭本荣．2005．海岸带生态系统服务价值评估及其在海岸带管理中的应用研究［D］．厦门：厦门大学．

彭本荣．2005．填海造地生态损害评估［J］．自然资源学报，20（5）：714-726．

彭本荣，洪华生，陈伟琪，等．2004．海岸带环境资源价值评估——理论方法与应用研究［J］．厦门大学学报（自然科学版），43（3）：184-189．

彭本荣，洪华生．2006．海岸带生态系统服务价值评估理论与应用研究［M］．北京：海洋出版社．

彭少麟．2001．退化生态系统恢复与恢复生态学［J］．中国基础科学，（3）：18-24．

彭少麟，陆宏芳．2003．恢复生态学焦点问题［J］．生态学报，23（7）：1249-1257．

彭少麟，任海，张倩媚．2003．退化湿地生态系统恢复的一些理论问题［J］．应用生态学报，14（11）：2026-2030．

彭少麟，赵平，张经炜．1999．恢复生态学与中国亚热带退化生态系统恢复［J］．中国科学基金，5：279-283．

彭建，王仰麟，陈燕飞，等．2005．城市生态系统服务功能价值评估初探——以深圳市为例［J］．北京大学学报（自然科学版），41（4）：594-604．

彭建，蒋一军，吴健生，等．2005．我国矿山开采的生态环境效应及土地复垦典型技术［J］．地理科学进展，24（2）：38-48．

平狄克，鲁宾费尔德．2000．微观经济学（第四版）［M］．北京：中国人民大学出版社．

全国海岸带和海涂资源综合调查简明规程编写组．1986．全国海岸带和海涂资源综合调查简明规程［S］．北京：海洋出版社．

钱一武．2010．北京市门头沟区生态修复综合效益价值评估研究［D］．北京：北京林业大学博士论文．

钱易，唐孝炎．1999．环境保护与可持续发展［M］．北京：高等教育出版社．

任海，刘庆，李凌浩．2001．恢复生态学导论［M］．北京：科学出版社，

孙连成．2003．塘沽围海造陆工程对周边泥沙环境影响的研究［J］．水运工程，350（3）：1-5．

孙雁．2007．天津海岸带地区空间布局规划研究［D］．天津：天津师范大学．

孙立达，朱金兆．1995．水土保持林体系综合效益研究与评价［M］．北京：中国科学技术出版社．

宋红，陈晓玲．2004．基于遥感影像的深圳湾填海造地的初步研究［J］．湖北大学学报，26（3）：259-263．

宋治清，王仰麟．2004．城市区域生态系统服务功能——以深圳市为例［J］．城市环境与城市生态，17（3）：35-37.

苏美容，杨志峰，张迪．2007．城市生态系统服务功能价值评估方法初探［J］．环境科学与技术，30（7）：52-55.

舒俭民，刘晓春．1998．恢复生态学的理论基础、关键技术与应用前景［J］．中国环境科学，：540-543.

石洪华，郑伟，丁德文，等．2008．典型海洋生态系统服务功能及价值评估——以桑沟湾为例［J］．海洋环境科学，27（2）：101-104.

索安宁，张明慧，于永海，等．2012．曹妃甸围填海工程的海洋生态服务功能损失估算［J］．海洋科学，36（3）：108-114.

陶维藩．1990．刍议天津平原地区土壤的盐渍化［J］．天津地质学会志，8（2）：132-137.

天津市统计局．国家统计局天津调查总队．2013．天津统计年鉴［M］．北京：中国统计出版社．

天津市海岸带和海涂资源综合调查领导小组办公室，天津市海岸带和海涂资源综合调查海洋综合组．1987．海岸带和海涂资源综合调查报告［M］．北京：海洋出版社．

谭映宇，刘容子，郭佩芳．2009．海岸带生态系统服务功能非线性理论的应用［J］．中国人口·资源与环境，19（3）：125-127.

温林泉，蔡邦成，陆根法．2006．生态系统服务价值评估研究进展及其在环境保护中的意义［J］．污染防治技术，19（1）：23-25.

吴瑞贞，蔡伟叙，邱戈冰，等．2007．填海造地开发区环境影响评价问题的探讨［J］．海洋开发与管理，24（5）：62-66.

吴丹丹，蔡运龙．2009．中国生态恢复效果评价研究综述［J］．地理科学进展，28（4）：622-628.

吴怀静，汤山．2004．基于可持续发展的土地整理评价指标体系研究［J］．地理与地理信息科学，20（6）：61-64.

魏强，柴春山．2007．半干旱黄土丘陵沟壑区小流域水土流失治理综合效益评价指标体系与方法［J］．水土保持研究，14（1）：87-89.

王如松，迟计，欧阳志云．2001．中国中小城市可持续发展的生态整合方法［M］．北京：气象出版社．

黄兴文，陈百明．1999．中国生态资产区划的理论与应用［J］．生态学报，19（5）：602-606.

王如松，林顺坤，欧阳志云．2004．海南生态省建设的理论与实践［M］．北京：化学工业出版社．

王建民，王如松．2002．中国生态资产概论［M］．南京：江苏科学技术出版社．

王治国．2003．关于生态恢复若干概念与问题的探讨［J］．中国水土保持，（10）：4-5.

王治国．2003．关于生态恢复若干概念与问题的探讨（续）［J］．中国水土保持，（11）：20-21.

彭珂珊．2003．生态经济学理论对环境恢复与重建中的应用［J］．广西经济管理干部学院学报，15（4）：16-21.

汪永华，胡玉佳．2005．海南新村海湾生态系统服务恢复的条件价值评估［J］．长江大学学报（自然科学版），2（1）：83-88.

吴珊珊，刘容子．2008．渤海海域生态系统服务功能价值评估［J］．中国人口资源与环境，18（2）：65-69.

徐丛春，韩增林．2002．海洋生态系统服务价值的估算框架构筑［J］．生态家园，199-202.

徐忆红，宋莹．2000．海滨浴场污染经济损失的定量化估值［J］．海洋环境科学，19（4）：54-56.

徐俏，何孟常，杨志峰，等．2003．广州市生态系统服务功能价值评估［J］．北京师范大学学报（自然科学版），39（2）：268-272.

徐雪梅．2006．环境脆弱区生态资产价值化研究［J］．社会科学辑刊，6.

徐中民，张志强，程国栋．2003．生态经济学理论方法与应用［M］．郑州：黄河水利出版社．

肖笃宁，李秀珍，高峻，等．2002．景观生态学［M］．北京：科学出版社．

谢高地，鲁春霞，冷允法，等．2003．青藏高原生态资产的价值评估［J］．自然资源学报，18（2）：189-196．

谢新民．2003．水资源评价及可持续利用规划理论与实践［M］．郑州：黄河水利出版社．

辛琨，肖笃宁．2002．盘锦地区湿地生态系统服务功能价值估算［J］．生态学报，22（8）：1345-1349．

许启望，张玉祥．1994．海洋资源核算［J］．海洋开发与管理，11（3）：16-20．

杨清伟，蓝崇钰，辛琨．2003．广东—海南海岸带生态系统服务价值评估［J］．海洋环境科学，22（4）：25-29．

杨洪等．2013．深圳凤塘河口湿地的生态系统修复［M］．武汉：华中科技大学出版社．

姚丽娜．2003．我国海岸综合管理与可持续发展［J］．哈尔滨商业大学学报，70（3）：98-101．

约翰 R. 克拉克．2000．海岸带管理手册［M］．北京：海洋出版社．

袁爱萍．2001．小流域综合治理环境效益分析方法探讨［J］．水土保持研究，8（4）：165-166．

喻理飞，朱守谦，叶镜中，等．2000．退化卡斯特森林自然恢复评价研究［J］．林业科学，36（6）：12-19．

于秀波．2002．我国生态退化、生态恢复及政策保障研究［J］．资源科学，24（1）：72-76．

赵桂久，刘燕华，赵名茶，等．1995．生态环境综合整治与恢复技术研究［M］．北京：北京科学技术出版社．

赵平，夏冬平，王天厚．2005．上海市崇明东滩湿地生态恢复与重建工程中社会经济价值分析［J］．生态学杂志，24（1）：75-78．

赵景柱，梁秀英，张旭东．1999．可持续发展概念的系统分析［J］．生态学报，19（3）：393-398．

曾江宁，陈全震，高爱根．2005．海洋生态系统服务功能与价值评估研究进展［J］．海洋开发与管理，22（4）：12-16．

郑伟．2008．海洋生态系统服务及其价值评估应用研究［D］．青岛：中国海洋大学．

郑柄辉．2013．渤海湾海岸带生态系统的脆弱性及生物修复［M］．北京：中国环境出版社．

张珞平．1997．港湾围垦或填海工程环境影响评价存在的问题探讨［J］．福建环境，14（3）：8-9．

张忠学，郭亚芬，任玉东，等．2000．小流域生态经济系统的评价研究［J］．水土保持通报，20（1）：25-26．

张灵杰，金建君．2002．我国海岸带资源价值评估的理论与方法［J］．海洋地质动态，18（2）：1-5．

张智玲，王华东．1997．矿产资源生态环境补偿费征收对物价影响的模型研究［J］．重庆环境科学，19（1）：30-35．

张宏．2008．关于建立矿区生态环境恢复补偿机制的思考［J］．中国煤炭，34（3）：5-8．

张慧，孙英兰．2009．青岛前湾填海造地海洋生态系统服务功能价值损失的估算［J］．海洋湖沼通报，3：34-38．

周启星，魏树，张倩茹．2005．生态修复［M］．北京：中国环境科学出版社．

朱丽．2007．关于生态恢复与生态修复的几点思考［J］．阴山学刊，21（1）：71-73．

宗跃光，徐宏彦，汤艳冰，等．1999．城市生态系统服务功能的价值结构分析［J］．城市环境与城市生态，4（12）：19-22．

中华人民共和国国家质量监督检验检疫局，中国国家标准化管理委员会．2012．海洋生态资本评估技术导则（GB/T 28058-2011）．北京：中国标准出版社．

卓莉，曹鑫，陈晋，等．2007．锡林郭勒草原生态恢复工程效果评价．地理学报［J］，62（6）：471-480．

章家恩，徐琪．1997．生态退化研究的基本内容与框架［J］．水土保持通报，17（6）：46-53．

章家恩，徐琪．1999a．恢复生态学研究的一些基本问题探讨［J］．应用生态学，10（1）：109-113．

章家恩，徐琪．1999b．生态退化的形成原因探讨［J］．生态科学，18（3）：27-32．

Barbier E B. 2000. Valuing the environment as in Put: review of applications to mangrove-fishery linkages［J］. Ecological economics, 35: 47-61.

Barbier E B. 1998. Valuing mangrove-fishery linkages: a case study of Campeche, Mexico［J］. Environmental and Resource Economics, 12 (2): 151-166.

Bertollo P. 1998. Assessing ecosystem health in governed landscapes: a framework for developing core indicators (abstract) [J]. Ecosystem Health, 4 (1): 33-55.

Bradshaw A D. 1987. Restoration: An acid test for ecology [M]. //Jordan W R, Gilpin M E, Aber H J D. In restoration ecology: a synthetic approach to ecological research. Cambridge: Cambridge University Press.

Cadee G C, Hegeman J. 1974. Primary production in the wadden sea [J]. Netherlands Journal of Sea Research, 3 (2): 240-259.

Cairns J Jr, Dickson K L, Herricks E E. 1977. Recovery and restoration of damaged ecosystems [D]. Charlottesville: the University of Virginia Press.

Cairns J. 1997. Defining Goals and Conditions for a Sustainable World [J]. Environmental Health Perspectives, 105 (11): 1164-1170.

G Cottam, JJ Cairns, KL Dickson, et al. 1979. Recovery and Restoration of Damaged Ecosystems [J]. Bioscience, 29 (3): 2425-2426.

Cairns, J, Jr. 1995. Ecosocietal restoration: re-establishing humanity' s relationship with natural systems [J]. Environment Science & Policy for Sustainable Development, 37 (5): 4-33.

Caraher D, Knapp W H. 1995. Assessing ecosystem health in the Blue Mountains [R]. Silviculture: from the cradle of forestry to ecosystem management. General technical report SE-88. Hendersonville: Southeast Forest Experiment Station, 75.

Costanza R, Norton B G, Haskell B D. 1992. Ecosystem Health: New Goal for Environmental Management [M]. Washington D C: Island Press.

Constanza R, d'Arge R, Rudolf de Groot, et al. 1997. The Value of the world' s Ecosystem Services and Nature Capital [J]. Nature, 387: 253-260.

Daily G C. 1997. Nature' s services: societal dependence on natural systems [M]. Washington DC: Island Press.

Daily G C. 1997. Introduction: What are ecosystem services [C] //Daily G C, ed. Natures' Services: Societal dependence on natural ecosystems. Washington DC: Island Press.

Davis J. 1996. Focal species offer a management tool [J]. Science, 271: 1362-1363.

De Groot RS, Wilson M, Boumans R. 2002. A typology for the description, classification, and valuation of ecosystem functions, goods and services [J]. Ecological Economics, 41 (3): 393-408.

Duarte Carlos M. 2000. Marine biodiversity and ecosystem services: An elusive link [J]. Journal of Experimental Marine Biology and Ecology, 250: 117-131.

Hatton Tom. 1999. A natural model-learning form natural ecosystem in saline environments [J]. Natural Resource Management, 2 (1):9-13.

Hildebrand RH, Watts AC, Randle AM. 2005. The myths of restoration ecology [J]. Ecology and society, 10: 19-29.

Holmlund Cecilia M, Hammer Monica. 1999. Ecosystem Services generated by fish populations [J]. Ecological Economics, 29: 253-268.

Hobbs R J, Norton D A. 1996. Towards a conceptual framework for restoration ecology [J]. Restoration Ecology, 4 (2): 93-110.

IGBP. 1995. Land-Use and Land-Cover change. Report No. 35 [R]. International Geosphere-Biosphere Programme, Stockholm, Sweden.

Jordan W R, Gilpin M E, Aber J D. 1987. Restoration ecology: a synthetic approach to ecological research [M]. Cambridge: Cambridge University Press.

Land D. 1994. Reforestation of degraded tropical forest lands in the Asia-Pacific region [J]. Journal of Tropical Forest Science, 7 (1): 1-7.

L Ledoux, R K Turner. 2002. Valuing ocean and coastal resources: a review of practical examples and issues for further action [J]. Ocean & Coastal Management, 45: 583-616.

Margaret M M, Covington W W, Peter Z F. 1997. Reference conditions and ecological restoration: A Southwesten Ponderosa Pine Perspective [J]. Ecological Applications, 9 (4): 1266-1277.

Madenjian C P, Schloesser S, Krieger K A. 1998. Population models of burrowing may fly recolonizationin western lake Erie [J]. Ecological Applications, 8: 1206-1212.

Mc Neely J. A., Miller K. R., Reid W. V., et al. 1990. Conserving the World Biological Diversity. World Bank.

Millennium Eeosystem Assessment Group. 2003. Ecosystems and human well - being: A framework for assessment [M]. Washington: Island Press.

Mitsch W J, Wilson R F. 1996. Improving the success of wetland creation and restoration with know how, time, and self-design [J]. Ecological Application, 6 (1): 77-83.

Parker V T. 1997. The scale of successional models and restoration ecology [J]. Restoration Ecology, 5 (4): 301-306.

Pearce D. W. Markandya A., Barbier E. B. 1989. BluePrint for a green Economy. London: Earthsea.

Pendleton L. 1995. Valuing coral reef protection [J]: Ocean & Coastal Management. , 26: 119-131.

Rapport D J, Costanza R, McMichael A J. 1998. Assessing ecosystem health [Jl. Trends in ecology & evolution, 13: 397-402.

Sebastiao kengen. 1997. Forest valuation for decision-making [J]. FAO, 1-45.

Spurgeon J. 1998. The socioeconomic costs and benefits of coastal habitat rehabilitation and creation [J]. Marine Pollution Bulletin. , 37: 373-382.

Swart J A A, van der Windt H J, Keulartz J. 2001. Valuation of nature in conservation and restoration [J]. Restoration Ecology, 9: 230-238.

Tait R. V. 1981. Elements of Marine Ecology: An Introductory Course (3rd Edition) [M]. London: Butterworths.

Turner K. 1991. Economics and Wetland Management [J]. Ambio, 20 (2): 59-63.

Turner R K, Jeroen C J M, van den Bergh, et al. 2000. Ecological-economics Analysis of wetlands: scientific integration for management and Policy [J]. Ecological Economics, 35 (1): 7-23.

United States. 1969. Commission on marine science, engineering, and resources [M]. Washington, U. S. Govt. Print. Off.

Van der Valk. 1999. Succession theory and wetland restoration [C]. Proceedings of INTECOL's V International wetlands conference, Perth, Australia.

HJVD Windt, JAA Swart, J Keulartz. 2007. Nature and landscape Planning: exploring the dynamics of valuation, the case of the Netherlands [J]. Landscape & Urban Planning, 79 (3-4): 218-228.

Vilchek G E. 1998. Ecosystem health landscape vulnerability and environmental risk assessment (abstract) [J]. Ecosystem Health, 4 (1): 52-60.

Whisenant S G, Tongway D J. 1995. Repairing mesoscale Processes during restoration [J]. Fifth international rangeland congress, 62-63.

附录1 2013年研究区域本底调查浮游植物种名录

门类	序号	中文名	拉丁文名	5月	10月
硅藻门 Bacillariophyta	1	中华盒形藻	*Bidduiphia sinensis*	+	+
	2	虹彩圆筛藻	*Coscinodiscus oculusiridis*	+	+
	3	格氏圆筛藻	*Coscinodiscus granii*	+	+
	4	威氏圆筛藻	*Coscinodiscus wailesii*		+
	5	巨圆筛藻	*Coscinodiscus gigas*	+	
	6	角毛藻	*Chaetoceros* spp.		+
	7	卡氏角毛藻	*Chaetoceros castracanei*	+	+
	8	克尼角毛藻	*Chaetoceros knipowitschii*		+
	9	密联角毛藻	*Chaetoceros densus*	+	
	10	劳氏角毛藻	*Chaetoceros lorenzianus*		+
	11	并基角毛藻	*Chaetoceros decipiens*		+
	12	冕孢角毛藻	*Chaetoceros subsecundus*		+
	13	旋链角毛藻	*Chaetoceros curvisetus*	+	+
	14	异角毛藻	*Chaetoceros diversus*		+
	15	窄面角毛藻	*Chaetoceros paradoxus*		+
	16	布氏双尾藻	*Ditylum brightwellii*	+	+
	17	浮动弯角藻	*Eucampia zoodiacus*		+
	18	萎软几内亚藻	*Guianardia flaccida*		+
	19	波状石丝藻	*Lithodesmium undulatum*	+	
	20	丹麦细柱藻	*Leptocylindrus danicus*		+
	21	尖刺菱形藻	*Nitzschia pungens*	+	+
	22	具槽帕拉藻	*Paralia sulcata*	+	+
	23	刚毛根管藻	*Rhizosolenia setigera*	+	+
	24	斯托根管藻	*Rhizosolenia stolterfothii*		+
	25	印度翼根管藻	*Rhizosolenia alata* f. *indica*	+	+
	26	中肋骨条藻	*Skeletonema costatum*	+	+
	27	扭鞘藻	*Streptotheca* sp.	+	+
	28	圆海链藻	*Thalassiosira rotula*		+
	29	离心列海链藻	*Thalassisira excentrica*		+
	30	佛氏海毛藻	*Thalassiothrix frauenfeldii*		+

续表

门类	序号	中文名	拉丁文名	5月	10月
甲藻门 Pyrrophyta	31	血红哈卡藻	*Akashiwo sanguinea*		+
	32	塔玛亚历山大藻	*Alexandrium tamarense*		+
	33	叉状角藻	*Ceratium furca*		+
	34	大角角藻	*Ceratium macroceros*		+
	35	三角角藻	*Ceratium tripos*		+
	36	梭角藻	*Ceratium fusus*		+
	37	夜光藻	*Noctilluca scintillans*	+	+
	38	里昂原多甲藻	*Protoperidinium leonis*		+
合计				16	35

续表

附录 2　2013 年研究区域本底调查浮游动物种名录

门类	序号	中文名	拉丁文名	5 月	10 月
水母类 Hydroidomedusae	1	半球美螅水母	*Clytia hemisphaerica*	+	
	2	锡兰和平水母	*Eirene ceylonensis*	+	+
	3	薮枝水母	*Obelia* spp.	+	
	4	球型侧腕水母	*Pleurobrachia globosa*		+
桡足类 Copepoda	5	双毛纺锤水蚤	*Acartia bifilosa*	+	+
	6	太平洋纺锤水蚤	*Acartia pacifica*	+	+
	7	中华哲水蚤	*Calanus sinicus*	+	
	8	背针胸刺水蚤	*Centropages dorsispinatus*	+	
	9	近缘大眼剑水蚤	*Corycaeus affinis*		+
	10	真刺唇角水蚤	*Labidocera euchaeta*	+	+
	11	拟长腹剑水蚤	*Oithona similis*	+	
	12	小拟哲水蚤	*Paracalanus parvus*	+	+
糠虾类 Mysidacea	13	糠虾	*Mysidacea* spp.	+	
被囊类 Tunicata	14	异体住囊虫	*Oikopleura dioica*		+
毛颚类 Chaetognaths	15	强壮箭虫	*Sagitta crassa*	+	+
浮游幼虫 Larva	16	阿利玛幼虫	Alima larva	+	
	17	短尾类溞状幼虫	Brachyura zoea larva	+	+
	18	短尾类大眼幼虫	Brachyura megalopa larva	+	
	19	双壳类幼虫	Bivalves larva		+
	20	蔓足类无节幼虫	Cirripedia larva		+
	21	桡足类无节幼虫	Copepodite nauplinus larva	+	+
	22	鱼卵	Fish egg	+	
	23	仔鱼	Fish larva	+	
	24	长尾类幼虫	Macrura larva	+	
	25	多毛类幼虫	Polychaeta larva	+	+
合计				20	14

附录 3　2013 年研究区域本底调查大型底栖生物种名录

门类	序号	中文名	拉丁文名	5 月	10 月
软体动物 Mollusca	1	小月阿布蛤	*Abrina lunella*	+	
	2	衲螺	*Cancellariidae* sp.		+
	3	日本镜蛤	*Dosinia（Phacosoma）japonica*	+	
	4	圆筒原盒螺	*Eocylichna braunsi*	+	+
	5	豆形胡桃蛤	*Leionucula kawamurai*	+	+
	6	凸壳肌蛤	*Musculista senhausia*	+	
	7	纵肋织纹螺	*Nassarius variciferus*		+
	8	扁玉螺	*Neverita didyma*		+
	9	微角齿口螺	*Odostomia subangulata*	+	+
	10	经氏壳蛞蝓	*Philine kinglipini*	+	
	11	光滑河蓝蛤	*Potamocorbula laevis*	+	+
	12	秀丽波纹蛤	*Raetellops pulchella*	+	
	13	耳口露齿螺	*Ringicula doliaris*	+	
	14	毛蚶	*Scapharca subcrenata*	+	+
	15	小荚蛏	*Siliqua minima*	+	
	16	光滑狭口螺	*Stenothyra glabar*	+	
	17	脆壳理蛤	*Theora fragilis*	+	+
	18	金星蝶铰蛤	*Trigonothracia jinxingae*	+	+
环节动物 Annelida	19	鳞沙蚕	*Aphrodita aculeata*	+	
	20	小头虫	*Capitella capotata*	+	
	21	巢沙蚕	*Diopatra amboinensis*	+	
	22	持真节虫	*Euclymene annandalei*	+	+
	23	矶沙蚕	*Eunice aphroditois*	+	
	24	长吻沙蚕	*Glycera chirori*	+	+
	25	浅古铜吻沙蚕	*Glycera subaenea*	+	+
	26	无疣齿蚕	*Inermonephtys* cf. *inermis*		+
	27	日本中磷虫	*Mesochaetopterus japonicus*		+
	28	沙蚕	*Nereis* sp.	+	+
	29	笔帽虫	*Pectinaria* sp.		+
	30	不倒翁虫	*Stermaspis scutata*	+	+
	31	独毛虫	*Tharyx* sp.	+	+

门类	序号	中文名	拉丁文名	5月	10月
节肢动物 Arthropoda	32	日本鼓虾	*Alpheus japonicus* Miers	+	+
	33	日本长尾虫	*Aspeudes nipponicus*		+
	34	藤壶	*Balanidae* sp.	+	
	35	钩虾	*Eriopisella* sp.	+	+
	36	近方蟹	*Grapsidae* sp.	+	
	37	细螯虾	*Leptochela gracilis* Stimpson	+	+
	38	绒毛细足蟹	*Raphidopus ciliatus*	+	
	39	霍氏三强蟹	*Tritidynamia horvathi*		+
棘皮动物 Echinodermata	40	倍棘蛇尾	*Amphioplus* sp.	+	+
	41	棘刺锚参	*Protankyra bidentata*	+	+
纽形动物 Nemertinea	42	纽虫	*Nemertinea* sp.	+	+
脊椎动物 Verter	43	小头栉孔虾虎鱼	*Ctenotrypauchen microcephalus*		+
	44	红狼牙虾虎鱼	*Odontamblyopus rubicundus*		+
合计				34	29